高等职业教育"十三五"规划教材

Visual Basic 程序设计

主　编　郭维威　王瑞琴　冯晟博

副主编　李　金　王　爽　钟大利　马峰柏

编　委　李云龙　李长伦　文水兵　叶　博

　　　　林万琼　王雅静

电子工业出版社.

Publishing House of Electronics Industry

北京·BEIJING

内 容 简 介

本书充分考虑到高等职业教育的培养目标、教学现状以及长远的发展方向，坚持"因材施教"的教学原则，注重理论联系实际，以大量的实例贯穿整个课程体系，既注重基础知识的理解和基本方法的应用，又强化结构化程序设计和常用算法的训练。在教材的内容上努力做到由浅入深、循序渐进、图文并茂，详细介绍面向对象的程序设计方法。为了方便教师和学生学习使用，本书配备《Visual Basic 程序设计学习与指导》、PPT 电子课件、期中测试习题等教学资源。

本书可作为高等职业学校的使用教材，亦可作为大学本科和成人教育应用型专业学校的使用教材，以及等级考试、技术培训教材或自学参考书。

图书在版编目（CIP）数据

Visual Basic 程序设计 / 郭维威，王瑞琴，冯晟博主编 . —北京：电子工业出版社，2018.1

ISBN 978-7-121-33016-2

Ⅰ．①V… Ⅱ．①郭… ②王… ③冯… Ⅲ．①BASIC 语言－程序设计－高等职业教育－教材

Ⅳ．①TP312.8

中国版本图书馆 CIP 数据核字（2017）第 277840 号

策划编辑：祁玉芹
责任编辑：鄂卫华
印　　刷：中国电影出版社印刷厂
装　　订：中国电影出版社印刷厂
出版发行：电子工业出版社
　　　　　北京市海淀区万寿路 173 信箱　邮编　100036
开　　本：787×1092　1/16　印张：22　字数：535 千字
版　　次：2018 年 1 月第 1 版
印　　次：2018 年 1 月第 1 次印刷
定　　价：45.00 元

凡所购买电子工业出版社图书有缺损问题，请向购买书店调换。若书店售缺，请与本社发行部联系，联系及邮购电话：(010) 88254888，88258888。

质量投诉请发邮件至 zlts@phei.com.cn，盗版侵权举报请发邮件至 dbqq@phei.com.cn。

本书咨询联系方式：(010) 68253127。

前言 Preface

　　Visual Basic 6.0 具有效率高、功能强、简单易学等特点而成为很受欢迎的可视化软件开发工具。通过本书的学习，即使是初学者也能在掌握 Visual Basic 6.0 常用功能的基础上独立开发出具有实用价值的小型软件和管理信息系统。

　　本教材充分考虑到高等职业教育的培养目标、教学现状以及长远的发展方向，坚持"因材施教"的教学原则，注重理论联系实际，全面促进高职高专计算机职业教育教学改革和教材建设目标的实现。全书以 Visual Basic 6.0 企业中文版为背景，以初学者为对象，以实际应用为目的，在教材的内容上努力做到由浅入深、循序渐进、图文并茂、重点突出；在教材的结构上以程序结构为主线，内容完整、前后呼应、针对性强、可读性好。这样的安排有助于提高读者的学习兴趣和积极性，开拓读者的思维，提高学习的效率，还能帮助读者在阅读程序、编写程序的能力方面有进一步提高，以达到学习这门课程的预期效果，最终能形成实际开发能力。

　　全书分 12 章，以大量的实例分别介绍了 Visual Basic 6.0 的基本对象、可视化程序设计的基本方法和数据库应用。在较全面地介绍 Visual Basic 6.0 的特点、功能和应用的基础上，以数据库应用技术作为切入点，提高读者开发实用项目的能力。针对初学者的特点，在内容取舍和组织安排方面力求更加合理，更加注重内容的实用性和可操作性，层次更加清楚，步骤更加详细。

　　本书内容结构简单介绍如下。

　　第 1 章 Visual Basic 概述。主要介绍 Visual Basic 6.0 的特点、发展过程、版本和集成开发环境，同时介绍了工程的管理，使初学者能够尽快熟悉 Visual Basic 6.0 的工作环境。

　　第 2 章简单的 Visual Basic 程序设计。主要介绍面向对象程序设计的基本特征和概念，最后通过简单的应用程序开发实例给出开发应用程序的一般过程及步骤。

　　第 3 章 Visual Basic 语言基础。介绍 VB 的编码规范、基本语法、数据类型、常量与变量、运算符、常用内部函数和表达式等。

　　第 4 章控制结构。介绍结构化程序设计方法有 3 种基本控制结构：顺序结构、选择结构和循环结构。

第 5 章数组。介绍数组的概念及数组的基本操作方法，重点介绍静态数组、动态数组的定义及使用等内容。

第 6 章过程。介绍过程的概念、事件过程的定义与调用、参数传递、变量的作用域，重点介绍 Function 函数过程和 Sub 过程定义及调用方法。

第 7 章面向对象的程序设计。介绍标准控件和常用 ActiveX 控件的使用方法，同时拓展知识，讲解鼠标键盘事件的应用等。

第 8 章界面与菜单设计。介绍通用对话框、工具栏和状态栏等的使用。针对菜单栏的设计和多页文档程序的设计进行了详细说明。

第 9 章图形操作。介绍图形控件 PictureBox（图形框）、Image（图像工具）、Line（画线工具）和 Shapt（形状）的应用，同时系统地说明 VB 的图形方法及其使用。

第 10 章文件操作。介绍了文件的基本概念，文件的分类以及各种文件的打开、关闭和读写方法，常用的文件操作语句、函数以及文件系统控件的使用方法。

第 11 章数据库编程技术。介绍数据库的基础知识，如何在 VB 中创建数据库、访问数据库和进行数据库数据的添加、删除、查询的方法，重点介绍 Data 控件、ADO 控件和 ADOD 对象的使用方法。

第 12 章程序调试与错误处理。介绍 VB 程序的错误类型、如何进行错误捕获及处理、如何避免错误。

本书由黑龙江工业学院郭维威、山西传媒学院王瑞琴、内蒙古建筑职业技术学院冯晟博担任主编，曲阜远东职业技术学院李金、内蒙古电子信息职业技术学院王爽、贵州工业职业技术学院钟大利、黑龙江农业职业技术学院马峰柏担任副主编；担任编委的还有重庆公共运输职业学院李云龙，重庆电信职业学院的李长伦、文水兵、叶博，贵州工程职业学院林万琼，山西财贸职业技术学院王雅静；全书由郭维威统稿审核。

在编写过程中，编者参阅了大量的文献资料，在此一并表示感谢。由于编者水平有限，书中难免存在疏漏之处，欢迎大家批评指正、衷心希望广大使用者尤其是任课教师提出宝贵的意见和建议，以便再版时及时加以修正。

为了使本书更好地服务于授课教师的教学，我们为本书配备了教学讲义，期中、期末试卷答案，拓展资源，教学案例演练，素材库，教学检测，案例库，PPT 课件和课后习题、答案等教学资源。请使用本书作为教材授课的教师，可到华信教育资源网 www.hxedu.com.cn 下载本书的教学软件。如有问题，请与我们联系，联系电话：（010）69730296、13331005816。

编　者

2017 年 12 月

目录 Contents

第 1 章　Visual Basic 概述

内 容 提 要

本章主要介绍 Visual Basic 6.0 的特点、发展过程、版本和集成开发环境，同时介绍工程的管理，使初学者能够尽快熟悉 Visual Basic 6.0 的工作环境。

1.1　Visual Basic 简介

1.1.1　Visual Basic 6.0 简介

Visual Basic（简称 VB）6.0 是 Microsoft 公司于 1998 年推出的可视化开发工具。Visual 意为"可视化的"，它是指开发图形用户界面（GUI）时，无需编写大量代码去描述界面元素的位置和外观，仅通过简单的鼠标拖放操作即可"所见即所得"地设计出标准的 Windows 程序界面。Basic 是指 BASIC 语言（Beginner's All-purpose Symbolic Instruction Code，初学者通用符号指令代码），它是一种面向初学者的计算机编程语言。Visual Basic 是基于 Basic 的可视化程序设计语言，它继承了 Basic 语言简单易懂的特点，采用面向对象、事件驱动的编程机制，提供了直观的可视化程序设计方法。

Visual Basic 是目前面向对象开发的主要语言之一，是最简单、最容易使用的语言，因此它是初学者学习可视化编程语言的最佳选择。在以 Windows 操作系统为平台的众多可视化编程工具中，Visual Basic 具有易用性、通用性和开发效率高等特点，这使得 Visual Basic 特别适合于一般应用程序的开发，成为最流行的 Windows 应用程序开发语言。

1.1.2　Visual Basic 的发展过程

Microsoft 公司于 1991 年推出 Visual Basic 1.0 版，并获得了巨大成功，接着于 1992 年推出 2.0 版，1993 年 4 月推出 3.0 版，1995 年 10 月推出 4.0 版，1997 年推出 5.0 版，同时 Visual Basic 推出了中文版，功能也在前面版本的基础上不断增强，已成为 32 位、支持面向对象的程序设计语言。1998 年推出 6.0 版。随着版本的改进，Visual Basic 已逐渐成为简单易学、功能强大的编程工具。

1.1.3　Visual Basic 6.0 的 3 种版本

学习版（Learning）：Visual Basic 6.0 学习版是个人版本，具有建立一般 Windows 应用程序所需要的全部工具，包括所有的内部控件以及网格、选项卡和数据绑定控件。

专业版（Professional）：Visual Basic 6.0 专业版为专业编程人员提供了一套功能完备的开发工具，除了包含学习版的全部功能外，还具有某些高级特性，如包括 ActiveX、IIS Aplication Designer、ADO 和 Internet 控件开发工具。

企业版（Enterprise）：可供专业编程人员开发功能强大的组内分布式应用程序。该版本包括专业版的全部功能，同时具有自动化管理器、部件管理器、数据库管理工具、Microsoft Visual SourceSafe 面向工程版的控制系统等。

1.1.4　Visual Basic 6.0 的主要特点

Visual Basic 是从 VB 发展而来的，对于开发 Windows 应用程序而言，VB 是目前开发语言中比较简单、比较容易使用的语言。它具有以下的特点。

1. 面向对象的可视化设计平台

VB 提供的面向对象的可视化设计平台将 Windows 应用程序界面设计的复杂性封装起来，程序员不必为界面设计编写大量的代码，只需按设计方案，用系统提供的工具在界面上"画出"各种对象。界面设计的代码由 VB 自动生成，程序员所需编写的只是实现程序特定功能的那部分代码，从而大大提高了开发效率。

2. 事件驱动的编程机制

VB 通过事件执行对象的操作，即在响应不同事件时执行不同的代码段。事件可以由用户操作（如鼠标或键盘操作等）触发，也可以由系统（如应用程序本身、操作系统或其他应用程序的消息等）触发。

3. 结构化的程序设计语言

VB 具有丰富的数据类型和内部函数，编程语言模块化、结构化，简单易懂。

4. 强大的数据库功能和网络开发功能

VB 可以访问所有主流数据库，包括各种桌面数据库（如 Access 数据库、dBase、FoxPro、Paradox 数据库）和大型网络数据库（如 SQL Server、Oracle 等），甚至可以访问 Microsoft Excel、Lotus 1-2-3 等多种电子表格。用 VB 可以开发出功能完善的数据库应用程序。Visual Basic 6.0 对后台数据库的访问主要是通过 ADO（ActiveX Data Object）实现的。ADO 是目前应用范围最广的数据访问接口，在 VB 中可以非常方便地使用 ADO 数据控件和 ADO 编程模型，通过 VB 本身或第三方提供的 OLE DB 和 ODBC 驱动程序访问各种类型的数据库。

Visual Basic 6.0 提供了一系列基于部件的 Internet 开发工具，可以快速地开发 Web 应用程序，如 DHTML 工具可以使 Visual Basic 6.0 中的程序代码直接用在动态网页设计中。

5.　充分利用 Windows 资源

VB 通过动态数据交换（DDE）、对象链接与嵌入（OLE）、动态链接库（DLL）技术实现、其他应用程序和 Windows 资源的交互。在 Visual Basic 6.0 中引入的 ActiveX 技术扩展了原有的 OLE 技术，使开发人员摆脱了特定语言的束缚。能够用 VB 开发出集文字、声音、图像、动画、电子表格、数据库和 Web 对象于一体的集合式应用程序。

1.2　Visual Basic 的安装

1.2.1　Visual Basic 6.0 的系统要求

目前常用的计算机系统配置一般都能满足 Visual Basic 6.0 的要求。其中有 3 个主要的系统要求简述如下：

安装 Visual Basic 6.0 中文企业版安装向导的计算机要求具有 486DX66、Pentium 或更高的微处理器。

在 Windows95/98 下至少需要 16MB 以上内存，Windows NT 4.0 下需要 32MB 以上内存。

硬盘空间的要求如下。

学习版：典型安装 48MB，完全安装 80MB。

专业版：典型安装 48MB，完全安装 80MB。

企业版：典型安装 78MB，完全安装 147MB。

MSDN：至少需要 80MB。

MSDN 是 Visual Basic 帮助文件所必需的，在使用 VB 进行程序设计时，经常会遇到一些问题，特别是对初学者更是如此。VB6.0 为用户提供了内容丰富、使用方便的在线帮助内容。

1.2.2　Visual Basic 6.0 的安装

Visual Basic 6.0 是 Visual Studio 6.0 套装软件中的一个成员，可以和 Visual Studio 6.0 一起安装，也可以单独安装。Visual Basic 6.0 的安装过程与 Microsoft 其他应用软件的安装过程类似，首先将 Visual Basic 6.0 的安装光盘放入光驱，然后在"我的电脑"或"资源管理器"中执行安装光盘上的 Setup 程序。

（1）运行 Setup 后，显示"Visual Basic 6.0 中文企业版安装向导"对话框，如图 1-1 所示。

（2）单击"下一步"按钮，打开"最终用户许可协议"对话框，选中"接受协议"单选按钮，如图 1-2 所示。

（3）单击"下一步"按钮，然后按照安装程序的要求输入产品的 ID 号、用户的姓名和公司名称，如图 1-3 所示。

（4）单击"下一步"按钮，打开"选择安装程序"对话框，选中"安装 Visual Basic 6.0 中文企业版"单选按钮，如图 1-4 所示。

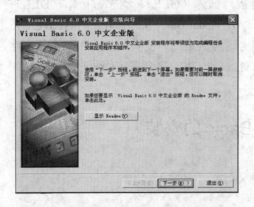

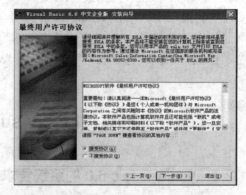

图 1-1　"Visual Basic 6.0 中文企业版安装向导"对话框　　图 1-2　"最终用户许可协议"对话框

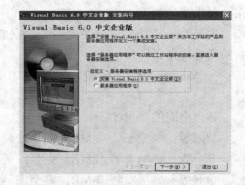

图 1-3　"产品号和用户 ID"对话框　　　　图 1-4　"选择安装程序"对话框

（5）单击"下一步"按钮，然后按照提示选择安装路径后，将打开"选择安装类型"对话框，如图 1-5 所示。若选择"典型安装"，则安装过程无需用户干预；若选择"自定义安装"，则自动打开"自定义安装"对话框，用户需在对话框中选择所需组件。

（6）单击"继续"按钮，安装程序将复制文件到硬盘中，如图 1-6 所示。复制结束后，需重新启动计算机，即可完成 Visual Basic 6.0 的安装。

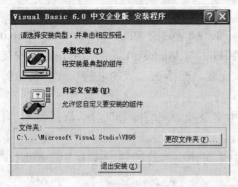

图 1-5　"选择安装类型"对话框　　图 1-6　"Visual Basic 6.0 中文企业版安装程序"对话框

（7）重新启动计算机后，安装程序将自动打开"安装 MSDN"对话框，如图 1-7 所示。若不安装 MSDN，则应取消选中"安装 MSDN"复选框，单击"退出"按钮；若安装 MSDN，则选中"安装 MSDN"复选框，单击"下一步"按钮。按提示进行操作即可。

图 1-7　"安装 MSDN"对话框

1.3　熟悉 Visual Basic 6.0 的开发环境

Visual Basic 6.0 不仅是一种编程语言，而且是集应用程序开发、调试和测试于一体的集成开发环境（IDE）。

1.3.1　启动 Visual Basic 6.0

选择【开始】|【程序】|【Microsoft Visual Basic 6.0 中文版】|【Microsoft Visual Basic 6.0 中文版】命令，即可启动 VB，看到如图 1-8 所示的【新建工程】对话框。该对话框中有以下 3 个选项卡。

图 1-8　【新建工程】对话框

- 【新建】：创建新工程。选项卡中列出了 Visual Basic 6.0 能够建立的应用程序类型，其中【标准 EXE】为默认选项。
- 【现存】：用于选择并打开现有的工程。
- 【最新】：列出了最近打开过的工程及其所在文件夹。

1.3.2　Visual Basic 6.0 的退出

退出 Visual Basic 的方法是：
- 单击 Visual Basic 窗口右上角的"关闭"按钮。
- 选择"文件"菜单中的"退出"命令。
- 按 Alt+Q 组合键。

退出 Visual Basic 时，如果新建立的程序或已修改过的原有程序没有存盘，系统将显示一个对话框，询问用户是否将其存盘，用户作出应答后才能退出 Visual Basic。

1.3.3　Visual Basic 6.0 集成开发环境

在【新建工程】对话框中单击【打开】按钮即可进入 Visual Basic 6.0 的集成开发环境，如图 1-9 所示。

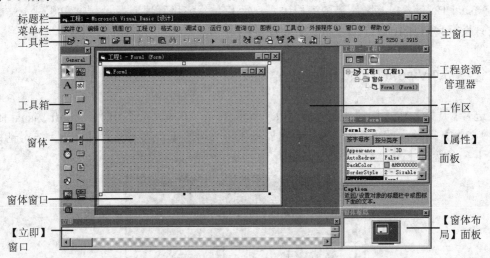

图 1-9　Visual Basic 6.0 集成开发环境

集成开发环境主要包含以下部分：

主窗口（Main Window）、工具箱（Tool Box）、窗体（Form）、工程资源管理器（Project Explorer）、【属性】（Properties）面板以及【窗体布局】（Form Layout）面板等。图 1-9 中除窗体窗口外，其他各部分均处于"停靠"状态。双击某部分的标题栏，可使该部分呈浮动状态，再次双击标题栏即可恢复停靠状态。

1.3.4　主窗口

主窗口由图 1-9 所示的集成开发环境顶部的标题栏、菜单栏和工具栏以及下面的工作区组成。

1. 标题栏

图 1-9 所示标题栏中的标题为"工程 1-Microsoft Visual Basic [设计]",说明 VB 集成开发环境正处于"工程 1"的设计状态。当进入其他状态时,方括号中的文字会有相应的变化。Visual Basic 6.0 有 3 种工作模式:设计模式(Design)、运行模式(Run)和中断模式(Break)。

- 设计模式:可设计用户界面和编辑代码,进行应用程序的开发。
- 运行模式:运行应用程序,此时不允许编辑界面和代码。
- 中断模式:应用程序的运行暂时中断,此时可以编辑代码,但不能编辑界面。

2. 菜单栏

菜单栏包括 13 个菜单,含有 Visual Basic 6.0 中用到的全部命令。

- 【文件】:用于新建、打开、保存、添加、移除工程以及生成可执行文件等。
- 【编辑】:用于代码和控件的编辑。
- 【视图】:用于显示或切换集成开发环境中各种窗口及显示或隐藏特定工具栏。
- 【工程】:用于工程管理,如添加或移除窗体、模块和部件,设置工程属性等。
- 【格式】:用于窗体中控件的对齐方式、大小调整、设置间距和锁定等操作。
- 【调试】:用于应用程序的调试,如断点设置、变量监视、单步执行等命令。
- 【运行】:用于启动、中断和停止应用程序的运行。
- 【查询】:在建立数据库应用程序时用于设置结构化查询语句。
- 【图表】:在建立数据库应用程序时用于编辑图表。
- 【工具】:用于添加过程、设置过程属性、调用菜单编辑器、设置集成开发环境等。
- 【外接程序】:用于增加或删除外接程序。
- 【窗口】:用于相关窗口的开启、关闭和排列。
- 【帮助】:用于获取相关的帮助信息。

3. 工具栏

利用工具栏可以快速访问常用的菜单命令,默认的工具栏为【标准】工具栏,如图 1-10 所示。可以通过【视图】|【工具栏】菜单中的相关命令自定义工具栏。

图 1-10　标准工具栏

【标准】工具栏中各按钮的功能如表 1-1 所示。

表 1-1　【标准】工具栏按钮的功能

图　标	对应菜单及命令	功　能	快捷键
	【文件】菜单中的【添加工程】命令	向工程组中添加新工程	
	【工程】菜单中的【添加窗体】命令	添加一个新窗体到当前工程中	
	【工具】菜单中的【菜单编辑器】命令	启动菜单编辑器进行菜单编辑	Ctrl+E
	【文件】菜单中的【打开】命令	打开已有的工程	Ctrl+O
	【文件】菜单中的【保存】命令	保存当前的工程文件	
	【编辑】菜单中的【剪切】命令	剪切选定的内容到剪贴板	Ctrl+X
	【编辑】菜单中的【复制】命令	复制选定的内容到剪贴板	Ctrl+C
	【编辑】菜单中的【粘贴】命令	将剪贴板中的内容粘贴到当前光标所在位置	Ctrl+V
	【编辑】菜单中的【查找】命令	查找符合条件的字符串	Ctrl+F
	【编辑】菜单中的【撤销】命令	撤销上一次的操作	Ctrl+Z
	【编辑】菜单中的【恢复】命令	恢复刚才撤销的操作	
	【运行】菜单中的【启动】命令	开始运行程序	F5
	【运行】菜单中的【中断】命令	暂时中断程序的运行	Ctrl+Break
	【运行】菜单中的【结束】命令	结束程序的运行	
	【视图】菜单中的【工程资源管理器】命令	显示工程资源管理器窗口	Ctrl+R
	【视图】菜单中的【属性窗口】命令	显示属性窗口	F4
	【视图】菜单中的【窗体布局窗口】命令	显示窗体布局窗口	
	【视图】菜单中的【对象浏览器】命令	显示对象浏览器窗口，查找所有对象	F2
	【视图】菜单中的【工具箱】命令	显示工具箱窗口	
	【视图】菜单中的【数据视图窗口】命令	显示数据视图窗口	
	【视图】菜单中的 Visual Component Manager 命令	打开可视化组件管理器	

4．工作区

主窗口工具栏下面的深灰色区域是工作区。工作区是其他各窗口的容器。开发应用程序时可根据程序设计的需要，通过【视图】菜单或工具栏按钮在工作区中显示相关窗口。

1.3.5　窗体窗口

窗体窗口又称为"对象窗口"或"窗体设计器"。通过【视图】|【对象窗口】命令可以打开窗体窗口。窗体窗口是设计用户界面的地方。窗体（Form）是应用程序的用户界面，是组成应用程序的最基本的元素。一个窗体窗口只含有一个窗体，因此，如果应用程序由多个窗体组成，在设计时就会有多个窗体窗口。每个窗体必须具有唯一的名称，建立

窗体时系统默认的窗体名称依次为 Form1、Form2 和 Form3 等。

1.3.6　工程资源管理器

在 VB 中，工程是指用于创建应用程序的所有文件的集合。工程资源管理器（简称工程对话框）用于显示和管理当前程序中所包含的全部文件，一个工程中包含有工程文件（.vbp）、窗体文件（.frm）、模块文件（.bas）和类模块文件（.cls）等，如图 1-11 所示。工程对话框由 3 部分组成，自上而下分别为标题栏、工具栏和文件列表。

图 1-11　工程资源管理器

1.　标题栏

显示当前工程（组）的名称。

2.　工具栏

工具栏由 3 个按钮组成。【查看代码】按钮 用于显示代码窗口，查看和编辑代码；【查看对象】按钮 用于显示窗体窗口，查看和编辑正在设计的窗体；【切换文件夹】按钮 用于显示或隐藏文件夹。

3.　文件列表

文件列表显示程序中包含的各种文件。每个工程和文件夹前有一个小方框，状态为"+"或"–"，其中"+"为展开按钮，单击后显示相应工程或文件夹包含文件的详细列表。"–"为折叠按钮，单击后隐藏相应工程或文件夹包含文件的详细列表。

从图 1-11 中可以看出，文件详细列表中的每一项都由括号内外两部分组成。括号外面的部分为该文件在应用程序内部使用的名称（编写代码时使用）；括号内的部分是该文件保存在磁盘上的文件名，其中有扩展名的（如 Form1.frm）表示已保存过，无扩展名的则表示尚未存盘。

1.3.7　【属性】面板

【属性】面板如图 1-12 所示，用于设置窗体和控件的属性，如名称、外观、位置、字体等。【属性】面板由以下 5 个部分组成。

1.　标题栏

显示当前选定的窗体或控件的名称。

2.　对象下拉列表框

对象下拉列表框中含有当前窗体及其所包含的全部对象的列表。单击右端的下拉按钮，可列出所有对象以供选择。列表中的每一项（行）代表一个对象，其内容分为左右两部分。左侧以粗体显示的部分为对象名称，右侧以标准字体显示的部分为该对象所属的类。如在

图 1-12 所示的【属性】面板对象下拉列表框中，左侧的 Form1 为对象名称，右侧的 Form 表示该对象属于窗体（Form）类。

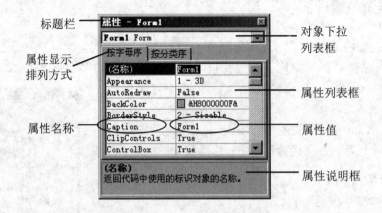

标题栏 　　　　对象下拉列表框
属性显示排列方式
属性名称
属性列表框
属性值
属性说明框

图 1-12　【属性】面板

3.　属性显示排列方式

对象下拉列表框下方的两个选项卡用于确定属性显示的排列方式。

- 　【按字母序】：各属性按照英文字母的顺序排列。
- 　【按分类序】：各属性按照一定的分类规则顺序排列。

4.　属性列表框

属性列表框用于列出所选对象可以设置的属性及其默认值。当在窗体窗口中或者在【属性】面板的对象下拉列表框中选择了相应的对象时，系统就会将此对象的全部可以设置的属性列出，并给出默认值。对于不同对象所列出的属性不同。属性列表分为左右两列，左边是各种属性的名称，右边是对应的属性值。操作时在左侧选择属性，在右侧设置属性值。

有的属性可以直接输入值，也有些属性不允许输入，只能从给出的选项中选择，或者打开相应的对话框进行设置。

5.　属性说明框

属性说明框在【属性】面板的底部，用于显示当前选中属性的名称，并对其功能进行简要说明。

1.3.8　【窗体布局】面板

【窗体布局】面板如图 1-13 所示，用于指定程序运行时窗体的初始位置。在【窗体布局】面板中有一个模拟显示器，在它的"屏幕"上直观地显示了本程序中各窗体在实际显示器屏幕中的位置和大小。在模拟"屏幕"上，每个窗体都有自己的图标，用鼠标拖动某窗体图标，即可改变该窗体运行时的初始位置。

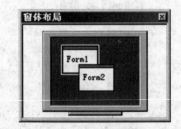

图 1-13　【窗体布局】面板

1.3.9　代码窗口

代码（Code）窗口又称为代码编辑器，用于输入和编辑程序代码，如图 1-14 所示。在图 1-9 所示的集成开发环境中未显示代码窗口。以下几种方法均可打开代码窗口：

① 窗体窗口双击窗体内部或窗体中的控件；

② 在【视图】菜单中选择【代码窗口】命令；

③ 在工程窗口单击【查看代码】按钮；

④ 在窗体窗口内任意位置右击，在弹出的快捷菜单中选择【查看代码】命令；

⑤ 按 F7 功能键。

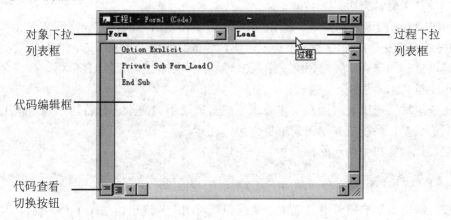

图 1-14　代码窗口

代码窗口主要由以下几部分组成。

（1）对象下拉列表框：含有当前窗体及其所包含的全部对象的列表。单击右端的下拉按钮，可列出所有对象的名称以供选择。其中，窗体对象比较特殊，无论当前窗体的名称如何，在列表中均用 Form 表示窗体对象，而窗体中的控件则一律用控件名称来表示。此外，列表中的"（通用）"表示不属于特定对象的通用代码，一般在此声明模块级变量或用户编写的自定义过程。

（2）过程下拉列表框：列出所选对象的所有事件过程名。当在对象列表框中选择不同对象时，过程列表框中的内容将发生相应的变化。其中"声明"表示模块级变量的声明。

（3）代码编辑框：用于输入和编辑程序代码。

（4）代码查看切换按钮：在代码窗口的左下角有两个按钮，【过程查看】按钮 ▤ 和【全模块查看】按钮 ▤，用于切换代码的查看范围。选择【过程查看】按钮时，代码编辑框中只显示选定的过程，所有的编辑操作只针对该过程；选择【全模块查看】按钮时，显示本窗体（模块）的全部代码。

代码编辑器的若干特性如下。

选择"工具"菜单中的"选项"命令，在"选项"对话框的"编辑器"选项卡中适当进行设置，可使代码编辑器具有常用功能，使代码编写更加方便。

（1）自动列出成员特性。

若要在程序中设置控件的属性和方法，可在输入控件名后输入小数点，Visual Basic 会弹出下拉列表框，列表中包含了该控件的所有成员（属性和方法）。依次输入属性名的前几个字母，系统会自动索引显示出相关的属性名，用户可从中选择所需的属性。如果系统没有设置"自动列出成员"特性，可按 Ctrl+J 组合键获得这个特性。

（2）自动显示快速信息。

该功能可显示语句和函数的格式。当用户输入合法的 Visual Basic 语句或函数后，在当前行的下面会自动显示该语句或函数的语法格式。第一个参数为黑体，输入第一个参数后，第二个参数又变为黑体，如此继续。

当输入某行代码后回车，Visual Basic 会自动检查该语句的语法。如果出现错误，Visual Basic 会显示警告提示框，同时该语句变为红色。

（3）要求变量声明。

学习过 Basic 的读者都知道，Basic 不要求变量在使用之前一定先声明（定义），Visual Basic 也是这样。变量在使用之前不必先声明，这虽给使用者带来了方便，但如果不小心却会造成难以觉察的错误。例如想给变量 ABC 赋值，不小心写成给 AB 赋值，系统会认为新定义一个变量 AB，而不会报错。

为避免这种情况出现，用户可以要求系统对所使用的变量进行检验，凡是使用了没有预先声明的变量，系统应弹出消息框提醒用户注意。

只要在代码窗口中的起始部分加入以下语句：

```
Option Explicit
```

或在"编辑器"选项卡中再选中"要求变量声明"复选框，如图 1-15 所示。这样就可以在任何新模块中自动插入 Option Explicit 语句，但不会在已经建立起来的模块中自动插入，所以在当前工程内部，只能用手工方法向现有模块添加 Option Explicit。

1.3.10 【立即】对话框

【立即】对话框如图 1-16 所示。使用【立即】对话框可以在中断状态下监视对象属性、变量或表达式的值，也可以在设计时查询表达式的值或命令的执行结果。初学者可以在设计时利用【立即】对话框练习常用函数、语句和表达式的使用。

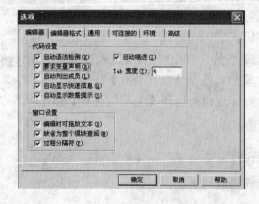

图 1-15　"选项"对话框的"编辑器"选项卡

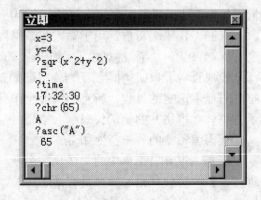

图 1-16　【立即】对话框

【立即】对话框、【本地】对话框和【监视】对话框三者合称为【调试对话框】,是 VB 集成开发环境所提供的程序调试工具的重要组成部分,打开这些对话框的菜单命令均位于【视图】菜单下。

1.3.11　工具箱

新建一个"标准 EXE"工程时,VB 将同时打开如图 1-17 所示的【标准】工具箱。【标准】工具箱中含有一个指针图标和 20 个内部(标准)控件的图标。除指针图标外,每一个图标代表一种控件,每个控件都是已经定义好的对象,它们有自己的属性、方法和事件。将所需控件放在窗体中,就可以构建出美观实用的应用程序界面。

向窗体中添加控件的方法如下:

首先单击工具箱中的控件图标,然后将鼠标指针移向窗体,此时鼠标指针形状变成十字状,按住鼠标左键从左上向右下拖动,松开左键即可将控件添加到窗体中,矩形的大小代表了界面中控件的大小。也可以双击工具箱中的控件图标,此时控件按默认大小和位置自动添加到窗体中。

图 1-17 中的控件为内部控件(又称为标准控件),这些控件不能从工具箱中删除。除内部控件外,VB 还提供了许多扩展控件(ActiveX 控件,文件扩展名为.OCX),它们可以被添加到工具箱中。向工具箱中添加扩展控件的方法如下:

选择【工程】菜单中的【部件】命令,或者右击工具箱,在弹出的快捷菜单中选择【部件】命令,打开如图 1-18 所示的【部件】对话框,在【控件】选项卡的列表框中,将所需控件前面的复选框选中(选定标志为"√"),单击【确定】按钮退出对话框后,被选中的控件即可添加到工具箱中。若要删除工具箱中的扩展控件,只需在上述操作中清除选定标志即可。

图 1-17　标准工具箱　　　　　　　　图 1-18　【部件】对话框

下面对【标准】工具箱中各图标的含义及其功能作简要介绍。

1. 指针（Pointer）

功能：移动对象位置，修改对象大小。注意指针不是控件。

2. 图片框（PictureBox）

功能：显示图片或文本。通过 Picture 属性设置需显示的图片。该控件支持使用绘图方法绘图，也可以作为其他控件的容器。

3. 标签（Label）

功能：显示文本，用户不能编辑。通常通过标签控件标识其他控件，起到提示的作用。通过 Caption 属性设置其标题文本。

4. 文本框（TextBox）

功能：显示或输入文本。用户可以进行编辑。

5. 框架（Frame）

功能：用做其他控件的容器。通常利用框架美化界面并对控件进行分组。

6. 命令按钮（CommandButton）

功能：命令按钮简称按钮，是让用户下达命令的控件，也是最常用的控件。程序运行时单击命令按钮，则执行与此按钮相关的命令。

7. 复选框（CheckBox）

功能：允许用户同时做多项选择。

8. 单选按钮（OptionButton）

功能：用于显示一组选项，用户只能选择其中的一个选项。

9. 列表框（ListBox）

功能：以列表形式提供一组条目（数据项），用户可以从中选择一个或者多个条目。

10. 组合框（ComboBox）

功能：组合框与列表框类似，是列表框和文本框的组合。用户可以从列表项中选择一项，亦可输入数据，不允许多重选择。

11. 水平滚动条（HScrollBar）

功能：提供水平方向的数值范围调整工具。

12. 垂直滚动条（VScrollBar）

功能：提供垂直方向的数值范围调整工具。

13. 定时器（Timer）

功能：用于完成一定时间间隔所要执行的任务。运行时不可见。

14. 驱动器列表框（DriveListBox）

功能：用一个下拉式列表显示当前系统中的磁盘驱动器，供用户选择。

15. 目录列表框（DirListBox）▢

功能：显示当前磁盘驱动器中的目录列表，供用户选择。

16. 文件列表框（FileListBox）▤

功能：显示当前文件夹中的文件清单，供用户选择。

17. 形状（Shape）▧

功能：用于在窗体、图片框和框架等容器中绘制矩形和圆形等几何形状。

18. 直线（Line）╲

功能：用于在窗体、图片框和框架等容器中绘制直线。

19. 图像框（Image）▣

功能：与图片框相似，用于显示图像，但不能绘图，也不能作为其他控件的容器。

20. 数据控件（Data）▦

功能：用于访问数据库。该控件不支持 ADO，现在已很少使用。

1.4　工程管理

当用户建立一个应用程序后，实际上 VB 系统已根据应用程序的功能建立了一系列的文件。而这些文件的有关信息就保存在称为"工程"的文件中。在 VB 中就是使用工程来管理构成应用程序的所有文件。

1.4.1　工程组成

一个 VB 工程的组成情况如表 1-2 所示。

表 1-2　工程的组成

文件类型	说　明
工程文件（.vbp）	与工程有关的全部文件和对象的清单
工程组文件（.vbg）	若程序是由多个工程组成的工程组，则此时会生成一个工程组文件
窗体文件（.frm）	包含窗体及其控件的文本描述，如它们的属性设置、窗体级的常量、变量和外部过程的声明，以及事件过程等
窗体的二进制数据文件（.frx）	当窗体或其上控件的属性值包含了二进制数据（如图片或图标），在保存窗体文件时，系统会自动生成和窗体文件同名的.frx 文件
标准模块文件（.bas）	也叫模块文件，是可选的。主要由代码组成，声明全局变量和一些 Public 过程，可供本工程内的各窗体调用
类模块文件（.cls）	用于创建含有属性和方法的用户自己的类，该文件是可选的
ActiveX 控件的文件（.ocx）	ActiveX 控件的是一段设计好的可以重复使用的程序代码和数据，可以添加到工具箱，并可像其他控件一样在窗体中使用，该文件可选

一个工程的结构可以通过 VB 的工程资源管理器对话框来显示，该对话框包含了此工程的当前文件列表。图 1-19 所示给出了一个名称为"试题库系统.vbp"的工程，该工程包含了一个窗体文件"Login.frm"和一个标准模块文件"sub.bas"。

图 1-19　工程资源管理器对话框中的工程

1.4.2　建立、打开和保存工程

对于工程文件的建立、打开和保存等操作，可以通过"文件"菜单下的如下几个命令来实现。

1．新建工程

快捷键为 Ctrl+N，选择该菜单命令可以建立一个新的工程。如果有当前工作的其他工程，系统会在关闭该工程之前，提示用户对所有修改过的文件进行保存。然后显示"新建工程"对话框，用户可以进行选择，建立一个新的工程。

2．打开工程

快捷键为 Ctrl+O，选择该菜单命令可以打开一个现有的工程。如果有当前工作的其他工程，系统会在关闭该工程之前，提示用户对所有修改过的文件进行保存。然后显示"打开工程"对话框，用户可以选择要打开的工程文件，打开一个现有的工程。

3．保存工程

用于将当前工程中的工程文件和所有的窗体、模块、类模块等文件进行保存，若为第一次保存工程，系统会自动弹出"文件另存为"对话框，提示用户输入文件名来保存文件。

4．工程另存为

用于以一个新名字将当前工程文件加以保存，同时系统会提示用户保存此工程中修改过的窗体、模块等文件。

1.4.3　添加、删除和保存文件

1．添加文件

为了向一个工程中添加一个文件，可以从"工程"菜单中选择要添加文件类型的"添加"命令。系统会自动弹出一个对话框，该对话框中有"新建"和"现存"两个选项卡，选择新建文件的模板或现存文件的名字，并单击"打开"按钮即可完成添加操作。应该注意，向工程中添加一个现存文件时，只是简单地将对于该现存文件的引用纳入工程；而不是添加该文件的复制件。一旦更改并保存该文件，则包含该文件的所有工程均会受到影响。所以，如果想改变文件而不影响其他工程，应将文件复制成规定的文件名，再将复制文件

添加到当前工程中，对复制文件的改变不影响其他工程。

2. 删除文件

为了从一个工程中删除一个文件，首先在"工程资源管理器对话框"中选择要删除的文件，然后在"工程"菜单中选择相应的"移除"命令。应该注意，在工程中删除文件时，此文件将从工程中删除掉，但仍在磁盘上存在。保存当前删除过文件的工程时，系统会自动将被删除的文件与工程的连接截断。但是，如果采用在 VB 之外直接将磁盘上的某个文件删除的方法，则再次打开包含该文件的工程时，将显示一个文件未找到的错误提示信息。

3. 保存文件

有些情况下需要只保存某个文件而不保存整个工程时，可以在"工程资源管理器对话框"中选择欲保存的文件，再在"文件"菜单中选择相应的"保存"命令，对应的快捷键为 Ctrl+S。应该注意，若要对文件改名，如将现存的窗体文件 Form1.frm 改名为 myForm.frm，可以在"工程资源管理器对话框"中选择要改名的 Form1.frm 文件，然后在"文件"菜单中选择"Form1.frm 另存为"命令，在随后弹出的"文件另存为"对话框中将文件保存为 myForm.frm 文件；而后选择"文件"菜单下的"保存工程"命令；再通过 Windows 资源管理器将 Form1.frm 文件从磁盘中删除。

1.4.4　运行工程

在工程文件制作完成后，需要运行程序查看一下运行效果是否满足设计要求。VB 应用程序提供了两种运行模式：解释运行模式和编译运行模式。

1. 解释运行模式

VB 集成开发环境提供了程序在编辑时的解释运行模式，如果只是想简单地运行程序来查看结果，不需要在其他环境下执行，可以采用这种模式。在 VB 集成开发环境中单击"运行"菜单下的"启动"命令或快捷键 F5，系统会对程序代码边编译边执行。该运行模式由于每执行一次就需要重新编译一次，所以运行速度相对较慢，但由于其集成在程序的开发环境中，在编译执行时发现的错误可以直接定位在出错的代码行上，非常方便程序员的调试。

2. 编译运行模式

VB 为设计好的应用程序提供了完全编译方式，可以生成在 Windows 环境下脱离 VB 开发环境的可执行文件，提高程序的执行速度。例如，一个名称为"工程 1"的工程，选择"文件"菜单下的"生成工程 1.exe"命令，弹出一个"生成工程"对话框，该对话框中的"文件名"文本框中显示了默认的文件名"工程 1.exe"，用户可以输入新的文件名，再单击"确定"按钮，生成扩展名为.exe 的可执行文件。VB 生成的可执行文件的运行不再需要工程与各个模块文件，但还需要 VB 系统的一些文件，如.dll、.ocx 等文件的支持才能运行。如果要在没有安装过 VB 的计算机上运行，最好将应用程序制作成安装盘，以便能够在脱离 VB 系统的 Windows 环境下运行。

第 2 章　简单的 Visual Basic 程序设计

内 容 提 要

> VB 是面向对象的编程语言，本章将介绍面向对象程序设计的基本特征和概念，最后通过简单的应用程序开发实例给出开发应用程序的一般过程。通过本章的学习，使读者对 VB 编程有个感性的认识，体会到 VB 编程的乐趣，从而为轻松步入后续章节的学习打下基础。

2.1　面向对象程序设计概述

2.1.1　基本特征

"面向对象程序设计"（Object Oriented Programming，OOP）技术是近几年主流开发软件广泛使用的一种重要方法。这种方法基于对现实世界的一种观点，认为现实世界是由各种不同的对象组成的。

"面向对象程序设计"能够提高程序员的编程效率，并能够使软件开发中的可维护性和软件复用性得到极大的提高。

下面将叙述面向对象的三个基本特征。

1.　封装（Encapsulation）

封装的概念首先是属性（数据）与方法（操作）的结合，构成一个不可分割的对象（整体）；其次是——在这个对象中一些成员是受到保护的，它们被有效地屏蔽，以防外界的干扰和误操作。另一些成员是公共的，它们作为接口提供给外界使用。

2.　继承（Inheritance）

继承意味着在已有父类的基础上创建子类时，会自动具有父类的一些特性，程序员只需在子类中添加父类中没有的属性和方法即可。继承是面向对象编程支持代码重用的重要机制。

3.　多态（Polymorphism）

在父类中定义的方法在子类继承后可以有不同的表现形式。

2.1.2　基本概念

在用 VB 进行程序设计之前，首先要正确理解 VB 的对象、属性、事件、方法等几个重要概念，正确理解这些概念将对我们学习编程有很大的帮助。

1.　对象和类

对象是属性和方法相结合的统一体。现实世界中的一个实体就是一个对象，例如，一个人，一棵树，一台计算机，一辆汽车，你正在看的这本书等都是对象。对象有描述其特征的属性数据，以及附属于它的行为方法。例如，一个人有姓名、性别、年龄、籍贯等特性，又有说话、走路、睡觉等行为。在 OOP 中，对象是具有属性和方法，能对特定事件做出反应的实体，如窗体、文本框、命令按钮等都是对象。对象是由代码和数据组合而成的封装体，可以作为一个整体来处理。对象可以是应用程序的一部分，如控件或窗体，也可以是整个应用程序。

对象是可以分类的。例如，轿车、卡车、面包车等各种各样的汽车属于汽车这个"类"，张三、李四、王五都是人的实例，属于人类这个"类"。类（Class）是同种对象的集合与抽象。对象是类的具体化，是类的实例，而类是创建对象实例的模板。对象一旦建立，即可改变其属性。

类是所有具有相同属性和方法的对象的一种抽象描述，是创建对象实例的模板。类是一个型，而对象是这个型的一个实例。例如，张三、李四、王五都是人的实例，人是类。

对象和类是面向对象程序设计的基础。面向对象程序设计中的类通常是由程序员自己设计的，而在 VB 中，系统已为用户设计好了许多现成的类，极大地提高了开发的效率。

在 VB 中，工具箱上的可视类图标是 VB 系统设计好的内部控件类。此外，VB 还可以通过"工程"菜单下的"部件"命令加入大量的 ActiveX 控件类。这些控件类只是一种抽象描述，实际上并不存在，直到在窗体上画出一个控件时，才将类实例化为对象，即创建了一个控件对象，简称控件。VB 中类和对象的关系如图 2-1 所示。

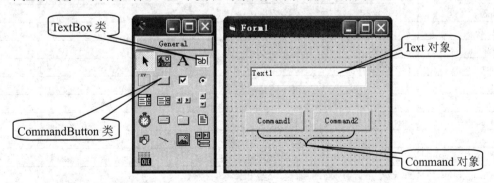

图 2-1　VB 中的类和对象

程序设计时在窗体上添加控件有两种方法。

（1）　鼠标左键单击控件工具箱中要添加控件的图标，然后将鼠标移到窗体上所需的位置处，此时鼠标指针会变成十字形，按住鼠标左键拖曳到所需的大小后释放鼠标，此时便在窗体上完成了一个控件的添加。

（2） 此外，用户可直接在工具箱上用鼠标左键双击所需的控件图标，则立即在窗体的正中央出现一个默认大小的控件对象。然后，用鼠标指向窗体中的该控件，按下鼠标左键并移动鼠标，即可将控件拖曳到所需的位置处。

2. 属性

属性是描述对象特征的数据，是对象性质状态的反映。例如文本框对象，可以通过设置其 Text 属性来决定程序运行时文本框中显示的文字；命令按钮对象，设置其 Visible 属性可决定程序运行时命令按钮是否可见；窗体对象，通过设定其 Caption 属性来定义窗体标题栏上显示的内容等。

在窗体上创建控件时，其属性为默认值。程序员可以通过修改控件的属性来控制控件的外观和行为。控件属性的设置有以下两种方法。

（1） 在窗体设计阶段使用属性窗口设置控件的属性，这里注意应先选中控件，然后再在其属性窗口的属性列表框中找到相应的属性进行设置。

（2） 在程序代码中通过赋值实现，格式为：

```
对象名.属性名=新设置的属性值
```

例如，给名称为"Command1"的命令按钮的"Caption"属性赋值为"显示"，则在程序代码中的书写格式为：

```
Command1.Caption = "显示"
```

不同的控件会含有不同的属性，有些属性是各种控件都具有的，称为公共属性。例如，每个对象都有 Name 属性。控件常用的属性如表 2-1 所示。

表 2-1 控件常用的属性

属 性 名	说　　　　明
Name	控件的名称，该属性用做在代码中标识控件，从而访问控件的其他属性和方法
Caption	用于设置不能接受文本输入的控件上的文本
Left , Top	控件左、上方坐标，其默认单位是缇（twip，1 厘米=567 缇）
Width , Height	控件宽度、高度，用于设置控件的尺寸
BorderStyle	控件边框样式
Font	控件内文字的字体、字号等
Enabled	控件在程序运行时是否有效，也即是否允许操作
Visible	控件在程序运行时是否可见
MousePointer	鼠标指针在该控件上时的外形
TabIndex	决定了按 Tab 键时，焦点在各个控件上移动的顺序
Appearance	控件在运行时的外观，平面型还是三维外观
BackColor	控件中文本和图形的背景色
ForeColor	控件中文本和图形的前景色
ToolTipText	当鼠标在控件上暂停时显示的提示文本
Text	用于设置能够接受文本输入的控件上的文本
Alignment	用于设置控件上文本的对齐方式，左对齐、右对齐还是居中

3. 事件

事件即对象响应的动作。在 VB 中，事件是预先定义好的、能够被对象识别的动作，如窗体加载（Load）、卸载（Unload）、鼠标单击（Click）、双击（DblClick）、按下（MouseDown）、松开（MouseUp）、移动（MouseMove）、对象失去焦点（LostFocus）、获得焦点（GotFocus）以及键盘按下（KeyPress）事件等。

VB 中的事件有系统事件和用户事件两种。系统事件由计算机系统自动产生，如 Load 事件；用户事件是由用户产生的，如 Click 事件。

事件发生时，对象就会对事件作出响应，即执行一段代码，所执行的这段代码就称为事件过程，也即事件的处理程序。事件过程的一般形式如下：

```
Private Sub 对象名_事件名（[参数列表]）
…   事件过程代码
End Sub
```

为事件过程添加程序代码需要在"代码窗口"中进行。当用户双击界面上的某个对象时，系统就会自动打开"代码窗口"，并给出该对象的默认事件的事件过程模板。例如，以鼠标双击如图 2-1 所示中的命令按钮 Command1，就会打开"代码窗口"，出现该命令按钮的单击事件过程，在该事件过程中添加代码，将文本框 Text1 中的文字变为"欢迎您使用 Visual Basic 6.0！"，如图 2-2 所示。

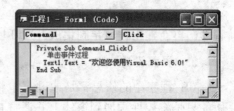

图 2-2　命令按钮的单击事件过程

4. 方法

方法是指对象本身所具有的、反映该对象功能的内部函数或过程。

VB 将一些通用的函数或过程编写好并封装了起来，作为方法供用户直接调用，这给用户的编程带来了极大的方便。例如，窗体对象的显示方法（Show）就是用来将窗体调入内存，并显示出来，而隐藏方法（Hide）则是将窗体隐藏起来。

方法是与对象相关的，所以在调用时一定要指明对象。对象方法的调用格式为：

```
[对象名.]方法名 [参数列表]
```

其中，若省略了对象，表示是当前对象，一般指窗体。

例如，为了使命令按钮 Command1 对象获得焦点，可以输入下述语句：

```
Command1.SetFocus
```

2.2　编写简单的应用程序

要编写应用程序，首先要明确这个应用程序执行后窗体的外观和内容，如有哪些控件，控件的外观，控件之间的关系，对控件进行操作时将发生哪些事件等。本节通过简单的实例说明编写 VB 应用程序的一般步骤。

2.2.1 编写应用程序的步骤

VB 中编写应用程序的一般步骤如下。

1. 系统分析

这个步骤十分重要，但往往被人忽视。在开发一个应用程序之前，必须弄清楚应用程序的边界，即应用程序要实现哪些功能。再根据这些功能需求制定每种功能的具体实施方法，包括使用什么模块（标准模块、窗体模块、类模块）、控件和算法等，必要时还要画出流程图。系统分析虽然不可能把编程中可能遇到的问题全部考虑到，但是，事先做好详细的筹划绝对是有益的。

2. 新建工程

在创建 VB 应用程序之前首先建立一个工作文件夹，用于保存所有相关的文件，方便管理。再新建工程，定制集成开发环境，最后保存该工程到工作文件夹。

3. 界面设计

VB 程序中的信息都是通过窗体显示出来的，所有的控件都放在窗体上。而用户所要做的只是将控件添加到窗体上并调整其大小和摆放位置，使其在窗体上的摆布尽量美观。程序运行时，屏幕上将显示窗体和控件组成的用户界面。

4. 属性设置

通过"属性窗口"设置窗体及相关控件对象的属性。特别是像 Name（名称）这类十分重要的属性一定要在编写程序代码之前设置好，否则改动起来将影响到以前所编写的代码。

5. 代码编写

通过"代码窗口"编写各事件过程与通用过程代码。

6. 程序运行

要运行程序，可执行"运行"|"启动"菜单命令，或者单击工具栏中的"启动"按钮，或按快捷键 F5。若程序有语法错误，VB 将查出错误，停止运行。若没有错误就会继续运行程序。

2.2.2 一个简单的程序实例

【例 2.1】编制一个含有简单代码的程序。程序界面和运行结果如图 2-3 所示。

（1）系统分析。

根据程序确定所需的控件种类和数量。

（2）新建工程。

启动 VB 时自动创建新工程的方法已如前述。如果

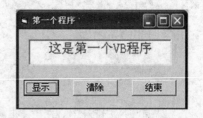

图 2-3　例 2.1 运行结果

已经进入 VB 集成开发环境，可选择【文件】|【新建工程】菜单命令，创建一个新工程。

（3）　界面设计。

在绘制控件时，出现在控件四周的小矩形框称为尺寸句柄；下一步可用这些尺寸句柄调节控件尺寸，也可用鼠标、键盘和菜单命令移动控件、锁定和解锁控件位置以及调节控件位置。

调节控件尺寸的步骤如下。

①　用鼠标单击要调整尺寸的控件，选定的控件上会出现尺寸句柄。

②　将鼠标指针定位到尺寸句柄上，拖动该尺寸句柄直到控件达到所希望的大小为止。角上的尺寸句柄可以同时调整控件水平和垂直方向的大小，而边上的尺寸句柄调整控件一个方向的大小。

③　释放鼠标按钮，或用 Shift 键加上箭头键调整选定控件的尺寸。

我们还可以用鼠标把窗体上的控件拖动到一个新位置，或用"属性"窗口改变 Top 和 Left 属性。选定控件后，可用 Ctrl 键加箭头键每次移动控件一个网格单元。如果该网格关闭，控件每次移动一个像素。

从"格式"菜单选取"锁定控件"项，或在"窗体编辑器"工具栏上单击"锁定控件切换"按钮，可以锁定所有控件的位置。这个操作将把窗体上所有的控件锁定在当前位置，以防止已处于理想位置的控件因不小心而移动。本操作只锁住选定窗体上的全部控件，不影响其他窗体上的控件。这是一个切换命令，因此也可用来解锁控件位置。

如果要调节锁定控件的位置，按住 Ctrl 键，再用合适的箭头键可"微调"已获焦点的控件的位置，或在"属性"窗口中改变控件的 Top 和 Left 属性。

按照图 2-3 所示的界面，单击工具箱文本框控件图标 ，在窗体上放置一个文本框。选择工具箱命令按钮图标 ，在窗体上放置 3 个命令按钮。调整好各控件的大小和位置。

（4）　属性设置。

窗体和各控件的属性设置如表 2-2 所示。

表 2-2　窗体和控件属性设置

对象（名称）	属　　性	属 性 值	对象（名称）	属　　性	属 性 值
窗体（Form1）	Caption	第一个程序	文本框（Text1）	Text	
命令按钮（Command1）	Caption	显示		Font（字号）	三号
命令按钮（Command2）	Caption	清除		ForeColor	H000000FF
命令按钮（Command3）	Caption	结束		Alignment	2-Center

（5）　代码编写。

程序代码的任务是当用户单击【显示】、【清除】和【结束】3 个命令按钮时分别做出响应。VB 的特点之一就是采用事件驱动的工作方式，当用户单击某个按钮时，就发生该按钮的单击（Click）事件。我们要做的就是处理这一事件，即为事件过程编写代码。

①　为【显示】按钮的单击事件编写代码。在窗体设计窗口双击【显示】按钮，打开如图 2-4 所示的代码窗口，光标停留在该按钮的 Click 事件过程中。从图 2-4 中可以看出，在代码编辑区已自动插入了按钮 Click 事件的"过程模板"：起始语句、一个空行和结束语句。因此，在编写代码时不必输入事件过程的起始和结束语句，只需编写要进行的操作

即可。本例要求当用户单击【显示】按钮时，在文本框中显示"这是第一个 VB 程序"。在图 2-5 所示的过程模板的空行处按 Tab 键（默认缩进 4 个空格），然后输入以下代码：

```
Text1.Text = "这是第一个 VB 程序"
```

输入代码后的结果如图 2-5 所示。

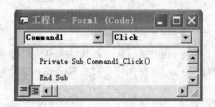

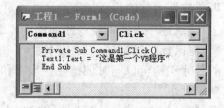

图 2-4　过程模板　　　　　　　　　　　　　　图 2-5　输入代码

② 为【清除】按钮的单击事件编写代码。在代码窗口单击对象列表框右端的下拉按钮，在列表中选择 Command2，系统自动插入该按钮单击事件的过程模板，在光标停留处按 Tab 键后输入以下代码：

```
Text1.Text = ""
```

③ 为【结束】按钮的单击事件编写代码。在对象列表框中选择 Command3，为其单击事件添加以下代码（End 语句用于结束程序运行）：

```
End
```

（6）程序运行。

单击工具栏运行按钮 ▶ 或按 F5 键运行程序。运行时单击【显示】按钮，文本框中将显示"这是第一个 VB 程序"；单击【清除】按钮，将使文本框清空；单击【结束】按钮结束程序运行。

（7）保存工程。

在应用程序设计的任何阶段都可以保存本工程的所有文件，不必等到运行通过后才保存。对于较大的程序，应注意随时存盘，以免因突发事故导致前功尽弃。

2.3　窗体

创建应用程序的第一步就是创建用户界面。窗体是用户界面的载体，是所有控件的容器。编程人员可以根据自己的需要利用工具箱中的控件放在窗体上，进而画出程序界面。本节将介绍窗体的外观设计以及它的常用属性、事件和方法。

2.3.1　窗体的属性

在 Visual Basic 中窗体的属性决定了窗体的外观和操作。窗体的属性非常多，全部列于属性窗口中。对于窗体的大部分属性，既可以通过属性窗口改变，也可以通过在程序中的动态代码进行改变，只有少部分的属性能通过属性窗口改变。下面将重点介绍窗体的一些常用属性。

（1） Name 属性。

Name 属性表示返回代码中使用的标识对象的名称。当创建一个窗体时，系统将自动为其赋值为 Form1，在工程中如果添加第二个窗体，系统将为其赋值为 Form2，以此类推。

Name 属性的命名规则：

● 只能由字母、数字和下画线（ _ ）组成；

● 必须以字母为开头；

● 不能包含特殊字符；

● 不能与其他变量名称相同。

Name 属性是系统识别窗口对象的标识符，它只能在属性窗口中修改，不能在程序中通过动态代码修改。注意：对于 name 属性的命名，最好使用能代表一定意义的英文单词，而且以 frm 开头，例如 frmhelp，frmMain，frmlogin 。

（2） BackColor 属性。

BackColor 属性表示返回/设置窗口中文本、图像的背景颜色。

对于窗口的 BackColor 属性也可以在程序中通过动态代码进行设置。

具体设置代码如下：

```
Object.BackColor = Value
```

其中 Object 表示窗体对象的名称（必需的），Value 表示颜色，通常用 RGB 方法设置颜色。RGB 共有三个参数：第一个参数表示红色的值，取值范围是 0～255；第二个参数表示绿色的值，取值范围是 0～255；第三个参数表示蓝色的值，取值范围是 0～255。

如：设置窗体的背景颜色为红色 frmMain.BackColor = RGB(255,0,0)

（3） ForeColor 属性。

ForeColor 返回或设置窗体的前景色，即显示在窗体中的文字和图形颜色。

（4） BorderStyle 属性。

该属性用于设置窗体边框的样式，属性值如下。

0 - None：无边框，无标题栏，无法移动及改变大小；

1 - Fixed Single：单线边框，可移动，不能改变大小；

2 - Sizable：双线边框，可以移动并可以改变大小，这是默认值；

3 - Fixed Dialog：窗体为固定对话框，不能改变大小；

4 - Fixed ToolWindow：窗体外观与工具箱相似，有关闭按钮，不能改变大小；

5 - Sizable ToolWindow：窗体外观与工具箱相似，有关闭按钮，能改变大小。

该属性在运行时只读。当 BorderStyle 设置为除 2 以外的值时，系统自动将 MaxButton 和 MinBtton 属性设置为 False。

（5） Caption 属性。

Caption 属性表示返回/设置窗口的标题栏中或图标下的文字。当创建一个窗体时，系统将自动为其赋值为 Form1，在工程中如果添加第二个窗体，系统将为其赋值为 Form2，以此类推。

对于窗体的 Caption 属性也可以在程序中通过动态代码进行设置。具体设置代码如下：

```
Object.Caption = Value
```

其中 Object 为窗口的对象名称，Value 的值为字符串。

```
Form1.Caption = "Hello"      '用窗体对象的名称访问其属性
Me.Caption = "Hello"         'Me 关键字指当前窗体对象
Caption = "Hello"            '省略对象名称默认为访问当前窗体的属性
```

Me 关键字在编程时经常使用，它既可以简化代码，也可以提高程序的可读性。

虽然 Caption 属性与 Name 属性系统默认的名称是一样的，但是 Name 属性表示的是窗口的标识对象名称，而 Caption 属性只是表示标题栏中或图标下的文字。在程序设计中，改变窗口的属性时，使用的是 Name 属性的值而不是 Caption 属性的值。

（6） ControlBox 属性。

ControlBox 属性返回一个值，表示运行时在窗体上是否显示控制菜单栏。当创建一个窗体时，系统自动为其赋值为 True。当窗口的 BorderStyle 属性设置为 vbBSNone 时，ControlBox 属性只能是 False，不可以被改变。

（7） MaxButton、MinButton 属性。

MaxButton、MinButton 属性表示决定窗口是否有最大（小）化按钮。窗口的这两个属性可以通过属性窗口直接修改。当窗体被创建的时候，系统给这两个属性自动赋值为True。

（8） Left、Top、Height、Width 属性。

大多数可视控件都具有这几个属性。Left 和 Top 分别表示对象距容器左边界和顶边界的距离，它们决定了对象在容器中的位置。窗体的容器是屏幕，控件的容器通常为窗体，也可以是框架（Frame）、图片框（PictureBox）或选项卡（SSTab）控件。Height 和 Width 分别指定对象的高度和宽度。这 4 个属性的默认计量单位为缇（twip，1 厘米=567 缇）。

（9） Font 属性。

Font 属性表示返回一个 Font 对象。对 Font 属性可以通过单击属性窗口中 Font 属性值中的■按钮所弹出的"字体"对话框进行修改。修改方法与使用 Word 中"格式"命令菜单中的"字体"命令一样。

在程序设计中动态修改 Font 属性的代码如下：

```
Object.Font[.Attribute] = Value
```

其中 Object 表示窗口的对象名称，Attribute 表示有关字体的属性。对于不同的字体属性 Value 的取值也不一样。

（10） Enable 属性。

Enable 属性表示返回/设置一个值，决定一个对象是否响应用户生成事件。系统默认值为 True。该属性用于激活或禁止该对象。

对于窗体的 Enable 属性也可以在程序中通过动态代码进行设置。具体设置代码如下：

```
Object. Enable = Value
```

其中 Object 为窗口的对象名称，Value 的值为布尔值（True 或 False）。

（11）　Visible 属性。

Visible 属性表示返回/设置一个值，决定窗口是否可见。当窗体被创建的时候，系统默认的 Visible 属性为 True。窗口的 Visible 属性可以通过属性窗口直接修改，也可以通过代码进行修改。具体代码如下：

```
Object.Visible=Value
```

其中 Object 为窗口对象名称，Value 的值为布尔值。

（12）　Picture 属性。

该属性用于设置窗体中要显示的背景图片。在属性窗口中，可以单击 Picture 设置框右边的▣按钮，打开【加载图片】对话框，选择一个图形文件装入。也可以在程序代码中通过 LoadPicture 函数加载一个图形文件。

（13）　Icon 属性。

Icon 属性指定窗体处于最小化时显示的图标，同时也是控制菜单框的图标。在属性窗口中，可以单击 Icon 设置框右边的▣按钮，打开【加载图标】对话框，选择一个图标文件（.ico）装入。若不指定图标，则使用 VB 默认图标▯。

（14）　WindowState 属性。

WindowState 属性表示返回/设置一个窗体窗口运行时的可见状态。窗体的 WindowState 属性的值有以下 3 个。

0-Normal：正常状态（这是系统默认的参数）；

1-Minimized：最小化状态，显示一个示意图标；

2-Maximized：最大化状态，无边界，充满整个屏幕。

2.3.2　窗体的方法

方法就是对象实现某种功能的动作。如果想实现某种功能的话，就需要调用某种方法，并且给它一定的参数。对于窗体来说，也有很多的方法可以被使用，下面就介绍几种常用的方法。

1.　Print 方法

调用窗体对象的 Print 方法可以在窗体上输出字符串。

2.　Cls 方法

Cls 方法可以清除屏幕上的文本、图形等所有的内容。使用它时不需要给它任何的参数。

3.　Hide 方法和 Show 方法

Hide 方法可以隐藏窗体，并未卸载，只是隐藏起来了。窗体的 Show 方法用于显示窗体。调用格式为：

```
[窗体名.]Show  [模式 [，拥有者]]
```

其中，【模式】参数有两种取值：0（vbModeless，默认值）为非模式窗体，1（vbModal）表示模式窗体。模式窗体是指该窗体出现后，用户必须对其作出响应，在关闭该窗体前，不能对本程序中的其他窗体进行操作。非模式窗体则无此限制。【拥有者】参数用于指定被显示窗体的"父"窗体，当"父"窗体最小化或关闭时，被显示窗体也将最小化或关闭。通常将【拥有者】参数设置为 Me。例如，在窗体 Form1 的单击事件过程中有如下语句：

```
Form2.Show vbModeless, Me
```

其中，Me 表示 Form1，即 Form1 是 Form2 的拥有者。

4. Move 方法

在程序中使用 Move 方法可以实现动态地移动窗体。Move 方法需要有参数，具体的语法格式如下：

```
Object.Move Left,Top,Width,Height
```

其中 Object 表示窗体名称。Object 参数是可选的，如果省略的话，那么就表示 Move 方法移动的是当前具有焦点的窗体。Left 表示窗体距屏幕左边的水平坐标，Left 参数是必需的。Top 表示窗体距屏幕上方的垂直坐标，Top 参数是可选的。Width 表示窗体的新的宽度，Width 参数是可选的。Height 表示窗体的新的高度，Height 参数是可选的。

【例 2.2】编制一个简单代码的程序，单击第一个按钮，在窗体上显示文字，单击第二个按钮就能够把显示的文字清除。程序界面和运行结果如图 2-6 所示。

图 2-6 例 2.2 运行结果

程序的代码如下：

```
Private Sub Command1_Click()
Form2.Print "测试 print 方法和 cls 方法"
End Sub
Private Sub Command2_Click()
Cls
End Sub
```

【例 2.3】Move 方法应用实例。

```
Private Sub Form_Click()
    Move 4000, 4000, 5000, 4000      '当单击窗体时,窗体的顶点将移动到坐标 4000,4000,
                                      并且窗体的宽度变为 500,高度变为 4000
Me.Move Me.Left + 200, Me.Top + 200   '使窗体向右、向下各移动 200 缇
End Sub
Private Sub Form_Load()
    Top = 0
    Left = 0                         '窗体的顶点在坐标 0,0
    Width = 2000                     '窗体的宽为 2000
    Height = 1000                    '窗体的高为 1000
End Sub
```

5. Load 方法

是窗体的加载方法，窗体的加载是指窗体及其所有控件被装入内存，但界面尚未显示。

窗体必须先经过加载阶段才能显示在屏幕上。窗体加载时发生 Load 事件。窗体一旦进入加载状态，Load 事件中的代码就开始执行。因此，通常在 Load 事件过程中加入窗体的初始化处理代码，如设置窗体和控件属性的初始值等。

【例 2.4】在 Load 事件中通过代码为窗体和命令按钮的属性设置初始值，实现与例 2.2 同样的功能。

双击窗体打开代码窗口，输入以下代码：

```
Private Sub Form_Load()
    '设置窗体的属性
    Me.Caption = "测试print cls方法"
    Me.FontSize = 12
    Me.FontName = "黑体"
    Me.ForeColor = vbRed
    Me.BackColor = vbWhite
    Me.Left = 300      '设置窗体位置的初始坐标
    Me.Top = 300
End Sub
```

6.　Unload 方法

窗体的卸载方法，窗体的卸载是指窗体被关闭而从屏幕上消失。用户单击窗体上的关闭按钮或在代码中执行 Unload 语句时，即可卸载窗体。Unload 语句的语法如下：

```
Unload 对象
```

例如：

```
Unload Form1
Unload Me
```

窗体卸载前依次发生 QueryUnload 事件和 Unload 事件。这两个事件都有一个参数 Cancel，在事件过程中将该参数设置为非零值可取消窗体的卸载。如果需要在窗体卸载时进行一些善后处理（如保存数据或文件等），可以在这两个事件中提示用户，并做出相应的处理。请注意不要将 Unload 语句和 Unload 事件混为一谈。

End 语句直接结束应用程序的运行，不触发 QueryUnload 和 Unload 事件。

2.3.3　窗体的事件

Visual Basic 中的窗体事件包括以下 12 个种类。

（1）　Click 事件：在窗体中单击鼠标事件。

（2）　DblClick 事件：在窗体中双击鼠标事件。

（3）　Initialize 事件：初始化窗体事件，此事件在 Load 事件之前发生。通常在该事件中初始化变量或设置窗体属性。

（4）　KeyDown 事件：键被按下事件。当 KeyDown 事件发生时，系统将把被按下的键的 ASNI 码传给 KeyAscii 参数，并且把 Shift、Ctrl 和 Alt 键的状态传给 Shift 参数。

（5） KeyUp 事件：键被松开事件。当 Key UP 事件发生时，系统将把被按下的键的 ASNI 码传给 KeyAscii 参数，并且把 Shift、Ctrl 和 Alt 键的状态传给 Shift 参数。

（6） KeyPress 事件：按键事件。当 KeyPress 事件发生时，系统将把被按下的键的 ASNI 码传给 KeyAscii 参数。

（7） Load 事件：装载事件，窗体被装载时发生的事件。此事件发在 Initialize 事件之后。

（8） MouseDown 事件：鼠标被按下事件。当 MouseDown 事件发生时，系统将把鼠标上 3 个键的状态以整数的形式传给 Button 参数，把 Shift、Ctrl 和 Alt 键的状态传给 Shift 参数，把鼠标当前的位置传给 X,Y 参数。

（9） MouseUp 事件：鼠标被松开事件。当 MouseUp 事件发生时，系统将把鼠标上 3 个键的状态以整数的形式传给 Button 参数，把 Shift、Ctrl 和 Alt 键的状态传给 Shift 参数，把鼠标当前的位置传给 X,Y 参数。

（10） MouseMove 事件：鼠标移动事件。当 MouseMove 事件发生时，系统将把鼠标上 3 个键的状态以整数的形式传给 Button 参数，把 Shift、Ctrl 和 Alt 键的状态传给 Shift 参数，把鼠标当前的位置传给 X,Y 参数。

（11） Paint 事件：画图事件，当窗体被移动或者放大之后，该窗体部分或全部暴露时发生的事件。通常在 Paint 事件中画出窗体中显现的文字或图形。

（12） UnLoad 事件：卸载事件，当窗体被卸载时发生的事件。

2.3.4 窗体的启动与卸载

1. 窗体的启动方法

如果程序中只有一个窗体，则系统会自动将它默认为是启动窗体，不必考虑怎样显示或隐藏它，当程序启动或退出时，此过程是自动执行的。如果程序中有多个窗体，除了启动窗体以外，其他的窗体只有使用 VB 的窗体加载语句或相关的方法，才能加载到内存中并显示在屏幕上，与用户进行交互。

可以使用以下方法启动窗体。

（1） 将窗体设置为启动对象。

一般情况下，系统将工程建立的第一个窗体默认为启动窗体。当然也可以根据自己的需要重新设置启动窗体。在"工程"菜单中，单击最下方的"工程 1 属性"，在打开的对话框中设置"启动对象"为指定的窗体，如图 2-7 和图 2-8 所示。按下"确定"按钮即可。

（2） 使用 Load 语句加载窗体。

Load 语句的使用格式为：

```
Load 窗体名
```

此语句可以将窗体装入内存，但不显示在屏幕上。这时虽然窗体不显示，但是 Form_Load()事件中的代码已经执行。

例如：下面是窗体 Form1 的 C1ick 事件过程。当用户单击 Form1 时，加载 Form2 到内存中。

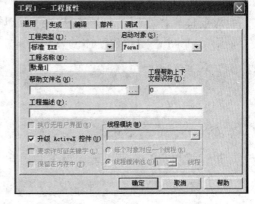

图 2-7　"工程"菜单的"工程 1 属性"　　　　图 2-8　设置启动窗体

```
Private Sub Form_Click()
Load Form2
End Sub
```

窗体一旦被加载到内存中，便可以通过程序对它及其上面的控件进行操作了。

（3）　使用 Show 方法。

使用 Show 方法将已经加载到内存中的窗体显示到屏幕上。如果这时候要操作的窗体还没有加载到内存，Show 方法将首先将窗体加载到内存，然后将它显示出来。

例如：frmmain.show。

（4）　通过引用窗体的成员或窗体中的控件加载窗体。

例如：

```
Text1.text=frmmain.Label1.Caption
```

使用这种方法只能加载窗体，并不显示。

（5）　使用"Sub Main"子程序。

"Sub Main"是一个特殊的子程序，它放在标准模块中，可以设置为启动对象。

【例 2.5】工程中有两个窗体 Form1、Form2 和一个标准模块 Module1。标准模块中有 Sub Main 子程序，编码如下：

```
Sub Main()
Dim dtm1 As Date
Dtm1=Date
If Weekday(dtm1)=1 Or Weekday(dtm1)=7 Then
Form1.Show    '加载并显示窗体 Form1
Else
Form2.Show    '加载并显示窗体 Form2
End If
End Sub
```

如果把 Sub Main 设置为启动对象，则每当程序启动时，Main 过程会根据当前系统日期判断是否是星期六或星期日，如果是，显示窗体 Form1，否则显示窗体 Form2。

2. 窗体的卸载方法

当对窗体操作完毕，要把它从内存中卸载。卸载窗体使用 Unload 语句。

使用 Unload 语句卸载窗体的方法为：

```
Unload 窗体名
```

例如：

```
Unload FrmStart
```

如果卸载自身，也可以使用以下的语句：

```
Unload Me
```

注意，卸载的只是窗体和控件的显示部件，它的代码（如过程、变量）仍然可用。窗体卸载之后，运行时对窗体与控件属性的所有改动都将丢失，下一次加载时，窗体和控件的属性都是设计时设置的初始值。

除了使用 Unload 语句外，还有其他方法可以卸载窗体，如单击窗体右上角的"关闭"按钮、选择窗体左上角控制菜单中的"关闭"命令、关闭程序、关闭操作系统等。

通常可以为窗体添加一个"关闭"按钮，在其 Click 事件过程中使用"Unload Me"语句。当用户单击这个按钮时，窗体就会被卸载。

窗体被卸载之后，程序对窗体或窗体上控件的访问会导致窗体重新被加载。如：

```
Private Sub Form_Click()
    Form2.Caption="哈尔滨，你好！"
End Sub
```

这段程序代码的执行结果会使未加载的窗体 Form2 加载到内存中。当工程中最后一个加载到内存中的窗体被卸载后，VB 将结束程序运行，正常退出程序。

可以使用 End 语句立即终止程序的运行。使用 End 语句不会产生卸载事件，已加载到内存中的窗体或工程中的其他对象和变量将被强制性地销毁。一般情况下，不主张使用这种退出程序的方式。

使用窗体的 Hide 方法可将已经显示的窗体隐藏起来，但是并不卸载。

3. 窗体加载时的事件

当一个窗体启动时，依次发生 Initialize、Load 和 Activate 3 个事件。

（1） Initialize 事件。

此事件是窗体的初始化事件。在加载一个窗体时，Initialize 事件最先被引发。在此事件中可以为模块级或全局级变量赋值。一般初学者可以不必编写这个事件过程。

（2） Load 事件。

不管使用哪种方法使窗体加载，都会引发 Load 事件。

因为 Load 事件是窗体在一个"生存周期"（从加载到卸载）中除了 Initialize 事件以外，第一个接收到的事件，所以一般在窗体的 Load 事件中加入窗体的初始化代码，例如，设置窗体或控件的初始状态，设置变量的初始值，以及填充列表框、组合框控件的内容等。

例如：

```
Private Sub Form_Loadk()
Move(Screen.Width-Width) / 2, (Screen.Height-height) / 2
End Sub
```

这段代码的作用是将窗体移动到屏幕中心。Move 方法中，当对象名被省略时，默认是当前的窗体对象。

因为 Load 事件发生时，窗体并未显示，所以不应该在 Load 事件中使用绘图方法（除非窗体的 AutoRedraw 属性设为 True），也不应该有焦点的设置行为。

（3）Activate 事件。

当窗体被激活成为活动窗体时引发 Activate 事件。可以在此事件中设置控件焦点，设置控件的状态，进行绘图等工作。

与 Initialize、Load 事件不同，Activate 事件在窗体的一个"生存周期"中可以发生多次。除了第一次显示窗体外，每次窗体由非活动窗体变为活动窗体时，都会发生此事件。

4．窗体卸载时的事件

窗体在卸载时会依次接收到由系统发送的 4 个事件：Deactivate 事件、QueryUnload 事件、Unload 事件和 Terminate 事件。

（1）Deactivate 事件。

当窗体由活动窗体变为非活动窗体时触发此事件。

（2）QueryUnload 事件。

当窗体要被卸载之前，先引发此事件。事件过程的语法是：

```
Private Sub Form_QueryUnload(Cancel As Integer, UnloadMode As Integer)
```

此事件有两个整型参数：Cancel 和 UnloadMode。UnloadMode 传递给事件过程的值能够反映卸载是如何引起的。UnloadMode 参数的值与所代表的意义见表 2-3 所示。

表 2-3　QueryUnload 事件 UnloadMode 参数的意义

参 数 值	卸载窗体的原因
0	选择窗口菜单中的"关闭"命令或单击标题栏上的"关闭"按钮
1	在程序中使用了 Unload 语句
2	Windows 操作系统关闭
3	在 Windows 的任务管理器中关闭此程序
4	MDI 窗体关闭引起 MDI 子窗体的关闭

可以通过事件过程的 Cancel 参数终止窗体的卸载。在 QueryUnload 事件中将 Cancel 参数设为 True，可以取消卸载操作。

通常在 QueryUnload 事件过程中提示用户对未保存的工作进行保存，或者根据各种情况决定是否继续卸载窗体。

【例 2.6】下面的程序代码是提示用户保存工作。

```
Private Sub Form_QueryUnload(Cancel As Integer, UnloadMode As Integer)
```

```
    Dim reply As Integer
    reply = MsgBox("文件还没有保存，是否保存？", vbYesNoCancel, "重要提示")
    If reply = vbYes Then '如果用户选择"是"，则执行下面的代码保存文件
        '进行相应的保存操作
        ElseIf reply = vbcancle Then '如果用户选择"取消"则停止卸载
        Cancel = True
    End If
End Sub
```

程序运行结果如图 2-9 所示。

图 2-9   例 2.6 在 QueryUnload 事件中提示保存文件

（3） Unload 事件。

如果 QueryUnload 事件过程未终止窗体的卸载过程，会继续引发 Unload 事件。此事件过程的语法是：

```
Private Sub Form_Unload(Cancel As Integer)
```

其中唯一的参数 Cancel 的作用与 QueryUnload 事件过程的 Cancel 参数作用相同。在事件过程中把参数 Cancel 的值设为 True，会阻止窗体的卸载。

在 Unload 事件中，适合进行关闭文件、清除所占系统资源的工作。

（4） Terminate 事件。

Terminate 事件是窗体卸载过程中的最后一个事件。初学者不必编写此过程的代码。

2.4   文本框

2.4.1   文本框的属性

文本框（又称 Eidt Box 控件），通过在控件栏中选择 abl 按钮添加。在 Visual Basic 中通常利用文本框输入或显示文本。由于文本框与标签都可以显示文本，所以两者的 Alignment、Front 等属性也是相同的，在这里也就不再详细介绍了，大家可以参考标签的属性进行学习。下面介绍文本框的几个重要属性。

（1） Locked 属性。

Locked 属性表示设置文本框是否可以被编辑，系统默认值为 True。

（2） MaxLength 属性。

MaxLength 属性表示返回/设置文本控件中可以输入字符的最大数量，系统默认值是 0，

表示在文本框中输入的字符数不能超过 32K（多行文本）。

（3）　MultiLine 属性。

MultiLine 属性表示返回/设置文本控件是否可以接受多行文本。系统默认值是 False，即不接受多行文本。当把 MultiLine 属性设置为 True 时，可以通过 Enter 键进行换行。

（4）　PassWordChar 属性。

PassWordChar 属性表示在文本框中输入文字时所显示的字符。系统默认为空字符串，即可以显示输入的字符。PassWordChar 属性通常用于登录（或注册）界面中的密码框。

（5）　ScrollBar 属性。

ScrollBar 属性表示文本框是否具有水平或垂直滚动条。ScrollBar 的属性值有 4 种，分别如下。

- 0-None：无滚动条；
- 1-Horizontal：水平滚动条；
- 2-Vertial：垂直滚动条；
- 3-Both：既具有水平滚动条，又具有垂直滚动条。

（6）　SelLength 属性。

该属性值为所选文本块中的字符个数。若将该属性设置为大于 0 的值 n，则选中并反相显示从当前插入点开始的 n 个字符。

（7）　SelStart 属性。

SelStart 属性值是一个数字，用于指示选定文本块的起始位置。如果没有选定的文本，则该属性指示插入点的位置。若设置值为 0，则插入点被置于文本框中第一个字符之前。若设置值大于或等于文本框中文本的长度，则插入点被置于最后一个字符之后。

（8）　SelText 属性。

SelText 属性表示返回/设置当前所选文本的内容。

（9）　HideSelection 属性。

该属性用于指定当控件失去焦点时选定的文本是否突出显示。True（默认值）表示当控件失去焦点时，选定的文本不突出显示。False 表示当控件失去焦点时，选定的文本仍突出显示。该属性运行时只读。

（10）　Text 属性。

Text 属性表示返回/设置文本框中的内容。

2.4.2　文本框的方法

文本框有很多方法，常用的方法是 SetFocus 方法。SetFocus 方法的格式如下：

```
Object.SetFocus
```

其中 Object 表示对象名称。一个程序中有多个文本框，谁调用了 SetFocus 方法，那么焦点就在那个文本框上。

2.4.3　文本框的事件

文本框支持 Click、Double Click 等事件，但常用的是 Change、GetFocus、LostFocus 3 个事件。

（1）　Change 事件。

Change 事件表示当文本框的内容发生改变时，就会引发一次 Change 事件。

（2）　GetFocus 事件。

GetFocus 事件表示当文本框具有焦点时，就会引发 GetFocus 事件。文本框被激活并且可见性为 True 时，才能接收到焦点。

（3）　LostFocus 事件。

LostFocus 事件表示当一个具有焦点的文本框失去焦点时，引发 LostFocus 事件。

【例 2.7】文本框应用实例。

设计两个文本框，只能在第一个文本框中输入字符，并且在第一个文本框中输入的任何字符都显示为"*"，第一个文本框失去焦点时，第二个文本框中显示第一个文本框的内容。

程序代码如下：

```
Private Sub Form_Load()
Text1.PasswordChar = "*"      '设置第一个文本框显示的内容为"*"
Text2.Locked = True
End Sub
Private Sub Text1_LostFocus()    '第一个文本框失去焦点的事件
Text2.Text = Text1.Text        '设置第二个文本框的内容为第一个文本框输入的内容
End Sub
```

【例 2.8】建立两个文本框，属性关系如表 2-4 所示，Text1 的 text 属性是"该属性值为所选文本块中的字符个数。若将该属性设置为大于 0 的值 n，则选中并反相显示从当前插入点开始的 n 个字符。"。

表 2-4　标签控件属性设置

控 件 名	多行属性 MultiLine	滚动条属性 ScrollBar
Text1	1 - Fixed Single	1 - Opaque
Text2	0 - None	0 - Transparent

事件过程如下：

```
Private Sub Form_Click()
    Text1.SelStart = 0
    Text1.SelLength = 8
    Text2.Text = Text1.SelText
End Sub
```

程序运行时，单击窗体，出现如图 2-10 所示的结果。

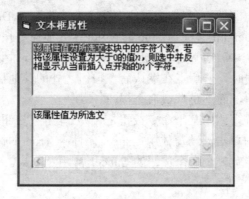

图 2-10　例 2.8 运行结果

若要对任意选定的文本进行复制，只要将上述事件过程中的前两句语句删除即可，即更改为：

```
Private Sub Form_Click()
    Text2.Text = Text1.SelText
End Sub
```

当选定文本后，单击窗体即可。

2.5　按钮

按钮又称为命令按钮（Command Button）。在应用程序中，命令按钮是最常用的控件，前面的例题中曾多次使用了命令按钮。使用命令按钮时，通常在它的 Click 事件中编写一段程序，当用户选中这个按钮时，就会启动这段程序，执行某一特定的功能。

2.5.1　命令按钮的常用属性

1.　Caption 属性与访问键

该属性设置显示在按钮上的文字（标题）。设置 Caption 属性时，如果某个字母前面加上"&"，则在程序运行时标题中的该字母即带有下画线，这一字母就成为快捷访问键（简称访问键，Access Key）。所谓快捷访问键是指与 Alt 键同时按下的键，用来打开菜单、执行命令或选择对象。当用户按下 Alt+快捷访问键时，其作用与通过鼠标单击该按钮相同。例如，在命令按钮 确定(O) 中，字母"O"就是快捷访问键，该按钮的 Caption 属性为【确定（&O）】，程序运行时按下 Alt+O 快捷键即相当于单击了该按钮。上述设置快捷访问键的方法也适用于其他具有 Caption 属性的控件。

2.　Default 和 Cancel 属性

Default 属性用于设置窗体中的命令按钮是否为默认命令按钮，其值为 False 或 True。如果某个命令按钮的 Default 属性为 True，则在窗体启动后，按 Enter（回车）键就可以立即执行该命令按钮的功能。在同一窗体上只能有一个命令按钮的 Default 属性被设定为 True，当窗体中已经存在一个 Default 属性为 True 的按钮时，其他命令按钮的 Default 属性会自动设置为 False。在实际应用中，通常将【确定】按钮的 Default 属性设置为 True。应该注意，当窗体上有多个命令按钮时，若焦点在默认命令按钮之外的其他按钮上，按 Enter 键时，系统将选择有焦点的按钮，而不是默认命令按钮。

Cancel 属性用来设置窗体中某个命令按钮是否为【取消】按钮，其值为 True 或 False。程序运行后，按 Esc 键与单击活动窗体中 Cancel 属性为 True 的按钮所起的作用相同。同样，在同一窗体中也只能有一个命令按钮的 Cancel 属性为 True。

3. Style 和 Picture 属性

Style 属性用于设置命令按钮的外观样式。设置值为 0-Standard（默认值）时，命令按钮为标准样式，不能在其中显示图形或设置背景颜色；设置值为 1-Graphical 时，命令按钮为图形样式，在按钮上可以显示图形或设置背景颜色。

Picture 属性可以指定一个图形文件，用来在命令按钮上显示该文件所对应的图形。要在命令按钮上显示图形，有效的前提是 Style 属性值为 1。

4. Enabled 属性

设置命令按钮是否能被按下。当属性值为 True（默认）时，表示命令按钮可以接受用户鼠标或键盘输入来启动它；为 False 时表示按钮不能被按下，这时整个命令按钮以暗淡的颜色显示。在程序执行过程中可以通过修改该属性的值来设置用户的操作权限。

2.5.2 命令按钮的常用事件

命令按钮最常用的事件是 Click 事件，可以在该事件中编写代码来处理相应的任务。能触发 Click 事件的操作包括：单击命令按钮；焦点在按钮上时按 Enter 键或空格键；使用访问键；在代码中将按钮的 Value 属性设置为 True。除 Click 事件外，命令按钮还能识别其他一些事件，但都不常用。

2.5.3 命令按钮的常用方法

命令按钮的常用方法是 SetFocus 方法，使用该方法可以将焦点定位在指定的命令按钮上。其格式为：

```
对象名.SetFocus
```

窗体和大多数可视控件也具有 SetFocus 方法。

【例 2.9】按钮实例。

设计一个程序，窗体中有 2 个按钮、1 个标签和 2 个文本框，程序运行后，如果单击"确定"按钮，确定按钮不可见，同时在 Text1 和 Text2 中分别显示当前的日期和时间。结果如图 2-11 所示。

图 2-11   例 2.9 运行结果

程序代码如下：

```
Private Sub Command1_Click()
Command1.Visible = False
Text1.Text = "日期" + Date
Text2.Text = "时间" + Time
End Sub
Private Sub Command2_Click()
End
End Sub
```

2.6   标签

标签控件(又称 Label 控件)，通过在控件栏中选择 **A** 按钮添加。在 Visual Basic 中标签控件通常是用来显示或输出文本信息的。因为标签控件不能进行输入信息，所以在程序设计时，使用标签的属性比较多，而有关标签的方法和事件都不经常使用，因此，对标签的方法和事件这里不做介绍。下面介绍标签的常用属性。

（1）Name 属性。

Name 属性表示返回代码中使用标识对象的名称。此属性只能在属性窗口中修改，不能在代码中动态修改。

（2）Alignment 属性。

Alignment 属性表示返回/设置标签的对齐方式。Alignment 属性值有以下 3 种。

● 0-Left Justify：左对齐；

● 1-Right Justify：右对齐；

● 2-Center：居中对齐。

（3）AutoSize 属性。

AutoSize 属性用于决定一个控件是否能调整大小以显示全部的内容。系统默认值是 False。

【例 2.10】标签应用实例。程序运行结果如图 2-12 所示。程序代码如下:

```
Private Sub Form_Load()
    label_first.Alignment = 1                '设置标签的对齐方式为右对齐
    label_first.Caption = "这是我的第一个标签"      '设置标签显示的文本
    label_first.Font = "黑体"                 '设置标签的字体
    label_first.FontSize = 16                '设置标签的字号大小
    label_first.Height = 500                 '设置标签的高度
    label_first.Width = 3000                 '设置标签的宽度
    label_first.Top = 0                      '设置标签顶点的横坐标
    label_first.Left = 0                     '设置标签顶点的纵坐标
End Sub
```

【例 2.11】利用两个标签制作浮雕效果文字。

利用两个标签控件,在设计时通过白色与黑色错位叠加,实现如图 2-13 所示的文字浮雕效果。

(1)新建工程,在窗体上放置两个标签控件,设置 Caption 属性均为【VISUAL BASIC 6.0 中文版】,字号均为【小初】,字体均为【隶书】。调整标签的宽度和高度,使文字分两行显示,如图 2-13 所示。

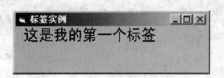

图 2-12 例 2.10 运行结果   图 2-13 例 2.11 浮雕效果文字

(2)按表 2-5 设置两个标签的其他属性。其中 Left 和 Top 属性是实现错位的关键。

表 2-5 标签控件属性设置

控 件 名	BorderStyle 属性	BackStyle 属性	ForeColor 属性	Left 属性	Top 属性
Label1	1 - Fixed Single	1 - Opaque	白色	360	0
Label2	0 - None	0 - Transparent	黑色	450	80

第 3 章　Visual Basic 语言基础

内容提要

　　本章介绍 VB 的编码规范、基本语法、数据类型、常量与变量、运算符及常用内部函数和表达式，使读者具备初步的代码编写能力，为熟练运用 VB 进行应用程序的开发奠定基础。

　　本章将结合大量示例进行说明。

3.1　Visual Basic 语言编码规范

　　为了编写高质量的程序，从一开始就必须养成良好的习惯，注意培养和形成良好的程序设计风格。严格遵守 VB 的编码规范，不但有助于减少程序中错误的出现，还有利于提高代码的可读性、可维护性等。VB 和任何程序设计语言一样，编写代码也都有一定的书写规范，下面具体给出 VB 的编码规范。

3.1.1　命名规则

　　编写 VB 代码时，在给常量、变量、过程和自定义函数命名时，必须遵循一定的命名规则：

　　（1）　必须以字母或汉字开头，字母不区分大小写。

　　（2）　不可以包含嵌入的句号或者类型声明字符（规定数据类型的特殊字符）。

　　（3）　不能超过 255 个字符，控件、窗体、类和模块的名称不能超过 40 个字符，一个汉字相当于一个字符。

　　（4）　不能和 VB 中系统使用的关键字同名。

　　（5）　采用容易理解的名称进行命名。

　　注意：规定数据类型的特殊字符指的是代表某种数据类型的字符，如 "$" 代表字符串，"％" 代表整数，因此形如 a％b 或 a$b 的命名都是错误的变量名。采用容易理解的名称进行命名，不但可以提高程序的可读性，而且能有效地提高编程效率。通常采用格式命名约定，用一致的前缀+功能或特征的英文（拼音）缩写。例如，从 frmInput、frmFileopen 可以明确地了解到是信息输入窗体，打开文件菜单。

3.1.2　字母大小写规范

为了提高程序的可读性，VB 对用户程序代码进行自动转换：

（1）对于 VB 中的关键字，首字母总被转换成大写，其余字母被转换成小写。

（2）若关键字由多个英文单词组成，它会将每个单词首字母转换成大写。

（3）对于用户自定义的变量、过程名，VB 以第一次定义为准，以后输入时自动向首次定义的转换。

3.1.3　语句书写自由

（1）在同一行上可以书写多句语句，语句之间用冒号"："分隔。

（2）单行语句可分若干行书写，在本行后加入续行符（空格和下画线"＿"）。

（3）一行允许多达 255 个字符。

3.1.4　程序注释

对于在几个月以前编写的程序，如果没有任何注释，当再回过头来看时，往往就会很难读懂。规范的注释能够明确地指明程序的功能和使用，以便于对其进行维护和共享。添加注释的方法是：

（1）注释以 Rem 开头，但一般用半角单引号"'"引导注释内容，注释内容可以直接出现在语句的后面。

（2）也可以使用"编辑"工具栏中的"设置注释块"、"解除注释块"按钮，使选中的若干行语句（或文字）增加注释或取消注释，十分方便。

3.1.5　格式化及缩排

在程序代码书写中，语句前的空格并不影响程序的运行；清晰、易于维护的程序应该采用缩进编排格式；在默认情况下，一行代码的起始位置按 Tab 键可以缩进 4 个空格，按回删键（BackSpace）取消缩进，也可以使用【编辑】工具栏的【缩进】按钮和【凸出】按钮为选中的多行语句设置和取消缩进。

【例 3.1】格式化缩排示例。

```
Private Sub Command1_Click()
Rem 求 100 以内的素数
Dim i As Integer
Dim m As Integer
For m = 2 To 100
    For i = 2 To m - 1
        If m Mod i = 0 Then GoTo notnextm
    Next i
Print m
```

```
notnextm:
Next m
End Sub
```

3.1.6　显式变量声明

　　VB 支持隐式声明变量，即在使用变量之前不必先声明，而直接在程序中进行使用。然而这样做会引发一些潜在的错误，如在程序使用的时候定义了一个整型变量 intadd,在之后的引用过程中由于笔误写成了 intad（正确为 intadd），则 VB 自动创建了一个新的名为 intad 的变量并且默认值为 0。为了避免这类错误的发生,推荐的做法是使用显式变量声明，即在类模块、窗体模块或标准模块的声明段中加入语句：Option Explicit。或选取"工具"|"选项"菜单命令，单击"编辑器"选项卡，再选择"要求变量声明"复选框。这样就在任何新模块中自动插入 Option Explicit 语句，但不会在已经建立起来的模块中自动插入，只能用手工方法向现有模块添加 Option Explicit。

3.1.7　同时声明多个同类型变量

　　熟悉 C 语言的用户知道，当声明多个同一类型的变量时，可以在一条语句中一次为这几个变量指定数据类型。这在 VB 中是不允许的，必须在"Dim"语句中为每个变量都指定数据类型。如果在声明中没有说明数据类型，则变量的数据类型为 Variant，它可在不同场合代表不同数据类型，VB 自动完成各种必要的数据类型转换。

　　【例 3.2】同时声明多个同类型变量的错误示例。

```
Dim i, j, k As Integer
```

'将建立两个 Variant 变量(i 和 j)和一个 Integer 变量(k)

'正确的声明是：Dim i As Integer，j As Integer，k As Integer

3.2　标准数据类型

　　数据有不同的类型。不同的数据类型定义了数据存储的格式、存储空间的大小和可存储数据的范围，以支持不同的使用目的。选择最合适的数据类型，可以使代码更优化和更容易理解。VB 不但提供了丰富的标准数据类型，还允许用户自定义数据类型。

　　标准数据类型又称为基本数据类型，它是由 VB 直接提供给用户的数据类型，用户不用定义就可以直接使用。VB 的标准数据类型有 11 种，如表 3-1 所示。

表 3-1　VB 的标准数据类型

数据类型	关 键 字	类 型 符	前　　缀	占字节数	范　　围
字节型	Byte	无	Byt	1	0～255
逻辑型	Boolean	无	Bln	2	True 与 False

（续表）

数据类型	关 键 字	类 型 符	前　　缀	占字节数	范　　围
整型	Integer	%	Int	2	-32768～32767
长整型	Long	&	Lng	4	-2147483648～2147483647
单精度型	Single	!	Sng	4	负数: -3.402823E38～-1.401298E-45 正数: 1.401298E-45～3.402823E38
双精度型	Double	#	Dbl	8	负数: 约-1.8D308～-4.9D-324 正数: 约 4.9D-324～1.8D308
货币型	Currency	@	Cur	8	-922337203685477.5808～ 922337203685477.5807
日期型	Date(time)	无	Dtm	8	01,01,100～12,31,9999
字符型	String	$	Str	与字符串长有关	0～65535 个字符
对象型	Object	无	Obj	4	任何对象引用
变体型	Variant	无	Vnt	根据需要分配	

1．数值数据类型

数值（Numeric）类型分别是：Integer、Long、Single、Double、Currency 和 Byte。

（1）　Integer 和 Long。

Integer 和 Long 型用于保存整数，整数运算速度快、精确，但表示数的范围小。

Integer 类型占 2 个字节，考虑有一位符号位，可存放的最大整数为 $2^{15}-1$，即 32767，当大于该值，程序运行时就会产生"溢出"而中断；同样，当最小值小于-32768 时，也会产生"溢出"，这时，应采用长整型 Long，甚至采用单精度或双精度型。

在 VB 中整数表示形式：$\pm n[\%]$，n 是 0～9 的数字，%是整型的类型符，可省略。

例如：123、-123、+123、123%均表示整数，而 123.0 就不是整数而是单精度数。123,456 是非法数，因为其中出现了逗号。

当要表示长整型数时，只要在数字后加"&"长整型符号，即表示形式为：$\pm n\&$。

例如：123&、-1234567&等均表示长整型数。

（2）　Single 和 Double。

Single 和 Double 型用于保存浮点实数，浮点实数表示数的范围大，但有误差，且运算速度慢。在 VB 中规定单精度浮点数精度为 7 位，双精度浮点数精度为 16 位。

单精度浮点数有多种表示形式：$\pm n.n$、$\pm n!$、$\pm n\text{E}\pm m$、$\pm n.n\text{E}\pm m$

即分别为小数形式、整数加单精度类型符和指数形式，其中 n、m 为无符号整数。

例如，123.45、123.45!、0.123 45E+3(=0.123 45×10^3)都表示为同值的单精度浮点数。

要表示双精度浮点数，对小数形式只要在数字后加"#"或用"#"代替"!"，对指数形式用"D"代替"E"或指数形式后加"#"。

例如，123.45#、0.123 45D+3、0.123 45E+3#等都表示为同值的双精度浮点数。

（3）　Currency。

Currency 型是定点实数或整数，最多保留小数点右边 4 位和小数点左边 15 位，用于货币计算。表示形式在数字后加@符号，例如，123.45@、1234@。

（4）　Byte。

Byte 字节型用于存储二进制数。

2. 日期数据类型

日期(Date)型数据按 8 字节的浮点数来存储，表示的日期范围从公元 100 年 1 月 1 日到 9999 年 12 月 31 日，时间范围为 O：00：00～23：59：59。

日期型数据有两种表示法：一种是以任何字面上可被认作日期和时间的字符，用符号(#)将其括起来表示；另一种是以数字序列表示。

例如，#January 1，2008#、#10／12／2008#和#2008-5-12 12：30：OO PM#等都是合法的日期型数据。

当以数字序列表示时，小数点左边的数字代表日期，而小数点右边的数字代表时间，0 为午夜，0.5 为中午 12 点，负数代表的是 1899 年 12 月 31 日之前的日期和时间。

例如，程序段：

```
Private Sub Form_Click()
Dim T As Date
T=-2.5
Picture1.Print T
End Sub
```

用户单击窗体后，显示由数值数据转换成日期的结果为 1899-12-28 12：00：00。

3. 逻辑数据类型

逻辑（Boolean）数据类型用于逻辑判断，它只有 True 与 False 两个值。当逻辑数据转换成整型数据时，True 转换为-1，False 转换为 0。当将其他类型数据转换成逻辑数据时，非 0 数转换为 True，0 转换为 False。

4. 字符数据类型

字符（string）类型存放字符型数据。字符可以包括所有西文字符和汉字，字符两侧用双引号"""括起。例如，"12345"、"abcdel23"、"VB 程序设计"。

（1）""表示空字符串，而" "表示有一个空格的字符串；

（2）若字符串中有双引号，例如，要表示字符串：123"abc，则用连续两个双引号表示，即应为如下形式："123""abe"

5. 对象数据类型

对象（Object）变量作为 32 位（4 个字节）地址来存储，该地址可引用应用程序中的对象。可以用 set 语句指定一个被声明为 Object 的变量，去引用应用程序所识别的任何实际对象。

6. 变体数据类型

变体（Variant）是一种特殊的数据类型，是所有未定义的变量的默认数据类型，它对数据的处理完全取决于程序上下文的需要。它可以包括上述的数值型、日期型、对象型、字符型等数据类型。要检测变体型变量中保存的数值究竟是什么类型，可以用函数 VarType()进行检测，根据它的返回值可确定是何数据类型。

3.3 自定义数据类型

当开发特殊的应用时，其数据可能具有与众不同的特点，用户可以自定义数据类型来管理它们。VB 允许用户用 Type 语句定义自己的数据类型，称之为记录类型。其特点是这种类型的数据由若干个不同类型的基本类型数据组成。

Type 语句的语法如下：

```
Type 自定义类型名
元素名 As 数据类型
元素名 As 数据类型
...
End Type
```

例如：定义一个学生类型，包括学生的学号、姓名、出生日期等。

```
Type student
   stuid As Integer
   stuname As String
   studate As Date
End Type
```

3.4 常量与变量

计算机在处理数据时，必须将其装入内存。在机器语言与汇编语言中，借助于对内存单元的编号（称为地址）来访问内存中的数据。而在高级语言中，需要将存放数据的内存单元命名，通过命名了的内存单元来访问其中的数据，命名的内存单元，就是常量或变量。

3.4.1 变量或常量的命名规则

在 VB 6.0 中，命名一个变量或常量的规则如下：

（1）以字母或汉字开头，由字母、汉字、数字或下画线组成，长度小于等于 255 个字符。

（2）不能使用 VB 中的关键字。

（3）VB 中不区分变量名的大小写，例如，XYZ、xyz、xYz 等都认为指的是同一个变量名。为了便于区分，一般变量首字母用大写字母，其余的用小写字母表示。常量全部用大写字母表示。

（4）为了增加程序的可读性，可在变量名前加一个缩写的前缀表明该变量的数据类型。

例如，strMystring、intCount、sng 最大值、lngX_y_z 等都是合法的变量名。

下例是错误或使用不当的变量名：

3xy	'数字开头
y-z	'不允许出现减号
ling Ping	'不允许出现空格
Dim	'VB 的关键字
sin	'虽然允许，但尽量不用，避免和 VB 的标准函数名相同

3.4.2　常量

所谓常量即在程序运行过程中，其值不能改变的常数或字符串。经常会发现代码包含一些常数值，它们一次又一次地反复出现。还可发现，代码要用到很难记住的数字，而那些数字没有明确意义。在这些情况下，使用常量可大幅度地改进代码的可读性和可维护性。常量有两类：一类是系统内部定义的常量；另一类为用户自定义的常量。

1. 系统内部定义的常量

VB 系统提供了大量的系统内部定义的常量。这些常量可与应用程序的对象、方法和属性一起使用，在代码中可以直接使用它们。

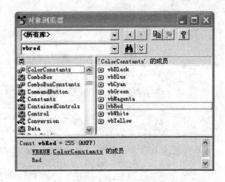

系统内部定义的常量位于对象库中，在"对象浏览器"窗口中可以查看这些系统常量。选择"视图" | "对象浏览器"菜单命令，或单击工具栏上的"对象浏览器"按钮，就可以打开"对象浏览器"窗口，如图 3-1 所示。在"对象浏览器"窗口的下拉列表框中选择 VBA 或 VBRUN 等对象库，然后在类列表中选择合适的常量组。右侧的成员列表中显示了 Visual Basic 内部定义的常量，每个常量都带有常量图标和 vb 前缀。窗口底端的文本区域中将显示常量的说明。

图 3-1　"对象浏览器"窗口

如窗体状态属性 WindowState 可以接受 3 个值 0、1、2，分别表示正常窗口、最小化窗口、最大化窗口，在 VB 中分别使用常量 vbNormal、vbMinimized、vbMaximized 来代替 0、1、2，这样使用非常直观。例如，在程序代码中使用语句 Frmlogin.windowState=vbMaximized，将窗口最大化，显然要比使用语句 Frmlogin.windowState=2 易于阅读。

2. 用户自定义的常量

VB 系统内部定义了大量的常量，但有时用户还是需要定义自己的常量。定义的格式为：

[public|private]Const 常量名[As 类型]=表达式

- 可选项：public|private 用来限定常量的有效范围。
- Const：VB 的保留字。
- 常量名：为常量标识符。
- As 类型：说明了该常量的数据类型。
- 表达式：可以是数值常数、字符串常数以及由运算符组成的表达式。

例如：

```
Public Const PI=3.141596  '声明了常量 PI，代表 3.14159，单精度型
Const C="北京天安门"  '声明了常量 C，表示字符类型
```

3.4.3 变量

变量是指在程序执行过程中其值可以改变的量。与常量不同，要存储可变的数据时就要用到变量。在程序处理数据时，对于输入的数据、参加运算的数据、运行结果等临时数据，通常将它们暂时存储在计算机的内存中，变量就是命名的内存单元位置。变量由变量名和数据类型两部分组成，在 VB 中可以用以下方式来声明变量及类型。

1. 显式声明

显式声明是在变量使用之前先声明变量，其语法格式为：

{Dim|Private|Static|Public}<变量名>[As<类型>][，<变量名 2>[As<类型 2>]…

说明：Public 语句用来声明公有的模块级变量，Private 和 Dim 语句用来声明私有的模块级变量，Dim、Private 和 Static 语句用来声明过程级局部变量。

例如：

```
Dim intX As integer, intY As integer, sngAllsum As single
```

等于：

```
Dim intX%, intY%, sngAllsum!
```

分别创建了整型变量 intx、intY 和单精度变量 sngAllsum。而若变量声明语句为：

```
Dim intX, intY As integer, dblP2 As Double
```

则创建了变体型变量 inlx、整型变量 intY 和双精度型变量 dblP2。

对于字符串类型变量，根据其存放的字符串长度是否固定，其定义方法有两种：

```
Dim 字符串变量名 As String
Dim 字符串变量名 As String*字符数
```

前一种方法定义的字符串将是不定长的字符串，最多可存放 2 MB 个字符；后一种方法可定义定长的字符串，存放的最多字符数由*号后面的字符数决定。

例如，变量声明：

```
Dim strS1 As String      '声明可变长字符串变量
Dim strS1 As String * 20  '声明定长字符串变量，可以存放 20 个字符
```

注意：在 VB 中一个西文字符和一个汉字都算作一个字符，占两个字节。

2. 隐式声明

VB 允许用户在编写应用程序时，不声明变量而直接使用，系统临时为新变量分配存

储空间并使用，这就是隐式声明。所有隐式声明的变量都是 Variant 数据类型的。VB 根据程序中赋予变量的值来自动调整变量类型。

例如：下面是一个简单的程序，使用的变量 a，b，sum 都没有先定义。

```
Private Sub Command1_Click()
  Sum = 0
  a = 10: b = 20
  Sum = a + b
  Print "Sum="; Sum
End Sub
```

3. 强制显示声明

虽然 VB 允许用户不声明变量而直接使用，这样可以给初学者带来方便，但是正式因为这点方便，可能给程序带来不容易发现的错误，同时降低了程序的执行效率。例如上面的小程序中若用户在输入时将语句"Sum = a + b"误写成"Sun = a + b"，则系统将 Sun 当成了一个新的变量使用并处理，以至于程序运行输出的结果不正确。

一般来说，作为一个好的程序员应该养成良好的编程习惯，"先声明变量，后使用变量"，这样可以提高程序的效率，同时也使程序容易调试。VB 中可以强制显示声明，可以在窗体、标准模块和类模块的通用声明段中键入语句：Option Explicit。

用户也可执行"工具"|"选项"命令，然后在打开的对话框中单击"编辑器"选项卡，再复选"要求变量声明"选项，如图 3-2 所示。这样就可以在新建立的模块中自动插入 Option Explicit 语句了。当在插入 Option Explicit 的模块中编写代码的时候，凡是发现程序中未经过显示声明的变量名，VB 将会自动发出错误警告，这样，就有效地保证了变量名使用的正确性。

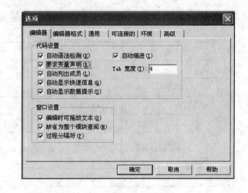

图 3-2　"选项"的编辑卡

4. 变量的默认值

变量被声明后，若不对变量进行赋值，VB 系统就给变量赋一个默认值，在变量首次赋值前，一直保持这个默认值。对于不同类型的变量，默认值如表 3-2 所示。

表 3-2　不同类型变量的默认值

变量类型	默认值
数值型	0 或 0.0
逻辑型	False
日期型	#0:00:00#
变长字符串	空字符串　""
定长字符串	空格字符串，其长度等于定长字符串的字符个数
对象型	Nothing
变体型	Empty

3.5 运算符和表达式

与其他编程语言一样，VB 中也具有大量丰富的运算符，通过运算符和操作数组合成表达式，实现程序设计中所需要的大量操作。

3.5.1 运算符

运算符是代表某种运算功能的符号，程序会按运算符的含义和运算规则执行实际的运算操作。VB 的运算符可以分为算术运算符、字符串运算符、关系运算符和逻辑运算符四种。

1. 算术运算符

表 3-3 中列举出了 VB 中的算术运算符，其中"—"运算符在单目运算（单个操作数）中作取负号运算，在双目运算（两个操作数）中作算术减法运算，其余的运算符都是双目运算符。运算符的优先级是指当表达式中有多个运算符时，各个运算符执行的先后顺序。

表 3-3　算术运算符

运 算 符	含 义	优 先 级	实例说明	结　　果
^	幂运算	1	27^(1/3)	3
–	负号	2	–3	–3
*	乘法运算	3	3*3*3	27
/	除法运算	3	10/3	3.33333333333333
\	整除运算	4	10\3	3
Mod	取余数运算	5	10 Mod 3	1
+	加法运算	6	10+3	13
–	减法运算	6	3–10	–7

算术运算符两边的操作数应该是数值型的，若是数字字符或逻辑型，则会自动转换为数值类型后再运算。例如：

```
20-True          '结果是 21，逻辑型 True 转换为数值-1，False 转换为数值 0
False+20+"5"     '结果是 25
```

说明：

（1）指数运算不但可以用来计算乘方，还可以计算方根，如 25^0.5，表示 25 的平方根。

（2）整除运算（\）的结果是商的整数部分。例如 7\2，商为 3.5，取整结果为 3。如果参加整除运算的量是浮点数，则先按四舍五入原则将它们变成整数，然后相除取商的整数部分。例如 4.8\2，先将 4.8 变成 5 再进行运算，商为 2.5，取整结果为 2。

（3）Mod 是求两个整数相除后的余数。如果参加运算的两个量是整数，则直接进行相除，然后取余数。如果参加运算的两个量是浮点数，则先按四舍五入原则将它们变成整数再进行求余运算。例如 12.33 Mod 4.75，先将 12.33 变成 12，4.75 变成 5，然后 12 除以 5，余 2，两数求余结果为 2。

2. 字符串运算符

字符串运算符有两个："&"和"+"，它们都是将两个字符串拼接起来。注意连接符"&"与"+"是有一定区别的。"+"：连接符两旁的操作数应均为字符型；若其中一个为数值字符型，如"123"、"78"等；另一个为数值型，则自动将数值字符型转换为数值型，然后进行算术加法运算；若其中一个为非数值字符型，如"abc"、". DEC"等，另一个为数值型，则出错；"&"：连接符两旁的操作数不管是字符型还是数值型，进行连接操作前，系统先将操作数转换成字符型，然后再连接。例如：

```
"abcdef" & 12345          ' 结果为 "abcdef12345 "
"abcdef " + 12345         ' 出错
"123" & 456               ' 结果为" 123456 "
"123" +  456              ' 结果为  579
"123 " +  True            ' 结果为 122 True 转换为数值-1，False 转换为数值 0
```

3. 关系运算符

关系运算符是双目运算符，作用是将两个操作数比较大小，若关系成立，则返回 True，否则返回 False。在 VB 中，True 用-1 表示，False 用 0 表示。操作数可以是数值型、字符型。表 3-4 中列举了 VB 中的关系运算符。

表 3-4　关系运算符

运 算 符	含　义	实　例	结　果
=	等于	"abc"= "abd"	False
>	大于	"abc"> "abd"	False
>=	大于等于	"bc" >="abd"	True
<	小于	5<10	True
<=	小于等于	"21"<= "5"	True
<>	不等于	"ABC"<>"abc"	True
Like	字符串匹配	"computer"Like"*put*"	True
Is	对象引用比较		

在比较时注意以下规则：

（1）　如果两个操作数是数值型，则按其大小比较。如：20>100，结果为 False。

（2）　数值型与可转换为数值型的数据比较，如：200>"100"，按数值比较，结果为 True。

（3）　数值型与不能转换为数值型的数据比较，如：54>"abc"，不能比较，系统出错。

（4）　如果两个操作数是字符型，则按字符的 ASCII 码值从左到右逐一进行比较，直到出现不相同的字符为止，ASCII 码值大的字符串大。

（5）　汉字字符大于西文字符。如："abc">"中国"，结果为 False。

（6）在 VB6 中，新增的"Like"运算符，与通配符"**?**"、"*****"、"**#**"、[Charlist]、[!charlist] 结合使用，在 SQL 语句中经常使用，用于模糊查询。表 3-5 中列举了通配符及其含义。

表 3-5　各类通配符及其含义

通 配 符	含 义	实 例	结 果
?	任何单一字符	"ABCD" Like "?BCD"	True
*	零个或多个字符	"ABCDEFG" Like "*CD*"	True
#	任何一个数字（0～9）	"123OK" Like "###OK"	True
[charlist]	Charlist 中的任何一个单一字符	"3" Like "[0～9]"	True
[!charlist]	不在 Charlist 中的任何一个单一字符	"2" Like "[!2,4,5,8]"	False

（7）"Is"用于两个对象变量的应用比较。

（8）所有关系运算符的优先级相同。

3．逻辑运算符

逻辑运算符除了 Not 是单目运算符以外，其余的都是双目运算符，作用是将操作数进行逻辑运算，结果是逻辑值 True 和 False。表 3-6 中列出了 VB 中的逻辑运算符的运算规则。

表 3-6　逻辑运算符

运 算 符	优先级	说 明	实 例	结 果
Not(取反)	1	当操作数为假时，结果为真 当操作数为真时，结果为假	Not(6>2) Not(6<2)	True False
And(与)	2	两个操作数同时为真时，结果才为真，否则为假	(6>2) And (6>=2) (6>2) And (6<2)	True False
Or(或)	3	两个操作数中有一个为真时，结果就为真	(6>2) Or (6<2) (6<2) Or (6<2)	True False
Xor(异或)	3	两个操作数一个真一个假时，结果为真	(6>2) Xor (6<2) (6>2) Xor (6>=2)	True False
Eqv(等价)	4	两个操作数布尔值相同时，结果才为真	(6<2) Eqv (6<=2) (6>2) Eqv (6<2)	True False
Imp(蕴含)	5	第一个操作数为真，第二个操作数为假，结果为假，其余结果均为真	(6>2) Imp (6<2) (6>2) Imp (6>2)	False True

注意：

（1）逻辑运算符中最常用的是 Not、And、Or。其中 And、Or 的使用应区分清楚，它们用于将多个关系表达式进行逻辑判断。若有多个条件，And（与也称逻辑乘）必须全部条件为真才为真，Or（或也称逻辑加）只要有一个条件为真就为真。

例如，某单位要选拔年轻干部，必须同时满足下列三个条件的为选拔对象：

年龄小于等于 35 岁、职称为高级工程师、党派为中共党员。

要三个条件均满足，必须用 And 连接三个条件：

年龄<=35　And 职称="高级工程师"　And 党派="中共党员"

如果用 Or 连接三个条件：

```
年龄<=35　Or 职称="高级工程师"　Or 党派="中共党员"
```

则选拔年轻干部的条件变成只要满足三个条件之一。

（2）　如逻辑运算符对数值进行运算，则以数字的二进制值逐位进行逻辑运算。如：12 And 7 表示对 9、5 的二进制数 1001 与 0101 进行 And 运算，得到二进制值 0001，结果为十进制数 1。

因此利用逻辑运算符对数值进行运算时有如下作用：

① And 运算符常用于屏蔽某些位。这种运算可在键盘事件中判定是否按了 Shift、Ctrl、All 等键，也可用于分离颜色码。

例如语句：

```
x=x And 7　'此处的等号不是关系运算符而是赋值号，仅保留 x 中的最后 3 位，其余位置成零。
```

② Or 运算符常用于把某些位置 1。例如语句：

```
x=x or 7
```

把 x 中的最后 3 位置 1，其余位保持原来值。

③ 对一个数连续两次进行 Xor 操作，可恢复原值。在动画设计时，用 Xor-模式可恢复原来的背景。

3.5.2　表达式

1．表达式组成

程序设计中离不开运算，运算依靠表达式来完成。表达式是由常量、变量、运算符和圆括号按一定的语法规则连接而成的有意义的式子。例如，$2*PI*r$、$x+8$、$x*(y+100)$。表达式通过运算后有一个结果，运算结果的类型由数据和运算符共同决定。

2．表达式的书写规则

（1）　数学表达式中省略乘号的地方，在 VB 表达式中不能省略。

例如：数学式子 b^2-4ac 应写成 b*b-4*a*c。

（2）　括号必须成对出现，均使用圆括号，并且可以嵌套使用。

（3）　表达式从左到右在同一基准上书写，无高低、大小。

例如，已知数学表达式 $\dfrac{x+1}{(xy)}$，写成 VB 表达式时，应写成(x+1)/(x*y)。

（4）　不能出现非法的字符，如兀。

3．不同数据类型的转换

在算术运算中，如果操作数具有不同的数据精度，则 VB 规定运算结果的数据类型采用精度高的数据类型。即：

```
Integer<Long<Single<D0uble<Currency
```

但当 Long 型数据与 Single 型数据运算时，结果为 Double 型数据。

4. 复合表达式的运算顺序

复合表达式中可以有多种运算符，它们的运算次序如下：

算术运算>字符串运算>关系运算>逻辑运算

例如，B=(30-15>4+7 And 5*4=20)

此例中，先进行算术运算 30-15、4+7 和 5*4，分别得 15、11 和 20；再对结果进行关系运算 15>11 和 20=20，值都是 True；再进行逻辑运算 True And True，最后，得到 True。

3.6　常用内部函数

VB 6.0 中有两类函数：内部函数和用户自定义函数。自定义函数在后续的章节中讨论，本节着重讨论常用内部函数。

VB 6.0 提供了大量的内部函数（标准函数）供用户在编程时使用。在程序中要使用一个函数时，只要给出函数名和相应的若干个参数，就可以得到一个函数值。用户在编程时可以直接调用内部函数。VB 6.0 的内部函数包括：数学函数、转换函数、字符串函数、时间/日期函数、格式输出函数和调用函数等。下面介绍一些常用的内部函数。

以下叙述中，我们用 n 表示数值表达式，c 表示字符串表达式，d 表示日期表达式。若函数名后有$符号，则表示该函数返回值为字符串。

3.6.1　数学函数

表 3-7 中列举了一些常用的数学函数。

表 3-7　常用数学函数

函 数 名	含　　义	实　　例	结　　果
Abs(n)	取绝对值	Abs(-3.8)	3.8
Cos(n)	余弦函数	Cos(0)	1
Exp(n)	E 为底的指数函数，即 e^x	Exp(3)	20.086
Log(n)	以 e 为底的自然对数	Log(10)	2.3
Rnd[(n)]	产生随机数	Rnd	0~1 之间的数，包含 0，不包含 1
Sin(n)	正弦函数	Sin(0)	0
Sgn(n)	符号函数	Sgn(-3.8)	-1
Sqr(n)	平方根	Sqr(4)	2
Tan(n)	正切函数	Tan(0)	0

1.　Abs()函数

格式：Abs(x)

功能：求 x 的绝对值。

说明：x 为数值型参数，返回的函数值为一个非负数值。

示例：x =-8

y=Abs(x)　'y 的值为 8

2. Exp()函数

格式：Exp(x)

功能：求 e^x 的值。

说明：x 为数值型参数，返回的函数值为 e^x。

示例：y=Exp(6)　'Y 的值为 403.428793492735

3. Log()函数

格式：Log(x)

功能：求 x 的自然对数。

说明：x 为数值型参数，且 $x>0$。返回的函数值为 ln$x$。

示例：y=Log(1)　　　　　　'Y 的值为 0

　　　y=Log(2．7 1 8281　　'Y 的值为 0.999999327347282

4. Sgn()函数

格式：Sgn(x1

功能：求 X 的符号值。

说明：x 为数值型参数。当 $x<0$ 时，返回的函数值为-1；当 $x=0$ 时，返回的函数值为 0；当 $x>0$ 时，返回的函数值为 1。示例：Varl=12.5 :Var2=0:Var3=-9.8

Sign=Sgn(Varl)　'Sign 的值为 1

Sign=Sgn(Var2)　'Sign 的值为 0

Sign=Sgn(Var31　'Sign 的值为-1

5. Sqr()函数

格式：Sqr(x)

功能：求 x 的算术平方根。

说明：x 为数值型参数，且 $x \geqslant 0$。返回的函数值为一个非负数值。示例：a=16

s=Sqr(a)　's 的值为 4

6. Int()和 Fix()函数

格式：Int(x)、Fix(x)

功能：取整。Int(x)求不大于 x 的最大整数，Fix(x)为单纯取整。

说明：x 为数值型参数。返回的函数值为整数。Int()经常与 Rnd()函数联合使用。

示例：y=Int(3.5)　　　'Y 的值为 3

y=Int(-3.5)　'Y 的值为-4

y=Fix(-3.5)　'Y 的值为-3

7. 随机函数 Rnd()

格式：Rnd(*n*)

功能：在区间(0，1)内随机产生一个双精度实型数。

说明：*n* 为数值类型的参数，函数返回值为数值型数据。要先使用语句 Randomize(timer) 初始化随机数发生器，当 *n*>0 时，每次产生的随机数都不同；当 *n*=0 时，每次产生的随机数都与上次的相同；当 *n*<0 时，每次产生的随机数都相同。

示例：Randomize   '初始化随机数发生器，避免产生相同的随机数序列。

?Rnd(1)，Rnd(0)，Rnd(-1)，Rnd(0)

运行结果如下：

.5471221　　.5471221　　.224007　　.224007

Rnd()经常与 Int()函数组合使用，用来产生一定范围内的随机整数。下面给出几个产生随机整数的表达式：

（1）　Int(Rnd*整数 *n*)：产生 0，1，…，*n*-1 中的一个随机整数。

（2）　Int(Rnd*整数 *n*)+l：产生 1，…，*n* 中的一个随机整数。

（3）　Int(Rnd*(*n*−*m*+1))+*m*：产生一个在区间[*m*，*n*]的随机整数。

（4）　Chr(Int(Rnd*26)+65):随机产生一个大写英文字母。

8. 三角函数

sin(*x*)、cos(*x*)、tan(*x*)分别为正弦、余弦、正切函数，其中 *x* 必须用弧度作单位。atn(*x*) 是反正切函数，其中 *x* 为数值，返回值为角的弧度。

3.6.2　转换函数

常用的转换函数见表 3-8 所示。

表 3-8　常用的转换函数

函　数　名	含　　义	实　　例	结　　果
Asc(*c*)	字符串转换成 ASCII 码值	Asc("A")	65
Chr(*n*)	ASCII 码值转换成字符串	Chr(66)	"B"
Fix(*n*)	取整	Fix(-3.5)	-3
		Fix(3.5)	3
Hex(*n*)	十进制转换成十六进制	Hex(100)	64
Int(*n*)	取小于或等于 *n* 的最大整数	Int(-3.5)	-4
		Int(3.5)	3
Lcase(*c*)	大写字母转换成小写字母	Lcase("ABC")	"abc"
Oct(*n*)	十进制转换成八进制	Oct(100)	144
Round(*n*)	四舍五入取整	Rount(-3.5)	-4
		Round(3.5)	4
Str(*n*)	数值转换为字符串	Str(123.45)	"123.45"
Ucase(*n*)	小写转换为大写	Ucase("abc")	"ABC"
Val(*c*)	数字字符串转换为数值	Val("123")	123

1.　Asc 函数

格式：Asc(*c*)

功能：将字符 *c* 转换成 ASCII 码值。

说明：*c* 为字符串类型参数，函数返回值为一个整型数值。

示例：*n*=Asc("A")　'*n* 的值为 65

2.　Chr()函数

格式：Chr(*n*)

功能：将 ASCII 码值转换为字符。

说明：*n* 为整型数值型参数，范围是 $-32\,768 \leqslant n \leqslant 65\,535$，函数返回值为一个字符。

示例：*c*=Chr(66)　'*c* 的值为"B"

3.　LCase ()函数

格式：LCase(*c*)

功能：将字符串 *c* 中大写字母转换为小写字母。

说明：*c* 为字符串类型的参数，函数返回值为一个新的字符串。

示例：*c*="Visual Basic 6.0"

　　　s=LCase(*c*)　 *s* 的值为"visual basic 6.0"

4.　UCase 0 函数

格式：UCase(*c*)

功能：将字符串 *c* 中小写字母转换为大写字母。

说明：*c* 为字符串类型的参数，函数返回值为一个新的字符串。

示例：*c* ="Visual Basic 6.0"

s=UCase(*c*)　 '*s* 的值为"VISUAL BASIC 6.0"

5.　Str()函数

格式：Str(*n*)

功能：将数值 *n* 转换成字符串。

说明：*n* 为数值型参数，函数返回值为一字符串。

示例：*s*=Str(2.71828)　'*s* 的值为"2.71828"

6.　Va l()函数

格式：Val(*c*)

功能：将数字字符串转换成数值。

说明：*c* 为字符串类型的参数，函数返回值为数值型数据。

示例：*n*=Val("3.141593")　'*n* 的值为 3.141593

3.6.3　字符串函数

1.　Len()函数

格式：Len(*c*)

功能：求字符串 c 的长度。

说明：c 为字符串类型的参数，函数返回值为一个整型数值。

示例：n=Len("Visual Basic 6.0") 'n 的值为 15

2. Left()和 Right()函数

格式：Left(c,n)、Right(c,n)

功能：分别返回字符串 c 左(右)边的 n 个字符。

说明：c 为字符串类型的参数，n 为数值型参数，函数返回值为一个新的字符串。Left(c,n)函数返回字符串 c 左边的 n 个连续的字符，Right(c，n)函数返回字符串 c 右边的 n 个连续的字符。示例：c ="Visual Basic 6.0"

c1=Left(c,6)   'cl 的值为"Visual"

c2=Right(c,3)   'c2 的值为"6.0"

3. Mid()函数

格式：Mid(c,nl,n2)

功能：自字符串 c 的第 n1 个字符开始向右取 n2 个连续的字符。

说明：c 为字符串类型的参数，n1、n2 为数值型参数，函数返回值为一个新的字符串。

示例：c ="Visual Basic 6.0"

s=Mid(c,3,6)   's 的值为"sual B"

4. LTrim()、RTrim()和 Trim()函数

格式：LTrim(c)、RTrim(c)、Trim(c)

功能：去掉字符串 c 左边、右边、左右两边的空格。

说明：c 为字符串类型的参数，函数返回值为一个新的字符串。其中函数 LTrim(c)去掉字符串 c 左边的空格，函数 RTrim(c)去掉字符串 c 右边的空格，函数 Trim(c)去掉字符串 c 左右两边的空格。示例：c=("   Good   ")

c1=LTrim(c)   'c1 的值为"Good   "

c2=RTrim(c)   'c2 的值为"   Good"

c3=Trim(c)   ' c3 的值为"Good"

5. string()函数

格式：String(n, c)

功能：返回由字符串 c 的首字符组成的 n 个字符的字符串。

说明：c 为字符串类型的参数，n 为数值型参数，函数返回值为一个新的字符串。

示例：Str="Good"

s=String(5,Str) 's 的值为"GGGGG"

6. InStr()函数

格式：InStr (n1,c1,c2)

功能：指定一字符串在另一字符串中最先出现的位置。

说明：c1、c2 为字符串类型的参数，n1 为数值型参数，函数返回值为一个整数。在字

符串 c1 中从第 n1 个字符开始查找字符串 c2(省略 n1 时从头开始找)。若找到了，则返回位置值；若找不到，则返回 0。示例：c="student"

　　n1=InStr(3,c,"t")　　'n1 的值为 7

　　n2=InStr (c,"sd")　　　'n2 的值为 0

7.　Space()函数

格式：Space(*n*)

功能：产生由 *n* 个空格组成的字符串。

说明：*n* 为数值型参数，函数返回值为一个全部由空格组成的字符串。

示例：c=Space(6)　'c 的值为"　　　　　　"

3.6.4　时间/日期函数

常用的日期时间函数见表 3-9 所示。

表 3-9　常用的日期时间函数

函 数 名	含　义	实　例	结　果
Date()	返回系统时间	Date()	2008-12-9
DateSerial(年,月,日)	返回一个日期形式	DateSerial(8,12,9)	2008-12-9
DateValue(c)	同上，但自变量为字符串	DateSerial("8,12,9")	2008-12-9
Day(c|n)	返回日期代号(1～31)	Day("8,12,9")	9
Hour(c|n)	返回小时(0～24)	Hour(#1:24:55 PM#)	13
Minute(c|n)	返回分钟(0～59)	Minute(#1:24:55 PM#)	24
Month(c|n)	返回月份代号(1～12)	Month("8,12,9")	12
MonthName()	返回月份名	MonthName(1)	一月
Now	返回系统日期和时间	Now	2008/12/9 1:24:55 PM
Second(c|n)	返回秒数(0～59)	Second(#1:24:55 PM#)	55
Time()	返回系统时间	Time	1:24:55 PM
WeekDay(c|n)	返回星期代号(1～7)	WeekDay ("8,12,9")	3　即星期二
WeekDayName(n)	将星期代号转换为星期名	WeekDayName(5)	星期四
Year(c|n)	返回年代号(1753～2078)	Year(365)相对于 1899,12,30 为 0 天 后 365 天的年代号	1900

　　注意：日期函数中自变量"c|n"表示可以是数值表达式，也可以是字符串表达式，其中"*n*"表示相对于 1899 年 12 月 31 日前后的天数。

1.　Time()函数

格式：Time()或者 Time

功能：返回系统时间。

说明：该函数是无参函数，返回当前系统时间。

示例：*t*=Time　　　　't 的值为 08:28:15

2. Date()函数

格式：Date()或者 Date

功能：返回系统日期。

说明：该函数是无参函数，返回当前系统日期。返回日期的格式取决于计算机的日期格式设置。

示例：*d*=Date　'*d* 的值为 2008-12-9

3. Yea r()函数

格式：Year(*d*)

功能：返回参数 *d* 的年号。

说明：*d* 为日期类型的参数，函数返回值为数值型数据。

示例：*d*=#2008/12/9#

n=Year(*d*)　'*n* 的值为 2008

4. Month()函数

格式：Month(*d*)

功能：返回参数 *d* 的月份号。

说明：*d* 为日期类型的参数，函数返回值为数值型数据。

示例：*n*=Month(*d*)　'n 的值为 12，引用上例的 *d* 值

5. Day()函数

格式：Day(*d*)

功能：返回参数 *d* 的日期号。

说明：*d* 为日期类型的参数，函数返回值为数值型数据。

示例：*n*=Day(d)　'n 的值为 9，引用上例的 *d* 值

6. WeekDay()函数

格式：WeekDay(*d*)

功能：返回参数 *d* 的星期号。

说明：*d* 为日期类型的参数，函数返回值为数值型数据。注意：星期日为 1，星期一至星期六依次为 2 至 7。

示例：*n*=WeekDay(*d*)　'*n* 的值为 2，引用上例的 *d* 值

7. DateAdd()函数

格式：DateAdd(要增减日期形式,增减量,要增减的日期变量)

功能：要对增减的日期变量按照日期形式做增减。要增减的日期形式见表 3-10 所示。

示例：DateAdd("ww",2,#2/14/2000#)

表示在指定的日期上加 2 周，所以函数的结果为：#2/28/2000#

8. DateDiff()函数

格式：DateDiff (要间隔日期形式,日期 1,日期 2)

功能：两个指定的日期按日期形式求相差的日期。要间隔的日期形式见表 3-10 所示。

示例：DateDiff ("d",now,#2/14/2000#)

表示日期#2/14/2000#与现在日期之间有多少天。

表 3-10　日期形式

日期形式	yyyy	q	m	y	d	w	ww	h	n	S
意　义	年	季	月	一年的天数	日	一周的日数	星期	时	分	秒

3.6.5　格式输出函数 Format()

格式：Format(<表达式>，<格式字符串>)

功能：按格式字符串指定的格式输出表达式的值。

说明：表达式可以是数值型、字符型、日期型数据。格式字符串中的常用数值格式说明见表 3-11～表 3-13。

表 3-11　常用的数值格式

符　　号	作　　用	数值表达式	格式字符串	显示结果
0	实际数字位数小于符号位数，数字前后加 0，大于见表的说明	1234.567	"00000.0000"	01234.567
		1234.567	"000.00"	1234.57
#	实际数字位数小于符号位数，数字前后不加 0，大于见表的说明	1234.567	"#####.####"	1234.567
		1234.567	"###.##"	1234.57
.	加小数点	1234	"0000.00"	1234.00
,	千分位	1234.567	"##,##0.0000"	1,234.567
%	数值乘以 100，加百分号	1234.567	"####.##%"	123456.7%
$	在数字前加$	1234.567	"$###.##"	$1234.57
+	在数字前加+	-1234.567	"+###.##"	+-1234.57
−	在数字前加-	1234.567	"-###.##"	-1234.57
E+	用指数表示	0.1234	"0.00E+00"	1.23E-01
E−	与 E+相似	1234.567	".00E-00"	.12E04

注意：对于符号"0"或"#"，相同之处是，若要显示数值表达式的整数部分位数多于格式字符串的位数，按照实际数值显示；若小数部分的位数多于格式字符串的位数，按照四舍五入显示。不同之处是，"0"按照其规定的位数显示，"#"对于整数前的 0 或小数后的 0 不显示。如下程序语句：

```
a = 22.2345, b = 22
Print Format(a, "0.00"), Format(b, "0.00")
Print Format(a, "#.##"), Format(b, "#.##")
显示结果为：22.23      22.00
            22.23      22
```

表 3-12　常用的日期和时间格式

符　　号	作　　用	符　　号	作　　用
d	显示日期(1～31)，个位前不加 0	ddddd	显示日期(1～31)，个位前加 0
ddd	显示星期缩写(Sun～Sat)	ddddd	显示星期全名(Sunday～Saturday)
ddddd	显示完整日期(yy/mm/dd)	ddddd	显示完整长日期(yyyy 年 m 月 d 日)
w	星期为数字(1～7)，1 是星期日	ww	一年中的星期数(1～53)
m	显示月份(1～12)，个位前不加 0	mm	显示月份(01～12)，个位前加 0
mmm	显示月份缩写(Jan～Dec)	mmmm	月份全名 (January～December)
y	显示 1 年中的天(1～366)	yy	显示 2 位年份(00～99)
yyyy	显示 4 位年份(0000～9999)	q	季度数(1～4)
h	显示小时(0～23)，个位前不加 0	hh	显示小时(00～23)，个位前加 0
m	h 后显示分(0～59)，个位前不加 0	mm	在 h 后显示分(00～59)，个位前加 0
s	显示秒(0～59)，个位前不加 0	ss	显示秒(00～59)，个位前加 0
tttt	显示完整时间(小时、分和秒)默认格式为 hh:mm:ss	AM/PM,am/pm	12 小时的时钟，中午前为 AM 或 am，中午后为 PM 或 pm
A/P,a/p	12 小时的时钟，中午前为 A 或 a，中午后为 P 或 p		

注意：时间分钟的格式说明符 m、mm 与月份的说明符相同，区分时要注意，跟在 h、hh 后的为分钟，否则为月份；非格式说明符 "-"、"/"、":" 等原样显示。

【例 3.1】利用 Format 函数显示有关的日期和时间。运行结果如图 3-3 所示。

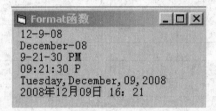

图 3-3　例 3.1 Format 函数运行结果

```
Private Sub Form_Click()
    FontSize = 10
    MyTime = #9:21:30 PM#
    MyDate = #12/9/2008#
    Print Tab(2); Format(MyDate, "m/d/yy")
    Print Tab(2); Format(MyDate, "mmmm-yy")
    Print Tab(2); Format(MyTime, "h-m-s AM/PM")
    Print Tab(2); Format(MyTime, "hh:mm:ss A/P")
    Print Tab(2); Format(Date, "dddd,mmmm,dd,yyyy")   ' 显示系统当前日期
    Print Tab(2); Format(Now, "yyyy 年 m 月 dd 日 hh: mm")' 显示系统日期和时间
    Print Tab(2): FormatDateTime (Now)                ' vb6.0 新提供的函数
End Sub
```

表 3-13　常用的字符串格式

符　号	作　　用	字符串表达式	格式字符串	显示结果
<	强迫以小写显示	HELLO	"<"	hello
>	强迫以大写显示	Hello	">"	HELLO
@	实际字符位数小于符号位数，字符前加空格	ABCDEFG	"@@@@@@@@"	□ABCDEFG
&	实际字符位数小于符号位数，字符前加空格	ABCDEFG	"&&&&&&&"	ABCDEFG

3.6.6　调用函数 Shell()

VB 提供了可调用的内部函数，还提供了可以调用的各种应用程序，凡是能够在 Windows 下运行的可执行程序，也可以在 VB 中调用，这是通过 Shell()函数赖实现的。

格式：Shell(命令字符串[,窗口类型])

其中，命令字符串是要执行的应用程序名（包含路径），它必须是可执行文件(扩展名为.exe、.com、.bat)；窗口类型表示应用程序的窗口大小，可以选择 0～4 或 6 的整型数值。一般取 1，表示正常窗口状态，默认值为 2，表示窗口会以一个具有焦点的图标来显示。

函数成功调用的返回值是一个任务标识 ID，它是运行程序的唯一标识，用于程序调用时判断执行的应用程序正确与否。例如，调用系统中的计算器和扫雷程序：

```
a = Shell("c:\windows\calc.exe", 1)
```

第4章 控制结构

内容提要

　　计算机能够完成很多任务，但实际上这些工作都是按照人们事先编写好的程序执行的，再复杂的程序，也是由一些基本语句和基本控制结构组成的。VB 程序设计语言的控制结构与其他高级语言的程序控制结构一样，采用结构化的程序设计方法。使用结构化程序设计方法设计的程序结构清晰，可读性强，也易于查错和纠错。结构化程序设计方法有3 种基本控制结构：顺序结构、选择结构和循环结构。

　　本章主要对 3 种控制结构进行介绍。

4.1　基本语句

4.1.1　赋值语句

　　赋值语句是任何程序设计中最基本的语句，也是 VB 中最常用的语句之一，因为在一个程序中，需要大量的变量来存储程序中用到的数据，所以对变量进行赋值的赋值语句也会在程序中大量出现。

　　赋值语句包括两种。一种用来对一般的变量进行赋值，此语句用关键字 Let 描述（Let 可省略）。另一种是用来对对象型的变量进行赋值，此语句用关键字 Set 描述。

　　1. 赋值语句的作用

　　计算右边表达式的值，然后赋给左边的变量或对象的属性。

　　2. 赋值语句的格式

　　赋值语句都是顺序执行的，赋值语句的形式为：

　　[LET]<变量名>=<表达式>

　　下面是两个典型的赋值语句：

```
Num1=10                 '将整数10赋给变量Num1
Command1.Caption="确定"    '将Command1按钮的标题设置为"确定"
```

3.　赋值语句的使用说明

（1）　赋值号左边的变量只能是变量，不能是常量、常数符号、表达式，否则出错。以下是错误的赋值语句：

```
cos(x)=x-y     '左边为表达式，即一个标准函数
8=x-y   '左边为常量
x-y=123  '左边为表达式
```

（2）　不能在一条赋值语句中，同时给各变量赋值。下面的语句是错误的。
x=y=z=m=8
（3）　在条件表达式中出现的"="是等号。系统会根据=号的位置，判断是否为赋值号。
（4）　在使用赋值语句时，要注意数据类型的匹配问题。
①　当表达式是数字字符串，左边变量是数值类型，自动转换成数值类型再赋值，当表达式中有非数字字符或空串时，则出错。如：

```
num%="123"         '把字符型 123 转换为整型，结果为 123
num%="12ab3"   '出现类型不匹配的错误
```

②　任何非字符类型赋值给字符类型，自动转换为字符类型。
③　当逻辑型赋值给数值型时，True 转换为-1，False 转换为 0；反之，非 0 转换为 True，0 转换为 False；
④　当表达式为数值型而与变量的精度不同时，强制转换成左边变量的精度。如：

```
num%=3.5    'n 为整型变量，进行四舍五入转换，结果为 4
```

⑤　在进行变量赋值时，布尔型和日期型都被看作是数值型。
例如：下面语句就会产生错误

```
Dim num As Integer
num="What is your name"
如果定义成 Variant 类型的变量，就不存在类型匹配的问题。下面的语句可以正常执行：
Dim num
num="What is your name "
num=5
```

4.1.2　注释语句

注释是在程序中加入一些说明性信息，往往是提供写程序的日期、编写人和解释程序代码的作用等。根本目的是为程序的阅读和修改提供信息，提高程序的可读性和可维护性。

注释的方法有两种，使用 Rem 关键字或撇号(')。二者的用法基本相同，在一行中撇号(')或 Rem 关键字后面的内容为注释内容；它们的区别在于使用 Rem 关键字，必须使用冒号(:)与前面语句隔开。例如，

```
Dim i AS Integer
Dim sum AS Integer
sum =1
```

```
For i=1 To 10  : Rem 求 10 的阶乘
    sum=sum*i
Next
print sum
```

可以用一个撇号(')来代替 Rem 关键字。若使用撇号，在所要注释的语句行不必加冒号。
上例中的语句可以写成：For i=1 To 10   '求 10 的阶乘

4.1.3   结束语句

格式：End
作用：独立的 End 语句用于结束一个程序的执行，可以放在任何事件过程中。
例如：

```
Private Sub Command1_Click()
    End
End Sub
单击按钮 Command1 时，结束程序的运行。
```

4.1.4   With 语句

它的作用是可以对某个对象执行一系列的语句，而不用重复指出对象的名称。但不能
用一个 With 语句设置多个不同的对象。属性前面需要带点号"."。
语句形式：

```
With<对象名>
    <语句块>
EndWith
```

例如：

```
With Text1
    .BackColor = vbRed
    .ForeColor = vbBlue
    .FontSize = 12
    .Width = 500
    .PasswordChar = "*"
End Sub
```

4.2   顺序结构

顺序结构是指程序中的语句按出现的先后顺序依次执行，中间没有分支、循环和转移。
顺序结构是一种线形结构，也是程序设计中最简单、最常用的基本结构，所有程序都包含
这种结构。一些简单的程序可以只用顺序结构来编写，如前面几章中介绍的示例程序都是

只应用了顺序结构。在顺序结构中用到的典型语句主要是赋值语句、输入输出语句等。在 VB 中，信息的输入可以通过文本框等控件实现，输出可以通过标签、文本框等控件或 Print 方法实现。

此外，VB 还提供了输入对话框和输出对话框，可以很方便地完成输入和输出操作。

前几个章节中已经多次使用过赋值语句和 Print 方法，从它们的应用中可以看出，赋值语句和 Print 方法均具有运算功能，是直接利用表达式对信息进行加工处理的有效手段。下面对 Print 方法做进一步的说明。

4.2.1　Print 方法

1.　用 Print 方法输出数据

Print 方法用于在窗体、图片框或打印机等对象上输出数据，格式如下：

```
[对象名.]Print[输出项列表][{; | , }]
```

具体说明如下：

（1）对象名：可以是窗体、图片框或打印机等对象，若省略对象名，则在当前窗体上输出数据。

（2）输出项列表：要输出的内容（表达式）。若有多个输出项，可用逗号或分号隔开。

（3）分号(;)：各输出项连续输出，中间无空格。

（4）逗号(,)：各输出项按分区格式输出，即将一个输出行以 14 个字符的宽度为单位分成若干区段（称为"打印区"），每个区段输出一个表达式的值。

如果调用 Print 方法的语句以分号或逗号结束，则下一次执行 Print 方法时将在同一行输出；否则，每执行一次 Print 方法将自动换行。

Print 方法在 Form_Load 事件过程中不起作用。如果要在该事件中显示数据，必须在该过程内加上 Form.Show 方法或把窗体的 AutoRedraw 属性设置为 True。

注意：在输入 Print 关键字时可以只输入问号(?)，VB 会自动将其翻译成 Print。

2.　与 Print 方法有关的函数

VB 提供了 Spc 和 Tab 两个函数，用于配合 Print 方法对输出进行定位。

（1）Spc 函数

格式：Spc(n)

Spc 函数用于插入 n 个空格。

（2）Tab 函数

格式：Tab[(n)]

Tab 函数用于将输出位置定位于第 n 列。若省略参数 n，则将插入点移动到下一个打印区的起点（此时与逗号作用相似）。如果 n 小于当前显示位置，则将输出位置移到下一行第 n 列。例如，若在窗体的 Form Click 事件中加入以下代码，则单击窗体后输出如图 4-1 所示的结果。

4.2.2 人机交互函数和过程

VB 与用户间的直接交互是通过 InputBox()函数、MsgBox()函数和 MsgBox 过程进行的。

1. InputBox()函数

函数形式如下：InputBox(提示[，标题][，默认][，x 坐标位置][，y 坐标位置])

其中：

"提示"：该项不能省略，是字符串表达式，在对话框中作为信息显示，可为汉字。若要在多行显示，必须在每行行末加回车 Chr(13)和换行 Chr(10)控制符，或直接使用 VB 内部常数 vbCrlf。

"标题"：字符串表达式，在对话框的标题区显示。若省略，则把应用程序名放入标题栏中。

"默认"：字符串表达式，当在输入对话框中无输入时，则该默认值作为输入的内容。

"x 坐标位置"、"y 坐标位置"：整型表达式，坐标确定对话框左上角在屏幕上的位置，屏幕左上角为坐标原点，单位为 twip。

该函数的作用是打开一个对话框，等待用户输入内容，当用户单击"确定"按钮或按回车键时，函数返回输入的值，其值的类型为字符串。

各项参数次序必须一一对应，除了"提示"一项不能省略外，其余各项均可省略，处于中间的默认部分要用逗号占位符跳过。

例如，有如下代码段，运行时屏幕的显示如图 4-2 所示，当单击"确定"按钮后，strdep 变量中的值为"鸡西大学"。

```
Dim strdep As String * 8, str1 As String * 40
str1 = "请输入你的学校名称" + Chr(13) + Chr(10) + "然后单击确定"
strdep = InputBox(str1, "输入", , 100, 100)
```

图 4-1 Spc 与 Tab 函数

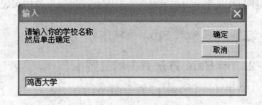

图 4-2 InputBox()函数

2. MsgBox()函数和 MsgBox 过程

MsgBox()函数用法如下：

```
变量[%]=MsgBox(提示[，按钮][，标题])
```

MsgBox 过程用法如下：

```
MsgBox 提示[，按钮][，标题]
```

其中：

"提示"和"标题"：意义与 InputBox()函数中对应的参数相同。

"按钮"：是整型表达式，决定信息框中按钮的个数、类型及出现的图标样式等，详见表 4-1 所示。

表 4-1 按钮设置

分　组	内部常数	按 钮 值	描　　述
按钮数目	VbOkOnly	0	只显示"确定"按钮
	VbOkCancel	1	显示"确定"、"取消"按钮
	VbAboutRetryIgnore	2	显示"终止"、"重试"、"忽略"按钮
	VbYesNoCancel	3	显示"是"、"否"、"取消"按钮
	VbYesNo	4	显示"是"、"否"按钮
	VbRetryCancel	5	显示"重试"、"忽略"按钮
图标类型	VbCritical	16	关键信息图标，红色 STOP 标志
	VbQuestion	32	询问信息图标？
	VbExclamation	48	警告信息图标！
	VbInformation	64	信息图标 I
默认按钮	VbDefaultButton1	0	第 1 个按钮为默认焦点按钮
	VbDefaultButton2	256	第 2 个按钮为默认焦点按钮
	VbDefaultButton3	512	第 3 个按钮为默认焦点按钮

注意：

以上按钮的三组方式可以组合使用，可以使用内部常数形式或按钮值形式表示。

MsgBox()的作用是打开一个信息框，等待用户选择一个按钮，MsgBox()函数将返回一个整数值，这个值是用户进行选择的，各个按钮的返回值见表 4-2 所示，如果不需要返回值，则可以使用 MsgBox 过程。

表 4-2 MsgBox()函数返回值及意义

内部常数	返 回 值	被单击的按钮
VbOk	1	确定
VbCancel	2	取消
VbAbout	3	终止
VbRetry	4	重试
VbIgnore	5	忽略
VbYes	6	是
VbNo	7	否

【例 4.1】编一用户名和密码检验程序。

要求：用户名不超过 6 位数字，如果出现错误，清除原内容再输入。密码输入时在屏幕上以"*"代替；若密码错，显示有关信息，选择"重试"按钮，清除原内容再输入，选择"取消"按钮，停止运行。程序界面如图 4-3 和图 4-4 所示。

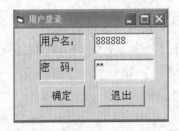

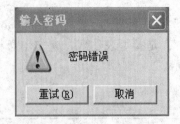

图 4-3　例 4.1 登录界面　　　　　　　图 4-4　例 4.1 出错界面

分析：

用户名 6 位，MaxLength 为 6，LostFocus 判断数字 IsNumeric 函数。

密码 PassWordChar 为 "*"，MsgBox()函数设置密码错对话框。程序代码如下：

```vb
Private Sub Form_Load()
   Text2.PasswordChar = "*"
   Text2.Text = ""
   Text1 = ""
End Sub
Private Sub Text1_LostFocus()
   If Not IsNumeric(Text1) Then
      msgbox "用户名有非数字字符错误"
      Text1.Text = ""
      Text1.SetFocus
    End If
End Sub
Private Sub Command1_Click()
Dim I As Integer
If Text2.Text <> "Gong" Then
  I = msgbox("密码错误", 5 + vbExclamation, "输入密码")
  If I <> 4 Then
    End
  Else
    Text2.Text = ""
    Text2.SetFocus
  End If
  End If
End Sub
```

4.3　选择结构

在程序设计中，经常会根据不同的条件进行判断，以便根据不同的条件执行不同的程序语句，在这种情况下，就要使用选择结构。选择结构的语句有：If…Then 语句（单分支结构）、If…Then…Else 语句（双分支结构）、If…Then…ElseIf 语句（多分支结构）、If 语句的嵌套、Select Case 语句（情况语句）和条件函数，本节分别对不同的选择结构给予介绍。

4.3.1　单分支结构条件语句

1.　单分支结构条件语句格式

（1）　If<关系表达式>Then

<语句块>，

End If

（2）　If<关系表达式>Then<语句>

单分支结构流程图如图 4-5 所示。

2.　单分支结构条件语句作用

如果关系表达式的值为真，则执行 Then 后面的语句块或语句；否则不执行 Then 后面的语句块或语句，而跳过该语句执行其后面的语句。

3.　使用说明

语句块可以是一句或多句，若用第二种形式表示，则只能是一句语句；若多句，语句间需用冒号(：)分隔，而且必须在一行上书写。

【例 4.2】已知两个数 x 和 y，比较它们的大小，使得 x 小于 y。

方法一

```
If x>y then
t=x      '将 x 与 y 交换
x=y
y=x
End if
```

方法二

```
If x<y Then   t=x: x=y: y=t
```

注意：将两个变量中的数进行交换时，必须借助于第三个变量才能实现，如图 4-6 所示。

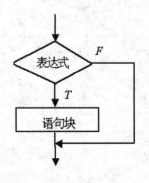

图 4-5　单分支结构流程图

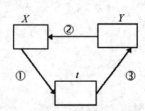

图 4-6　例 4.2 两个数交换

4.3.2　双分支结构条件语句

1.　双分支结构条件语句格式

```
If <表达式> Then
<语句块 1>
Else
<语句块 2>
End If
```

双分支结构流程图如图 4-7 所示。

2.　双分支结构条件语句作用

首先判断条件是否成立，如果成立，则执行语句块 1 而略过语句块 2 继续向下执行程序；如果不成立，则执行语句块 2 而略过语句块 1。

【例 4.3】编写程序，在文本框中输入一个整数，判断该数是奇数还是偶数。

分析：判断某数的奇偶性，就是检验该数能否被 2 整除，若能被 2 整除，该数是偶数，否则该数是奇数。程序界面如图 4-8 所示。

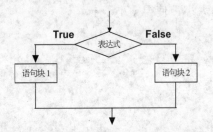　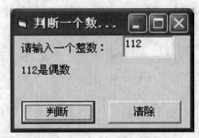

图 4-7　双分支结构流程图　　　　　　图 4-8　例 4.3 判断奇偶数

代码如下：

```
Private Sub Command1_Click()
    Dim x As Integer
    x = Val(Text1.Text)
    If (x Mod 2) = 0 Then
        Label2.Caption = x & "是偶数"
    Else
        Label2.Caption = x & "是奇数"
    End If
End Sub
```

4.3.3　多分支结构

1.　多分支结构语句格式

```
If  <表达式 1>  Then
<语句块 1>
```

```
ElseIf  <表达式 2>  Then
<语句块 2>
…
[ Else  <语句块 n+1> ]
End If
```

2. 多分支结构语句作用

测试条件的顺序为：<表达式 1>、<表达式 2>……，当遇到表达式值为 True 时，则执行该条件下的语句块。流程图如图 4-10 所示。

注意：

（1）不管有几个分支，依次判断，当某条件满足，执行相应的语句块，其余分支不再执行；若条件都不满足，且有 Else 子句，则执行该语句块，否则什么也不执行。

（2）ElseIf 不能写成 Else If。

（3）若多分支中有多个表达式同时满足，则只执行第一个与之匹配的语句块。

【例 4.4】已知字符型变量 strC 中存放了一个字符，判断该字符是字母字符、数字字符还是其他字符。程序运行效果如图 4-11 所示。

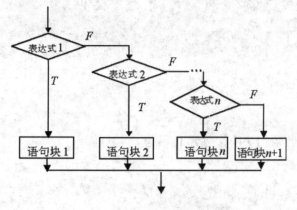

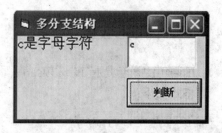

图 4-10　多分支结构流程图　　　　　　　图 4-11　例 4.4 运行效果图

程序代码如下：

```
Private Sub Command1_Click()
    strC = Text1
    If UCase(strC) >= " A" And UCase(strC) <= "Z" Then '大小写字母均考虑
        Print strC + "是字母字符"
    ElseIf strC >= " 0" And strC <= " 9" Then          ' 表示是数字字符
        Print strC + "是数字字符"
    Else                                               ' 除上述字符以外的字符
        Print strC + "其他字符"
    End If
End Sub
```

【例 4.5】已知输入某个课程的百分制成绩 a，要求显示对应五级制的评定，评定条件如下：

成绩大于等 90 为优秀，大于等于 80 且小于 90 为良好，大于等于 70 且小于 80 为中等，大于等于 60 且小于 70 为及格，成绩小于 60 为不及格。

分析：

下面三种方法中，方法一和方法二正确，而方法三虽然语法没错，但不能获得所希望的结果。其中，方法一中使用关系运算符大于等于，比较的值从大到小依次表示；方法二利用关系运算符和逻辑运算符把各条件都考虑到，表达式大小的次序与结果无关；而在方法三中使用关系运算符大于等于，但比较的值从小到大的次序表示，根据 mark 分数显示的结果只有两种"及格"或"不及格"，原因请读者考虑。

方法一	方法二	方法三
| ```
a = Val(Text1)
If a >= 90 Then
Print "优"
ElseIf a >= 80 Then
Print "良"
ElseIf a >= 70 Then
Print "中"
ElseIf a >= 60 Then
Print "及格"
Else
Print "不及格"
End If
``` | ```
a = Val(Text1)
If a >= 90 Then
    Print "优"
ElseIf a >= 80 And a < 90 Then
    Print "良"
ElseIf a >= 70 And a < 80 Then
    Print "中"
ElseIf a >= 60 And a < 70 Then
    Print "及格"
Else
    Print "不及格"
End If
``` | ```
a = Val(Text1)
If a >= 60 Then
    Print "及格"
ElseIf a >= 70 Then
    Print "中"
ElseIf a >= 80 Then
    Print "良"
ElseIf a >= 90 Then
    Print "优"
Else
    Print "不及格"
End If
``` |

4.3.4 If 语句的嵌套

If 语句的嵌套是指 If 或 Else 后面的语句块中又包含 If 语句。

格式如下：

```
If <表达式1> Then
If <表达式11> Then
    …
End If
    …
End If
```

为了增加程序的可读性，嵌套结构应该采用缩进的形式书写。

【例4.6】已知 x，y，z 三个数，使得 $x>y>z$，利用嵌套的 IF 语句实现。

程序代码如下：

```
Private Sub Command1_Click()
    x = Val(Text1): y = Val(Text2): z = Val(Text3)
    If x < y Then
        t = x: x = y: y = t    'x与y交换
    End If          ' 使得x>y
    If y < z Then
        t = y: y = z: z = t    'y与z交换使得y>z
```
```

```
        If x < y Then   '此时的 x, y 已不是原 x, y 的值
            t = x: x = y: y = t
        End If
    End If
    Print "X="; x, "Y="; y, "Z="; z
End Sub
```

4.3.5　Select Case 语句

1.　Select Case 格式

```
Select Case <变量或表达式>
Case  <表达式列表 1>
<语句块 1>
[Case  <表达式列表 2>
<语句块 2> ]
……
[Case Else
<语句块 n+1>]
End Select
```

<变量或表达式>：可以是数值型或字符串表达式。

<表达式列表>：必须与<变量或表达式>的类型相同，可以是表达式、一组用逗号分隔的枚举值、表达式 1 To 表达式 2、Is 关系运算符表达式，并且这几种表达式形式可以混用。多个表达式列表间用逗号分隔。

<表达式列表>：可以是同类型的下面 3 种形式之一。

① 一组枚举表达式（用逗号分隔），例：2,4,6,8 或 "A","B","C","D"；

② 表达式 1 To 表达式 2，60 To 100 或 "A" To "Z"；

③ Is 关系运算符表达式，适用的运算符包括<，<=，>，>=，<>，=，如：s < 60。

2.　Select Case 语句作用

首先计算上端测试表达式的值，然后与下面每个 Case 子句中表达式的值进行比较。若相等，就执行其后的语句块；若没有匹配的 Case 语句，则执行 Case Else 子句中的语句。

执行情况如下：

（1）先对<变量或表达式>求值，然后测试该值与哪一个 Case 子句中的<表达式列表>相匹配。

（2）如果有相匹配的表达式列表，则执行与该 Case 语句有关的语句块，然后执行 EndSelect 后面的语句。

（3）如果没有相匹配的表达式列表，则执行与 Case Else 子句有关的语句块，然后执行 End Select 后面的语句。

说明：

（1）并不是所有的多分支结构都可以用情况语句代替。

（2）关键字 To 用来指定一个范围。必须将较小的值写在前面，较大的值写在后面，

字符串常量的范围必须按字母顺序写出。

（3）不能在 case 后直接用逻辑运算符将两个或多个简单条件组合在一起。例如：Case Is>10　And　Is<10　是不合法的。

（4）Case 子句的顺序对执行结果没有影响，Case Else 子句必须放在所有的 Case 子句之后。

【例 4.7】利用 Select Case 语句改写例 4.4。

改写后代码如下：

```
strc = Text1.Text
Select Case strc
    Case "a" To "z", "A" To "Z"
      Print strc & "是字母"
    Case "0" To "9"
      Print strc & "是数字"
    Case Else
      Print strc & "其他字符"
End Select
```

4.3.6　IIf 函数（条件函数）

Iif 函数用来执行简单的条件判断操作。

函数格式：

```
IIf(<条件>, <True 部分>, <False 部分>)
```

<条件>：可以使表达式、变量或其他函数。当<条件>为真时，返回<True 部分>，否则返回<False 部分>

例如：求 X、Y 中大的数，并将大数放入变量 iMax 中。iMax=IIf($X>Y$, X, Y)，根据表达式的值，返回两部分中的一个。

4.3.7　常见错误

1.　在选择结构中缺少配对的结束语句

对多行式的 If 块语句中，应有配对的 EndIf 语句结束。

2.　多分支结构 ElseIf 关键字的书写和条件表达式的表示

应注意多个条件表达式次序以及 ElseIf，不要写成 Else　If。

3.　Select Case 语句的使用

Select Case 后不能出现多个变量，Case 子句后不能出现变量。

4.4　循环结构

当程序中有重复的工作要做时，就需要用到循环结构。循环结构的应用使得大量重复的工作变得更加容易，提高了编程效率。下面我们将要介绍循环的 3 种结构：

① 数循环（For…Next 循环）；
② 当循环（While…Wend 循环）；
③ Do 循环（Do…Loop 循环）。

4.4.1　For 循环

For…Next 循环是使用最灵活方便的一种循环语句，通常用于循环次数已知的情况。
语句格式：

```
For<循环变量>=<初值>To<终值>  [step  <步长>]
    <语句块>
[Exit For]
    <语句块>
Next<循环变量>
```

执行过程：

首先把"初值"赋给"循环变量"，然后检查循环变量的值是否超过终值，如果超过就停止执行"循环体"，跳出循环，执行 Next 后面的语句；否则执行一次"循环体"。最后把"循环变量+步长"的值赋给"循环变量"，重复上述过程。

<循环变量>：必须为数值型。

<步长>：一般为正，初值小于终值；若为负，初值大于终值；默认步长为1。

<语句块>：可以是一句或多句语句，称为循环体。

ExitFor：表示当遇到该语句时，退出循环体，执行 Next 的下一条语句。

循环次数=int((<终值>-<初值>) / <步长>+1)

退出循环后，循环变量的值保持退出时的值。

在循环体内对循环变量可多次引用，但不要对其赋值，否则影响结果。

【例 4.8】计算机 1～100 之间的奇数和，程序代码如下：

```
Dim i, s As Integer
s = 0
For i = 1 To 100 Step 2
   s = s + i
Next i
Print s
```

其中：I 为循环变量，其值从 1 到 100 变化，计算结果存放在累加变量 s 中。

当程序退出循环后，循环变量的值保持退出时的值，不一定等于循环变量的终值。看下面的程序段，其输出结果如图 4-12 所示。

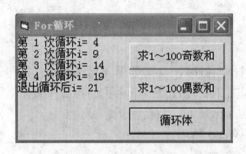

图 4-12　例 4.8 输出结果

```
Private Sub Command3_Click()
j = 0
For i = 1 To 20 Step 2
    i = i + 3
    j = j + 1
    Print "第"; j; "次循环 i="; i
Next i
Print "退出循环后 i="; i
End Sub
```

【例 4.9】计算阶乘 n!。

```
Private  Sub Form_Click()
Dim i%, n%, t#
    t=1
    n=InputBox("输入 n 的值：")
    For I=1 TO n
    t=t*i
    Next i
    Print t
End Sub
```

除了上述 For 循环外，还有一个针对一个数组或集合中的每个元素，重复执行一组语句的 For Each 循环语句，其使用语法如下：

```
For Each 数组或集合中元素 In 数组或集合
[循环体]
[Exit FOr]
[循环体]
Next[数组或集合中元素]
```

说明：

（1）“数组或集合中元素”是用来遍历集合或数组中所有元素的变量。对于集合来说，可能是一个 Variant 变量、一个通用对象变量或任何特殊对象变量。对于数组而言，只能是一个 Variant 变量。

（2）“数组或集合”参数，是数组的名称或对象集合。

【例 4.10】在窗体单击事件过程中列出窗体上的所有控件名称。

```
PriVate Sub Form_Click()
Dim ctl As control
For Each ctl In Me.controls
Print ctl.Name
Next ctl
End Sub
```

4.4.2 While…Wend 循环

While…Wend 循环用于对条件进行判断，如果条件成立，则重复执行循环体。否则，转去执行关键字 Wend 后面的语句。与 For 循环的差别在于：For 循环用于循环次数已知的情况；而 While 循环用于不知道循环次数，但可以用一个条件来进行判断是否结束。控制流程如图 4-13 所示，其格式如下：

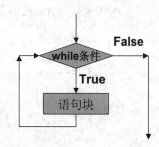

图 4-13 while 循环控制流程

```
while 条件
[循环体]
wend
```

说明：

（1） 如果一开始"条件"就不成立，则循环体一次也不执行。

（2） While…Wend 循环语句本身不能修改循环条件，所以必须在循环体内设置相应语句，使得整个循环趋于结束，以避免死循环。

（3） While…Wend 语句是早期 Basic 语言的循环语句，它的功能与 Do While…Loop 语句完全相同。

【例 4.11】利用 While…Wend 循环计算阶乘 n!。

```
Private  Sub Form_Click()
Dim i%, n%, t#
    t=1:i=1
    n=InputBox("输入 N 的值: ")
    while I<=n
t=t*i
      i=i+1
wend
    Print t
End Sub
```

4.4.3 Do 循环控制结构

Do 循环语句有两种语法形式：一种是先判定条件的，称为当型循环结构；另一种是后判定条件的，称为直到循环结构。

格式1：前测型

```
Do [ While | Until <条件> ]
<语句块>
[ Exit Do ]
<语句块>
Loop
```

格式2：后测型

```
Do
<语句块>
[ Exit Do ]
<语句块>
Loop [ While | Until <条件> ]
```

其流程图如图 4-14 和图 4-15 所示。

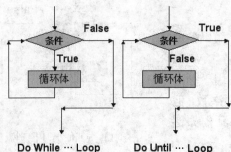

图 4-14 前测型

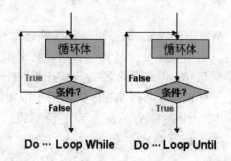

图 4-15 后测型

说明：

（1） 格式 1 为先判断后执行，有可能一次也不执行。

（2） 格式 2 为先执行后判断，至少执行一次。

（3） 关键字 While 用于指明条件为真时就执行循环体中的语句，Until 刚好相反。

（4） Exit Do 语句可以提前退出循环，执行 Loop 的下一条语句。

【例 4.12】我国现有人口 13 亿人，计算随着人口年增长率的不同，多少年后我国人口超过 26 亿人。

分析：设人口年增长率为 q，年数为 n，则 $26=13(1+q)n$。

建设人口增长率为 0.8%，可以编写如下程序实现：

```
Private Sub Command1_Click()
    x = 13
    n = 0
    Do While x < 26
        x = x * 1.008
        n = n + 1
    Loop
    Print n, x
End Sub
```

如果人口增长率是动态变化的，可以在程序中添加一个文本框，利用文本框来传递人口的增长率。

【例 4.13】用辗转相除法求两自然数 m、n 的最大公约数和最小公倍数。

分析：求最大公约数的算法思想：

（1）　对于已知两数 m、n，使得 $m>n$；

（2）　m 除以 n 得余数 r；

（3）　若 $r=0$，则 n 为最大公约数结束；否则执行（4）；

（4）　$m \leftarrow n$，$n \leftarrow r$，再重复执行（2）。

求得了最大公约数后，最小公倍数就可以很方便的求出了，即将原来的两个数相乘除以最大公约数。

程序代码如下：

```
Private Sub Form_Click()
    n1 = InputBox("输入 n")
    m1 = InputBox("输入 m")
    If m1 > n1 Then    ' m>n
      m = m1: n = n1
    Else
      m = n1: n = m1
    End If
    Do
      r = m Mod n
      If r = 0 Then Exit Do
      m = n
      n = r
    Loop
    Print m1; ","; n1; "的最大公约数为"; n
    Print "最小公倍数= ", m1 * n1 / n
End Sub
```

4.4.4　循环嵌套

在一个循环体内又包含另外一个完整的循环结构，成为循环嵌套。而内嵌的循环中还可以嵌入循环，这就是多重循环。在 VB 中，对嵌套的层数没有限制，可以任意嵌套多层。循环嵌套对 For 循环和 Do…Loop 循环均适用。

对于循环嵌套，要注意以下事项：

（1）　内循环变量与外循环变量不能同名；

（2）　外循环必须完全包含内循环，不能交叉；

（3）　不能从循环体外转向循环体内，反之则可以。

例如：以下程序段都是错误的。

```
' 内、外循环交叉
For i=1 To 10
For j=1 To 10
    ...
Next i
Next j
```

```
' 内、外循环变量同名
For i=1 To 10
For i=1 To 10
    ...
Next I
Next I
```

```
For i=1 To 10
do while  j=<10
...
Next I
Loop
```

例如：下面的嵌套格式都是正确的。

```
For i=1 To 10
For j=1 To 10
...
Next j
Next i
```

```
For i=1 To 10
do while  I>10
...
Loop
Next i
```

```
Do
do while  i>10
...
Loop
Loop until j>12
```

【例 4.14】假设母鸡 3 元一只，公鸡 2 元一只，小鸡 5 角一只，用 100 元钱买 100 只鸡，共有多少种买法？

分析：假设母鸡、公鸡、小鸡各为 x、y、z 只，则根据题意，可以得到方程：

$x+y+z=100$

$3x+2y+0.5z=100$

很显然，这是一个三元一次方程，利用编程求解如下，结果如图 4-16 所示。

图 4-16 例 4.14 百钱买百鸡

```
Private Sub Form_Click()
  Dim x%, y%, z%
  Print "母鸡", "公鸡", "小鸡"
  For x = 0 To 33
    For y = 0 To 50
      If 3 * x + 2 * y + 0.5 * _
          (100 - x - y) = 100 Then
          Print x, y, 100 - x - y
      End If
    Next y
  Next x
End Sub
```

【例 4.15】利用循环嵌套，打印乘法表。程序运行界面如图 4-17 所示。

程序代码如下：

```
Private Sub Form_Click()
Dim se As String
Print Tab(35); "九九乘法表"
Print Tab(35); "_____"
For i = 1 To 9
   For j = 1 To 9
   se = i & "×" & j & "=" & i * j
   Print Tab((j - 1) * 9 + 1); se;
   Next j
   Print
Next i
End Sub
```

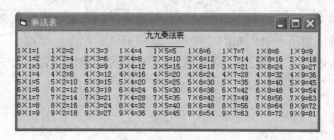

图 4-17 例 4.15 乘法表

思考：在上面的乘法表中，大家能够很清楚的看出，这个乘法表，并不是我们所想要的效果，那么如何实现真正的乘法表呢，运行效果如图 4-18 所示。

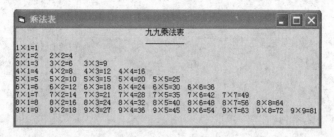

图 4-18 改良后的乘法表

4.5 GoTo 语句

是一种特殊的跳转语句，当程序执行到 GoTo 语句时，会无条件地转移到过程中指定的行并继续往下执行

语法如下：

GoTo<行标号|行号>

说明：

（1） GoTo 只能跳到它所在过程中的行。

（2） 行标号是任何字符的组合，不区分大小写，必须以字母开头，以冒号(：)结尾。行标号必须放在行的开始位置，

（3） 行号是一个数字序列，且在使用行号的过程内该序列是唯一的。行号必须放在行的开始位置。

（4） 太多的 GoTo 语句，会使程序代码不容易阅读及调试。所以应尽可能少用 GoTo 语句，而使用结构化控制语句(Do…Loop、For、Next、If…Then…Else、Select case)来代替。

4.6 常用算法举例

算法是对某个问题求解过程的描述。程序就是用计算机语言表述的算法，流程图就是图形化了的算法。同一问题有多种算法描述。现实世界中问题的种类很多，算法更多，但

是总体上可以把算法分为两大类：数值算法和非数值算法。对 VB 程序设计的初学者，可能会感到掌握控件的使用不难，难的是理解、掌握算法。但是，算法是程序的核心、编程的基础，离开算法，一事无成。所以，我们陆续介绍程序设计语言学习中必须掌握的常用算法，并结合实例加深理解。

4.6.1 累加、连乘

在循环结构中，最常用的算法是累加和连乘。累加是在原有和的基础上一次一次地每次加一个数；连乘则是在原有积的基础上一次一次地每次乘以一个数。

例如，求 1～100 的 5 的倍数或 7 的倍数的和。其中 Sum 为累加和变量，i 为循环控制变量。

```
Private Sub Form_Click()
  Sum=0
  FOr i=1 TO 100
    If i Mod 5=0 Or i Mod 7=0 Then
    Sum=Sum+i
    End If
  Next  i
  Print Sum
End Sub
```

又如：要计算 3～10 的乘积的程序段如下：

```
Private Sub Form_Click()
  t=1
  For I=3 TO 10
    t=t*i
Next i
Print t
End Sub
```

从上面两个简单的例子可以看出，一般累加和连乘是通过循环结构和循环体内的一条表示累加性（如 Sum=Sum+i 赋值语句）或连乘性语句（如 $t=t*i$ 赋值语句）来实现的。这里要强调的是对存放累加和或连乘积的变量应在循环体外置初值，一般累加时置值为 0，连乘时置初始值为 1。对于多重循环，初值在外循环体外还是在内循环体外，要根据所解的问题实际情况而决定。

【例 4.16】求自然对数 e 的近似值，要求其误差小于 0.00001，近似公式为：

$$e=1+\frac{1}{1!}+\frac{1}{2!}+\frac{1}{3!}+\cdots+\frac{1}{i!}+\cdots=\sum_{i=0}^{\infty}\frac{1}{i!}\approx1+\sum_{i=1}^{m}\frac{1}{i!}$$

分析：该题先求连乘 $I!$，再将 $1/i!$ 进行累加。循环次数预先未知，根据某项 $1/i!$ 的值是否达到某精度决定循环与否。下面程序中，e 为累加和，n 为连乘积变量，t 为某项 $1/i!$ 的值为循环控制变量。

```
Private Sub Form_Click()
Dim i%, n&, t!, e!
  e = 0                    ' 存放累加和结果
  i = 0                    ' 计数器
  n = 1                    ' 存放阶乘的值
  t = 1                    ' 级数第 i 项值
  Do While t > 0.00001
    e = e + t
    i = i + 1
    n = n * i              ' 连乘, 求阶乘
    t = 1 / n              ' 累加和
  Loop
  Print "一共计算了 "; i; " 项的和是 "; e
End Sub
```

4.6.2　求素数

素数，也称质数，是一个大于 2 且只能被 1 和本身整除的整数。判别某数 m 是否为素数的方法很多，最简单的是从素数的定义来求解，其算法思想是：

对于 m 从 $i=2, 3, \cdots, m-1$ 判别 m 能否被 i 整除，只要有一个能整除，m 就不是素数，否则 m 是素数。

【例 4.17】求 100 以内的素数。

程序如下：

```
Private Sub Command1_Click()
    '使用 GoTo 语句
    j = 0
    For m = 2 To 100
       For i = 2 To m - 1
           If (m Mod i) = 0 Then GoTo NotNextM
       Next i
       Print m; "   ";
       j = j + 1
       If j = 10 Then j = 0: Print
NotNextM:
    Next m
End Sub
```

这种算法比较简单，但速度慢。实际上 m 不可能被大于 m 平方根的数整除，因此，稍加改进，即只要将内循环语句：

For i=2 To m-1　　　改为：　　　For i=2 To $int(Sqr(m))$　　循环次数就会大大减少。

另外，上述循环体内只要能被 i 整除，就不可能是素数，可利用 GoTo 语句退出循环。但前面介绍 GoTo 时，在结构化的程序设计中要求尽量少用或不使用 GoTo，根据此要求，可以通过增加状态变量 Flag，在循环体内确定 m 是否是素数，出了循环根据 Flag 的状态来显示结果，改进的程序如下：

```
Private Sub Command1_Click()      '单击命令按钮运行该事件函数
    '使用状态变量
    Dim i As Integer, m As Integer, tag As Boolean
    j = 0
    For m = 2 To 100             '对 100 以内的每个数判断其是否为素数
        tag = True
        For i = 2 To m - 1
            If (m Mod i) = 0 Then tag = False    'm 能被 i 整除，该 m 不是素数
        Next i
        If tag Then
            Print m; " ";          'm 不能被 i=2～m-1 整除，m 是素数，显示
            j = j + 1
            If j = 10 Then j = 0: Print
        End If
    Next m
End Sub
```

4.6.3　穷举法

　　"穷举法"又叫"枚举法"，即将可能出现的各种情况一一列举并测试，判断是否满足条件，一般采用循环来实现。前面讲到的百钱买百鸡就是穷举法的一个体现，这里就不在重复了。

4.6.4　递推法

　　"递推法"又称为"迭代法"，其基本思想是把一个复杂的计算过程转化为简单过程的多次重复。每次重复都从旧值的基础上递推出新值，并由新值代替旧值。

　　【例 4.18】猴子吃桃子。小猴在一天摘了若干个桃子，当天吃掉一半多一个；第二天接着吃了剩下的桃子的一半多一个；以后每天都吃剩余桃子的一半零一个，到第 7 天早上要吃时只剩下一个了，问小猴那天共摘下了多少个桃子？

　　分析：这是一个典型的"递推"问题，先从最后一天推出倒数第二天的桃子，再从倒数第二天的桃子推出倒数第三天的桃子……设第 n 天的桃子为 x_n，那么它是前一天的桃子数的 x_{n-1} 的一半减 1，即 $x_n = (x_{n-1} + 1) \times 2$。

　　程序如下：

```
Private Sub Form_Click()
    Dim n%, i%
    x = 1                  ' 第 7 天的桃子
    Print "第 7 天的桃子数为：1 只"
    For i = 6 To 1 Step -1
        x = (x + 1) * 2
    Print "第"; i; "天的桃子数为:"; x; "只"
    Next i
End Sub
```

第5章 数　　组

内 容 提 要

　　本章主要介绍数组的概念及数组的基本操作方法,重点介绍静态数组、动态数组的定义及使用等内容,并通过一系列实例引出了若干与数组有关的程序设计中的基本算法,从而使读者进一步加深对数组概念的理解,加强对数组应用技巧的掌握。

5.1　数组的概念

　　在实际应用中,常常需要处理同一类型的成批数据。例如,为了处理 100 个学生某门的考试成绩,可以用 S_1, S_2, S_3, $\cdots$, S_{100}。来分别代表每个学生的分数,其中 S_1 代表第一个学生的分数,S_2 代表第二个学生的分数……这里的 S_1, S_2, S_3, $\cdots$, S_{100} 是带有下标的变量,称为下标变量。显然,用一批具有相同名字、不同下标的下标变量来表示同一属性的一组数据,能更清楚地表示它们之间的关系。在 VB 中,把一组具有同一名字、不同下标的下标变量称为数组,例如:S(10)中 S 称为数组名,10 是下标。一个数组可以含有若干个下标变量(或称数组元素),下标用来指出某个数组元素在数组中的位置,S(10)代表 S 数组中的第十个元素。在 VB 中,使用下标变量时,必须把下标放在一对紧跟在数组名之后的括号中,必须把下标变量写成形如 S(10),不能写成 S10 或 S_{10},也不能写成 S[10]。

　　一个数组,如果只用一个下标就能确定一个数组元素在数组中的位置,则称为一维数组。也可以说,由具有一个下标的下标变量所组成的数组称为一维数组,而由具有两个或多个下标的下标变量所组成的数组称为二维数组或多维数组。

5.1.1　问题引入

　　【例 5.1】若我们要计算一个班 100 个学生的平均成绩,然后统计高于平均分的人数。

　　按以前简单变量的使用和循环结构相结合,求平均成绩程序段如下:

```
aver=0
For i=1 T0 100
cj=InputBox("输入"+str(i)+ "位学生的成绩")
```

```
aver=aver+cj
Next i
aver=aver / 100
```

但是要统计高于平均分的人数，则无法实现。因为存放学生成绩的变量名 cj 是一个简单变量，只能放一个学生的成绩。在循环体内输入一个学生的成绩，就把前一个学生的成绩覆盖。若要统计高于平均分的人数，必须再重复输入 100 人的成绩，然后与刚才计算出来的平均成绩进行比较。这样带来两个问题：其一，输人数据的工作量加大；其二，若本次输入的成绩与上次不同，则统计的结果不正确。

有没有更加有效的方法来解决这个问题呢？有，数组是解决这类问题较好的方法，那么什么是数组呢？

用数组解决求 100 个人的平均分数和高于平均分数的人数问题，不仅效率高且程序容易编写。程序代码如下：

```
Private Sub Command1_Click()
  Dim mark(1 To 100) As Integer, aver!, n%, i%
  aver = 0
  For i = 1 To 100
    mark(i) = InputBox("输入" & i & "个同学的成绩")
    aver = aver + mark(i)
  Next i
  aver = aver / 100
  n = 0
  For i = 1 To 100
    If mark(i) > aver Then n = n + 1
  Next i
  Print aver, n
End Sub
```

5.1.2 数组的定义

数组是一种数据结构，用来存放具有相同数据类型的一组数据。每个数组有唯一的名字，称为数组名，数组中每一个元素具有唯一的索引号，称为下标。数组名加上其对应的下标用来表示数组元素。

数组应当先定义后使用。在计算机中，数组占据一块内存区域，数组名是这个区域的名称，区域的每个单元都有自己的地址，该地址用下标表示。定义数组的目的就是通知计算机为其留出所需要的空间。VB 中的数组有 1 维数组、2 维数组……最多 60 维数组。

在 VB 中，可以用 4 个语句来定义数组，这 4 个语句格式相同，但适用范围不一样。

（1） Dim：用在窗体模块或标准模块中，定义窗体或标准模块数组，也可用于过程中。

（2） ReDim：用在过程中。

（3） Static：用在过程中。

（4） Public：用在标准模块中，定义全局数组。

下面以 Dim 语句为例来说明数组定义的格式，当用其他语句定义数组时，其格式是一样的。

1. 第一种方式

第一种方式与传统的数组定义方式相同，对于数组的每一维，只给出下标的上界，即可以使用的下标的最大值。对于一维数组，格式如下：

Dim 数组名（下标上界）As 类型名称

例如：

```
Dim ArrayAge(5)As Integer
```

定义了一个一维数组，数组的名字为 ArrayAge，类型为整型，占据 6 个（0～5）整型变量的空间（12 个字节）。

对于二维数组，格式如下：

Dim 数组名（第一维下标上界，第二维下标上界）As 类型名称

例如：

```
Dim cj(2,3)As Integer
```

定义了一个二维数组，名字为 cj，类型为 Integer，该数组有 3 行（0～2）4 列（0～3），占据 12（3×4）个整型变量的空间（24 个字节），如表 5-1 所示。

表 5-1 二维数组

cj(0,0)	cj(0,1)	cj(0,2)	cj(0,3)
cj(1,0)	cj(1,1)	cj(1,2)	cj(1,3)
cj(2,0)	cj(2,1)	cj(2,2)	cj(2,3)

说明：

（1） 格式中的"数组名"与简单变量相同，可以是任何合法的 VB 变量名。"As 类型名称"用来说明"数组"的类型，可以是 Integer、Long、Single、Double、Currency、string 等基本类型或用户定义的类型，也可以是 Variant 类型。如果省略"As 类型名称"，则定义的数组为 Variant 类型。

（2） 数组必须先定义，后使用。

（3） 当用 Dim 语句定义数组时，该语句把数值数组中的全部元素都初始化为 0，而把字符串数组中的全部元素都初始化为空字符串。

（4） 如上所述，在一般情况下，下标的下界默认为 0。如果希望下标从 1 开始，可以通过 Option Base 语句来设置，其格式为：

```
Option Base n
```

Option Base 语句用来指定数组下标的默认下界。

格式中的 n 为数组下标的下界，只能是 0 或 1，如果不使用该语句，则默认值为 0。Option Base 语句只能出现在窗体层或模块层，不能出现在过程中，并且必须放在数组定义之前。此外，如果定义的是多维数组，则下标的默认下界对每一维都有效。

（5） 要注意区分"可以使用的最大下标值"和"元素个数"。"可以使用的最大下标值"指的是下标值的上界，而"元素个数"则是指数组中成员的个数。例如：ArrName(5) 在中，数组可以使用的最大下标值是 5，如果下标值从 0 开始，则数组中的元素为：ArrName(0)，ArrName(1)，ArrName(2)，ArrName(3)，ArrName(4)，ArrName(5)，共有 6 个元素。在这种情况下，数组某一维的元素的个数等于该维的最大下标值加 1。如果下标值从 1 开始，则元素的个数与最大下标值相同。此外，最大下标值还限制了对数组元素的引用，对于上面定义的数组，不能通过 ArrName(6) 来引用数组中的元素。

2. 第二种方式

用第一种方式定义的数组，其下标的下界只能是 0 或 1，而如果使用第二种方式，则可根据需要指定数组下标的下界。格式如下：

```
Dim 数组名([下界 To]上界[, [下界 To]上界]…)
```

例如：

```
Dim ArrName(-2 To 3)
```

定义了一个一维数组 ArrName，其下标的下界为-2，上界为 3，该数组可以使用的下标值在-2 到 3 之间，数组元素为 ArrName(-2)，ArrName (-1)，ArrName(0)，ArrName(1)，ArrName (2)，ArrName(3)，共有 6 个元素。

可以看出，第二种方式实际上已包含了第一种方式，只要省略格式中的"下界 To"，即变为第一种方式。当下标为 0 或 1 时，可以省略"下界 To"。因此，如果不使用 Option Base 语句，则下述数组说明语句是等效的：

```
Dim A(8, 3)
Dim A(0 To 8, 0 To 3)
Dim A(8, O To 3)
```

表面上看来，使用 To 似乎多此一举，实则不然。没有 To，数组的下标的下界只能是 0 或1，而使用 To 后，下标的范围可以是-32 768～32 767。此外，在某些情况下，使用 To 能更好地反映对象的特性。

以上介绍了定义数组的两种方式。在定义数组时，要注意以下几点：

（1） 数组名的命名规则与变量名相同，应尽可能有一定的含义，做到"见名知义"。

（2） 在同一个过程中，数组名不能与变量名同名，否则会出错。例如：

```
Private Sub CmdOk_Click()
    Dim a(10)
    Dim a
    a=98
    a(5)=100
    Print a, a(5)
End Sub
```

程序运行后，单击按钮，将显示一个信息框提示"当前范围内声明重复"。

（3） 在定义数组时，每一维的元素个数必须是常数，不能是变量或表达式。例如：

```
Dim c(n)
Dim c(n+5)
```

都是不合法的。即使在执行数组定义语句之前给出变量的值，也是错误的。例如：

```
n=InputBox("输入 n 的值")
Dim c(n)
```

执行上面的操作后，将产生出错信息提示"要求常数表达式"。

（4）数组的类型通常在 As 子句中给出，如果省略 As 子句，则定义的是默认数组。此外，也可以通过类型说明符来指定数组的类型，例如：

```
Dim A%(10)，B!(2 To 8)，C#(12)        '定义了 3 种类型的数组。
```

（5）数组可以通过前面介绍的两种方式定义，无论用哪一种方式定义数组，下界都必须小于上界。在某些情况下，可能需要知道数组的上界值和下界值，可以通过 Lbound 和 Ubound 函数来测试，其格式为：

Lbound(数组[，维])

Ubound (数组[，维])

这两个函数分别返回一个数组中指定维的下界和上界。其中"数组"是一个数组名，"维"是要测试的维。Lbound 函数返回"数组"某一"维"的下界值，而 Ubound 函数返回"数组"某一"维"的上界值，两个函数一起使用即可确定一个数组的大小。

对于一维数组来说，参数"维"可以省略。如果要测试多维数组，则"维"不能省略。

例如：

```
Dim D(1 To 100, 0 To 50, -3 To 4)
```

定义了一个三维数组，则用下面的语句可以得到该数组各维的上下界：

```
Print Lbound(D, 1), Ubound(D, 1)
Print Lbound(D, 2), Ubound(D, 2)
Print Lbound(D, 3), Ubound(D, 3)
```

输出结果为：

```
1    100
0    50
-3   4
```

5.1.3　默认数组

在 VB 中，允许定义默认数组。所谓默认数组，就是数据类型为 Variant(默认)的数组。在一般情况下，定义数组应指明其类型，例如：

```
Static num(1 To 100) As Integer
```

定义了一个数组 num，该数组的类型为整型，它有 100 个元素，每个元素都是一个整数。如果把上面的定义改为：

```
Static num(1 To 100)
```

则定义的数组是默认数组，其类型默认为 Variant，因此，该定义等价于：

```
Static num(1 To 100)As Variant
```

从表面上看，定义默认数组似乎没有什么意义，实际上不然。几乎在所有的程序设计语言中，一个数组各个元素的数据类型都要求相同，即一个数组只能存放同一种类型的数据。而对于默认数组来说，同一个数组中可以存放各种不同的数据。因此，默认数组可以说是一种"混合数组"。例如：

```
Private Sub Command1_Click()
    Static De(5)
De(1)=100
De(2)=123.45
De(3)= "jixidaxue"
De(4)=Now
De(5)=&HCCF
    For i=1 To 5
      Print "De(";i;")=";De(i)
    Next i
End Sub
```

该事件过程定义了一个静态数组 De(默认数组一般应定义为静态的)，然后对各元素赋予不同类型的数据，包括整型、实型、字符串型、日期、时间类型及十六进制整型。

5.2　动态数组

定义数组后，为了使用数组，必须为数组开辟所需的内存区。根据内存区开辟时机的不同，可以把数组分为静态(static)数组和动态(dynamic)数组。通常把需要在编译时开辟内存区的数组叫做静态数组，而把需要在运行时开辟内存区的数组叫做动态数组。

当程序没有运行时，动态数组不占据内存，因此可以把这部分内存用于其他操作。

静态数组和动态数组由其定义方式决定，即：

（1）　用数值常数或符号常量作为下标定维的数组是静态数组。

（2）　用变量作为下标定维的数组是动态数组。

5.2.1　动态数组的定义

有时事先无法确定数组的容量，数组的容量是随着实际需要而变化的，这时可以利用动态数组满足这一需要。动态数组的定义分为如下两步：

```
Dim 数组名()  [as 数据类型]  '声明动态数组名及数组类型, 不确定数组容量
ReDim [Preserve]数组名(下标1[, 下标2···]) [as 数据类型]  '确定数组维数及容量
```

由此可见, 声明动态数组时是不给出数组的容量(或大小)及维数的, 当要使用它时才由 ReDim 语句重新指出其容量及维数。

在 ReDim 语句中, 数据类型通常可以省略, 若不省略, 则必须与 Dim 声明语句保持一致。如果不选择 Preserve, 那么每次使用 ReDim 语句后, 原来数组的值将会丢失。如果选择了 Preserve 选项, 那么每次使用 ReDim 语句后, 数组数据将能保留, 但此时只能改变最后一维的容量, 前面几维的容量不能改变。

声明了一个动态数组后, 可以多次使用 ReDim 语句改变动态数组的容量, 也可以改变数组的维数。

重定义动态数组时, 下标可以是常量, 也可以是已赋值的变量。

使用动态数组的好处是可以根据用户需要, 有效地利用存储空间。动态数组在程序执行到 ReDim 语句时分配存储空间, 而静态数组在程序编译时分配存储空间。

例如:

```
Dim k()As Single
Dim n As Integer
n=InputBox("请输入 n 的值")
ReDim k(n)
```

声明了一个动态数组 k, 然后根据需要, 利用 ReDim 指定了 k 为一维数组, 容量为 n+1。

又如:

```
Dim k()As Single
Dim m As Integer, n As Integer
m=InputBox("请输入 m 的值")
n=InputBox("请输入 n 的值")
ReDim k(m, n)
```

该例声明了一个动态数组 k, 然后根据需要, 利用 ReDim 指定了 k 为一个二维数组, 容量为 $(m+1) \times (n+1)$。

下面看一个实例。

【例 5.2】以班级为单位, 编程统计高出每门课程平均成绩的人数。

分析: 因为不同班级的人数各不相同, 并且课程数也不确定, 所以程序使用一个二维动态数组 grade 来存放每一个人每门课程的成绩, 使用两个一维动态数组 aver_grade 和 count 存放每门课程的平均分及每门课程高出平均分的人数。程序如下:

```
Option Base 1
Private Sub Command1_Click()
Dim i As Integer, j As Integer, n As Integer, m As Integer
Dim grade() As Single, aver_grade() As Single, count() As Single
n = InputBox("班级人数: ")
m = InputBox("课程数: ")
ReDim grade(n, m), aver_grade(m), count(m)
'以下程序段用来输入每一个人每门课程的成绩
```

```
For i = 1 To n
    For j = 1 To m
        grade(i, j) = InputBox("输入" & "第" & i & "人的第" & j & "门课成绩")
        Print grade(i, j);
    Next j
    Print
Next i
Print
'以下程序段用来计算每门课程的平均成绩
For i = 1 To m
    For j = 1 To n
        aver_grade(i) = aver_grade(i) + grade(j, i)  '计算每门课程的总成绩
    Next j
    aver_grade(i) = aver_grade(i) / n  '计算每门课程的平均成绩
    Print "第" & i & "门课程平均成绩为: " & aver_grade(i)
Next i
Print
'以下统计高出每门课程平均成绩的人数
For i = 1 To m
    For j = 1 To n
        If grade(j, i) > aver_grade(i) Then count(i) = count(i) + 1
    Next j
Next i
'以下程序段用来显示统计结果
For i = 1 To m
    Print "第" & i & "门课程高出平均成绩的人数为" & count(i)
Next i
End Sub
```

5.2.2　数组的清除和重定义

数组定义后，便在内存中分配了相应的存储空间，其大小是不能改变的。也就是说，在一个程序中，同一个数组只能定义一次。有时候，可能需要清除数组的内容或对数组重新定义，这可以用 Erase 语句来实现，其格式为：

```
Erase 数组名[, 数组名]…
```

Erase 语句用来重新初始化静态数组的元素，或者释放动态数组的存储空间。注意，在 Erase 语句中，只给出要刷新的数组名，不带括号和下标。说明：

（1）当把 Erase 语句用于静态数组时，如果这个数组是数值数组，则把数组中的所有元素置为 0；如果是字符串数组，则把所有元素置为空字符串；如果是记录数组，则根据每个元素（包括定长字符串）的类型重新进行设置。

（2）当把 Erase 语句用于动态数组时，将删除整个数组结构并释放该数组所占用的内存。也就是说，动态数组经 Erase 后，即不复存在；而静态数组经 Erase 后，仍然存在，只是其内容被清空。

（3）当把 Erase 语句用于变体数组时，每个元素将被重置为"空"（Empty）。

（4）Erase：释放动态数组所使用的内存。在下次引用该动态数组之前，必须用 ReDim 语句重新定义该数组变量的维数。

【例 5.3】编写程序，试验 Erase 语句的功能。

```
Private Sub Command1_Click()
    Dim Test(1 To 20) As Integer
    For i = 1 To 20
        Test(i) = i
    Print Test(i);
    Next i
    Erase Test
    Print
    Print "Erase Test()"
    Print "数组已经被清空了，数组元素均为0"
    For i = 1 To 20
    Print Test(i);
    Next i
End Sub
```

5.3　数组的基本操作

建立一个数组后，可以对数组或数组元素进行操作。数组的基本操作包括输入、输出和复制，这些操作都是对数组元素进行的。此外，在 VB 中还提供了 For Each…Next 语句，可用于对数组的操作。

5.3.1　数组元素的输入与输出

1.　数组元素的输入

（1）利用 Array 函数。

我们通常利用 Array 函数给数组元素输入初值，此时的数组应该声明为动态数组，数组的数据类型为变体类型 Variant，数组的圆括号可以省略。如：

```
Dim a()As Variant
Dim b AS Variant
a()=Array(12,13,-15,9,6,27)
b=Array(3.8,7.2,5.5,9.8)
```

上面两条语句相当于：

```
a(0)=12 :a(1)=13 :a(2)=-15 :a(3)=9 :a(4)=6 :a(5)=27
b(0)=3.8 :b(1)=7.2 :b(2)=5.5 :b(3)=9.8
```

显然利用 Array 函数给数组赋初值，使程序更加简洁明了，但要注意此时的数组类型必须是变体类型 Variant。

（2） 利用 InputBox 函数及循环语句。

```
Dim c(2, 3)As Integer,i As Integer,j As Integer
for I=0 to 2
  for j=0 to 3
    c(i, j)=inputbox("输入"c("& i &","& j &")的值")
  next j
next i
```

这是一种非常典型的给数组元素赋值的方法。如果要输入大量数据，一般可以用文本框再加上一些技术来处理。

2. 数组元素的输出

利用循环语句及 Print 方法或 Msgbox 函数可以输出数组元素。如对于（1）中动态数组 a，可以用如下语句输出：

```
Dim i as integer
for i=Lbound(a)to Ubound(a)
picture1.print a(i),
next i
```

Array 函数赋值的动态数组的下界为 0 或者为 1，上界可以由 Array 的参数个数决定。我们也常常利用函数 Ubound 及 Lbound 来求数组的上、下界。

二维数组的输出与输入一样，需要使用两重循环来实现。如对于（2）中二维数组 c，可以用如下语句输出：

```
for i=0 to 2
   for j=O to 3
   picture1.print c(i,j)+ " ";
   next j
   picture1.print
next i
```

该结果是按照 3 行 4 列的形式输出的。

5.3.2　数组元素的复制

VB 中可以将一个已赋值的数组元素复制给另一个相同数据类型的数组元素，也可以将一个已赋值的数组复制给相同数据类型的另一个动态数组。如：

```
Private Sub Command1_Click()
Dim x(1 To 8) As Integer, y(1 To 3) As Integer, i As Integer
For i = 1 To 8
    x(i) = 3 * i + 1
    Print x(i) & "  ";
Next i
Print
y(1) = x(3): y(2) = x(5): y(3) = x(8)  '复制数组元素
```

```
For i = 1 To 3
    Print y(i) & " ";
Next i
Print
Dim z() As Integer
z = y
For i = 1 To UBound(y)
    Print z(i)
Next i
End Sub
```

值得注意的是上面两种情况，一种是数组元素之间的复制，另外一种是整个数组的复制，要做到这一点，它们所需的前提条件是不同的，前者是静态数组，后者是动态数组。

5.3.3　For Each…Next 语句

For Each…Next 语句类似于 For…Next 语句，两者都用来执行指定重复次数的一组操作。但 For Each…Next 语句专门用于数组或对象"集合"，其一般格式为：

```
For Each 成员 In 数组
循环体
    [Exit For]
Next[成员]
```

这里的"成员"是一个变体变量，它是为循环提供的，并在 For Each…Next 结构中重复使用，它实际上代表的是数组中的每个元素。"数组"是一个数组名，没有括号和上下界。

用 For Each…Next 语句可以对数组元素进行处理，包括查询、显示或读取。它所重复执行的次数由数组中元素的个数确定，也就是说，数组中有多少个元素，就自动重复执行多少次。例如：

```
Dim MyArray(1 to 5)
For Each x in MyArray
    Print x;
Next x
```

将重复执行 5 次（因为数组 MyArray 有 5 个元素），每次输出数组的一个元素的值。这里的 x 类似于 For…Next 循环中的循环控制变量，但不需要为其提供初值和终值，而是根据数组元素的个数确定执行循环体的次数。此外，x 的值处于不断的变化之中，开始执行时，x 是数组第一个元素的值，执行完一次循环体后，x 变为数组第二个元素的值……当 x 为最后一个元素的值时，执行最后一次循环。x 是一个变体变量，它可以代表任何类型的数组元素。

可以看出，在数组操作中，For Each…Next 语句比 For…Next 语句更方便，因为它不需要指明结束循环的条件。请看下面的例子。

```
Private Sub Command1_Click()
    Dim arr(1 To 20)
```

```
    For i = 1 To 20
        arr(i) = Int(Rnd * 100)
    Next i
    For Each a In arr
        If a > 50 Then
            Print a
            Sum = Sum + a
        End If
        If a > 95 Then Exit For
    Next a
    Print Sum
End Sub
```

该例首先建立一个数组，并通过 Rnd 函数为每个数组元素赋给一个 1 到 100 之间的整数。然后用 For Each…Next 语句输出值大于 50 的元素，求出这些元素的和。如果遇到值大于 95 的元素，则退出循环。

注意：不能在 For Each…Next 语句中使用记录类型数组，因为 Variant 不包含记录类型。

5.4 控件数组

前面介绍了数值数组和字符串数组。在 VB 中，还可以使用控件数组，它为处理一组功能相近的控件提供了方便的途径。

5.4.1 基本概念

控件数组由一组相同类型的控件组成，这些控件共用一个相同的控件名字，具有同样的属性设置。数组中的每个控件都有唯一的索引号（Index Number），即下标，其所有元素的 Name 属性必须相同。

当有若干个控件执行大致相同的操作时，控件数组是很有用的，控件数组共享同样的事件过程。例如，假定一个控件数组含有 3 个命令按钮，则不管单击哪一个按钮，都会调用同一个 Click 过程。

控件数组的每个元素都有一个与之关联的下标，或称索引（Index），下标值由 Index 属性指定。由于一个控件数组中的各个元素共享 Name 属性，所以 Index 属性与控件数组中的某个元素有关。也就是说，控件数组的名字由 Name 属性指定，而数组中的每个元素则由 Index 属性指定。和普通数组一样，控件数组的下标也放在圆括号中，例如 CmdOk(0)。

为了区分控件数组中的各个元素，VB 把下标值传送给一个过程。例如，假定在窗体上建立了两个命令按钮，将它们的 Name 属性都设置为 CmdOk。设置完第一个按钮的 Name 属性后，如果再设置第二个按钮的 Name 属性，则 VB 会弹出一个对话框，询问是否要建立控件数组。此时单击对话框中的"是"按钮，对话框消失，然后双击窗体上的第一个命令按钮，打开程序代码窗口，可以看到在事件过程中加入了一个下标（Index）参数，即

```
Private Sub CmdOk_Click(Index As Integer)

End Sub
```

此时，不论单击哪一个命令按钮，都会调用这个事件过程，按钮的 Index 属性将传给过程，由它指明单击了哪一个按钮。

在建立控件数组时，VB 会给每个元素赋一个下标值，通过属性窗口中的 Index 属性，可以知道这个下标值是多少。可以看到，第一个命令按钮的下标值为 0，第二个命令按钮的下标值为 1，依次类推。在设计阶段，可以改变控件数组元素的 Index 属性，但不能在运行时改变。

控件数组元素通过数组名和括号中的下标来引用。例如：

```
Private Sub CmdOk_Click(Index As Integer)
CmdOk(Index).Caption = Now
End Sub
```

当单击某个命令按钮时，该按钮的 caption 属性将被设置为当前时间。

控件数组多用于单选按钮。在一个框架中，有时候可能会有多个单选按钮，可以把这些按钮定义为一个控件数组，然后通过赋值语句使用 Index 属性或 Caption 属性。

5.4.2　创建控件数组

控件数组是针对控件创建的，因此与普通数组的定义不一样。可以通过以下两种方法来创建控件数组。

第一种方法，步骤如下：

（1）　在窗体上画出作为数组元素的各个控件。

（2）　单击要包含到数组中的某个控件，将其激活。

（3）　在属性窗口中选择"（名称）"属性，并键入控件的名称。

（4）　对每个要加到数组中的控件重复（2）、（3）步，输入与第（3）步中相同的名称。

当对第二个控件输入与第一个控件相同的名称后，VB 将显示一个如图 5-1 所示的对话框，询问是否确实要创建控件数组。单击"是"将创建控件数组，单击"否"则放弃创建操作。

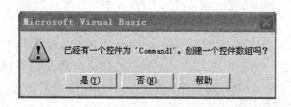

图 5-1　创建控件数组

第二种方法，步骤如下：

（1） 在窗体上画出一个控件，将其激活。

（2） 执行"编辑"菜单中的"复制"命令（热键为 ctrl+C 键），将该控件放入剪贴板。

（3） 执行"编辑"菜单中的"粘贴"命令（热键为 Ctrl+V 键），将显示一个对话框，询问是否建立控件数组，如图 5-1 所示。

（4） 单击对话框中的"是"按钮，窗体的左上角将出现一个控件，它就是控件数组的第二个元素。

（5） 执行"编辑"菜单中的"粘贴"命令，或按热键 ctrl+V 键，建立控件数组的其他元素。

控件数组建立后，只要改变一个控件的 Name 属性值，并把 Index 属性置为空（不是 0），就能把该控件从控件数组中删除。控件数组中的控件执行相同的事件过程，通过 Index 属性决定控件数组中的相应控件所执行的操作。

【例 5.4】通过控件数组建立一个类似于国际象棋的棋盘，设计界面和运行界面分别如图 5-2 和图 5-3 所示。要求：

图 5-2　例 5.4 设计时界面

图 5-3　例 5.4 运行时界面

（1） 在设计时窗体上放一个 Label 控件，设置其 Index 属性为 0，BackColor 为黑色。

（2） 程序运行时自动产生 64 个 Label 控件数组元素，BackColor 黑白交替。

（3） 当程序运行后单击某个棋格，改变 BackColor 颜色，即白变黑、黑变白。并在单击的棋格处显示其序号。

分析：控件数组应有 64 个元素，为了编程方便，在设计时建立的第 0 个元素仅起到棋格大小的作用，在程序运行时产生下标为 1～64 的其余 64 个元素。这 64 个元素按每行 8 个共 8 行进行排列，这种算法相当于将一维数组存放到二维数组中，同时要确定每个控件的位置（由 Left、Top 决定）。BackColor 颜色的赋值可通过 QBColor(n)函数，其中 n 的值 0 为黑色、15 为白色；若要获得棋格的颜色，必须使用十六进制的长整数。

完整的程序代码如下：

```
Private Sub Form_Load()
    Dim mtop As Integer, mleft As Integer, i As Integer, j As Integer
    mtop = 0                              '棋盘顶边初值
```

```
     For i = 1 To 8
        mleft = 50                              ' 棋盘左边位置
        For j = 1 To 8
          k = (i - 1) * 8 + j
          Load Label1(k)
          Label1(k).BackColor = IIf((i + j) Mod 2 = 0, QBColor(0), QBColor(15))
          Label1(k).Visible = True
          Label1(k).Top = mtop
          Label1(k).Left = mleft
          mleft = mleft + Label1(0).Width
        Next j
        mtop = mtop + Label1(0).Height
     Next i
End Sub
Private Sub Label1_Click(Index As Integer)  '单击棋格,
  Dim tag As Boolean
  Label1(Index) = Index
 For i = 1 To 8
   For j = 1 To 8
   k = (i - 1) * 8 + j
  If Label1(k).BackColor = &H0& Then
     Label1(k).BackColor = &HFFFFFF
   Else
     Label1(k).BackColor = &H0&
  End If
 Next j
 Next i
End Sub
```

5.5　数组应用实例

　　数组是在程序设计中使用最多的数据结构，离开数组，程序的编制会很麻烦。循环和数组结合使用，可简化编程的工作量，但必须要掌握数组的下标与循环控制变量之间的关系。熟练地掌握数组的使用，是学习程序设计课程的重要组成部分。本节介绍数组中的一些常用算法。

　　分类统计是经常遇到的运算，是将一批数据中按分类的条件统计每一类中包含的个数。例如，将学生成绩按优、良、中、及格、不及格五类，统计各类的人数。职工按各职称分类统计等。这类问题一般要掌握分类的条件表达式的书写和各类中有计数器变量，进行相应的计数。

　　【例 5.5】输入一串字符，统计各字母出现的次数（大小写字母不区分），并对出现的字母显示其出现的个数，效果如图 5-4 所示。

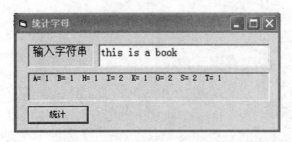

图 5-4 例 5.5 运行效果

分析：

（1） 统计 26 个字母出现的个数，必须声明一个具有 26 个元素的数组，每个元素的下标表示对应的字母，元素的值表示对应字母出现的次数。

（2） 从输入的字符串中逐一取出字符，转换成大写字符（使得大小写不区分），进行判断。

代码如下：

```
Private Sub Command1_Click()
Dim a(1 To 26) As Integer, c As String * 1
le = Len(Text1)                    '求字符串的长度
For i = 1 To le
    c = UCase(Mid(Text1, i, 1))    '取一个字符，转换成大写
    If c >= "A" And c <= "Z" Then
        j = Asc(c) - 65 + 1        '将A~Z大写字母转换成1~26的下标
        a(j) = a(j) + 1            '对应数组元素加1
    End If
Next i
For j = 1 To 26                    '输出字母及其出现的次数
    If a(j) > 0 Then Picture1.Print " "; Chr$(j + 64); "="; a(j);
Next j
End Sub
```

排序是将一组数按递增或递减的次序排列。排序的算法很多，常用的有选择法、冒泡法、插入法和合并排序等，最简单的是选择法。

选择法排序是最为简单且易理解的算法。假定有 n 个数的序列，要求按递增的次序排序，算法步骤是：

（1） 从 n 数中选出最小数的下标，然后将最小数与第 1 个数交换位置。

（2） 除第 1 个数外，其余 $n-1$ 个数再按步骤（1）的方法选出次小的数，与第 2 个数交换位置。

（3） 重复步骤（1），最后构成递增序列。

由此可见，数组排序必须两重循环才能实现，内循环选择最小数，找到该数在数组中的有序位置；执行 $n-1$ 次外循环使 n 个数都确定了在数组中的有序位置。

若要按递减次序排序，只要每次选最大的数即可。

【例 5.6】对已知存放在数组中的 6 个数，用选择法按递增顺序排序。排序进行的过程如下所示。其中右边数据中有双下划线的数表示每一轮找到的最小数的下标位置，与欲

排序序列中的最左边有单下线的数交换后的结果。

$$\text{原始数据}\quad 6\ \ 4\ \ 7\ \ 3\ \ 2\ \ 5$$

a(1)　a(2)　a(3)　a(4)　a(5)　a(6)第 1 趟排序　2　4　7　3　6　5

　　　　a(2)　a(3)　a(4)　a(5)　a(6)第 2 趟排序　2　3　7　4　6　5

　　　　　　a(3)　a(4)　a(5)　a(6)第 3 趟排序　2　3　4　7　6　5

　　　　　　　　a(4)　a(5)　a(6)第 4 趟排序　2　3　4　5　6　7

　　　　　　　　　　a(5)　a(6)第 5 趟排序　2　3　4　5　6　7

程序代码如下：

```
Option Base 1
Private Sub Command1_Click()
    Dim iA(1 To 10)
    n = 6
    iA(1) = 6: iA(2) = 4: iA(3) = 7: iA(4) = 3: iA(5) = 2: iA(6) = 5
    For i = 1 To n - 1          ' 进行 n-1 遍比较
      iMin = i                  ' 对第 i 遍比较时，初始假定第 i 个元素最小
      For j = i + 1 To n        ' 在数组 i~n 个元素中选最小元素的下标
          If iA(j) < iA(iMin) Then iMin = j
      Next j
      t = iA(i)                 'i~n 个元素中选出的最小元素与第 i 个元素交换
      iA(i) = iA(iMin)
      iA(iMin) = t
      For k = 1 To n
        Print iA(k);
      Next k
      Print
    Next i
End Sub
```

冒泡法排序与选择法排序相似，选择法排序在每一轮排序时找最小（递增次序）数的下标，出了内循环（一轮排序结束），再交换最小数的位置。而冒泡法排序在每一轮排序时将相邻的数比较，当次序不对就交换位置，出了内循环，最小数已冒出。

【例 5.7】对【例 5.6】的问题，用冒泡法排序来实现。排序进行的过程如下。

$$\text{原始数据}\quad 6\ \ 4\ \ 7\ \ 3\ \ 2\ \ 5$$

a(1)　a(2)　a(3)　a(4)　a(5)　a(6)第 1 趟排序　2　6　4　7　3　5

　　　　a(2)　a(3)　a(4)　a(5)　a(6)第 2 趟排序　2　3　6　4　7　5

　　　　　　a(3)　a(4)　a(5)　a(6)第 3 趟排序　2　3　4　6　7　5

　　　　　　　　a(4)　a(5)　a(6)第 4 趟排序　2　3　4　5　6　7

　　　　　　　　　　a(5)　a(6)第 5 趟排序　2　3　4　5　6　7

程序代码如下：

```
Option Base 1
Private Sub Command1_Click()
Dim iA(1 To 10)
n = 6
iA(1) = 6: iA(2) = 4: iA(3) = 7: iA(4) = 3: iA(5) = 2: iA(6) = 5
```

```
Print "冒泡法排序数据变化过程"
Print "     6, 4, 7, 3, 2, 5"
Print "-----------------------------"
For i = 1 To n - 1                    ' 进行 n-1 遍比较
' 对第 i 遍比较时，初始假定第 i 个元素最小
  For j = n To i + 1 Step -1          ' 在数组 i~n 个元素中选最小元素的下标
    If iA(j) < iA(j - 1) Then
      t = iA(j)
      iA(j) = iA(j - 1)
      iA(j - 1) = t
    End If
  Next j

  Print "i="; i; Spc(i * 3 - 3);
  For k = i To n
      Print iA(k);
  Next k
Print
Next i
End Sub
```

第6章 过　　程

内容提要

　　本章主要介绍过程的概念，简单介绍事件过程的定义与调用，重点介绍 Function 函数过程和 Sub 过程定义及调用方法；通过一系列实例引出了与过程相关的程序设计基本方法，从而使读者加深了对本章相关概念的理解，加强对过程应用技巧的掌握。

6.1　基本概念

6.1.1　问题引入

　　【例 6.1】求组合数 $C_m^n = \dfrac{m!}{n!(m-n)!}$ 的值。

　　分析：该例中有三处求阶乘的值，而计算阶乘的公式为：$k!=1\times2\times3\times\cdots\times k$。如果我们用过去的方法求这个组合数，程序中就会出现三处非常相似的求阶乘的程序代码段，显然这样的程序太累赘，不是一个好程序。如果我们把求阶乘的程序代码段独立出来，求组合数时，只要重复调用该程序，则计算组合数的程序变得十分简练。

　　【例 6.2】已知多边形的各条边的长度，要计算多边形的面积。如图 6-1 所示。

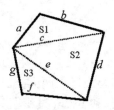

图 6-1　例 6.2 多边形

　　分析：已知多边形的各条边的长度，要计算多边形的面积。计算多边形面积，可将多边形分解成若干个三角形。计算三角形面积的公式如下：

$$\text{area}=\sqrt{c(c-x)(c-y)(c-z)} \qquad c=\frac{1}{2}(x+y+z)$$

其中：x、y、z 为任意三角形的三条边，c 为三角形周长的一半。

计算三个三角形的面积，使用的公式相同，不同的仅仅是边长，因此首先定义一个求三角形面积的函数过程，然后像调用标准函数一样多次进行调用即可。

```vb
'定义计算三角形面积的函数过程
Public Function area(x!, y!, z!) As Single
  Dim c!
  c = 1 / 2 * (x + y + z)
  area = Sqr(c * (c - x) * (c - y) * (c - z))
End Function
'分别调用过程，显示总面积
Private Sub Form_Click()
  Dim a!, b!, c!, d!, e!, f!, g!, s1!, s2!, s3!
  a = InputBox("输入a"): b = InputBox("输入b"): c = InputBox("输入c")
  d = InputBox("输入d"): e = InputBox("输入e"): f = InputBox("输入f")
  g = InputBox("输入g")
  s1 = area(a, b, c) :s2 = area(c, d, e) :s3 = area(e, f, g)
  Print s1 + s2 + s3
End Sub
```

在以上两个例题中，对于重复使用的程序段，可以自定义一个过程，供多次调用，这就是使用过程编程的思想。

6.1.2 过程的基本概念

前面我们已经学习了系统提供的内部函数过程和事件过程，利用它们帮助我们解决了不少问题。但是在实际应用中，我们遇到的问题往往比较复杂，于是我们常常按自顶向下的规则，将复杂问题进行分解，分解成若干个功能相对独立的模块，构成这些模块的程序被称为过程，通常每个过程用来实现某个特定的功能。其实这种编程思想，就是我们常说的结构化程序设计思想。

在实际应用中，也常常把某些功能完全相同或相似的程序段独立出来形成过程，供程序反复调用。这样不仅提高了编程效率，同时也提高了程序代码的规范化，有利于调试和维护程序，降低了程序的出错率。

6.1.3 过程的分类

VB 过程一般分为：事件过程和通用过程两大类。通用过程又可以分为 Function 函数过程、Sub 子过程、Property 属性过程和 Event 过程四类。本章只介绍通用过程中的前两个过程。一般来说，事件过程是对发生的事件进行处理的程序代码，由用户触发；通用过程是由用户根据需要自定义的，并可供事件过程多次调用的程序代码，它通过程序中相应的语句调用。

Sub 子过程：以 Sub 保留字开始的子程序过程，不返回值。

Function 函数过程：以 Function 保留字开始的函数过程，返回一个值。

Property 属性过程：以 Property 保留字开始的属性过程，可以返回和设置窗体、标准模块及类模块的属性值，也可以设置对象的值。

Event 过程：以 Event 保留字开始的事件过程。

本章只介绍 Sub 子过程和 Function 函数过程。

6.2　事件过程

VB 系统为每个对象预先定义好了的一系列事件，用户不能增加也不能删除。当用户对一个对象发出一个动作时，在该对象上就发生了事件，然后自动地调用与该事件相关的事件过程。处理或响应事件的步骤就是事件过程。实际上，编写 VB 应用程序的主要任务就是判定对象是否响应某种事件以及如何响应该事件。当想让对象响应某个事件时，就编写该事件过程的程序代码。

当用户对一个对象发出一个动作时，可能会产生多个事件。比如，当用户单击一下鼠标时，同时发生了 Click、MouseDown 和 MouseUp 事件。编写 VB 程序时，并不要求对这些事件都编写代码，只要对感兴趣的事件过程编写代码即可。事件过程一般的格式如下：

```
Private Sub 对象名称_事件(参数列表)
……
End Sub
```

对象的每个事件过程有固定的语法，所包含的参数个数也是由系统预先定义好的，不同类型的事件过程有不同的参数。事件参数记录了事件发生时的状态，它们是编写程序必要的数据来源。

6.3　用户自定义过程

6.3.1　Sub 过程的定义

通用 Sub 过程的结构与前面多次见过的事件过程的结构类似。一般格式如下：

```
[static][Private][Public]Sub 过程名[(参数表列)]
    语句块
    [Exit sub]
    [语句块]
End Sub
```

用上面的格式可以定义一个 Sub 过程，例如：

```
Private Sub Subtest()
    Print"This is a book"
End Sub
```

说明：

（1） Sub 过程以 Sub 开头，以 End Sub 结束，在 Sub 和 End Sub 之间是描述过程操作的语句块，称为"过程体"或"子程序体"。格式中各部分的含义如下：

① Static：指定过程中的局部变量在内存中的默认存储方式。如果使用了 Static，则过程中的局部变量就是"Static"型的，即在每次调用过程时，局部变量的值保持不变；如果省略 Static，则局部变量就默认为"自动"的，即在每次调用过程时，局部变量被初始化为 0 或空字符串。Static 对在过程之外定义的变量没有影响，即使这些变量在过程中使用。

② Private：表示 Sub 过程是私有过程，只能被本模块中的其他过程访问，不能被其他模块中的过程访问。

③ Public：表示 Sub 过程是公有过程，可以在程序的任何地方调用它。各窗体通用的过程一般在标准模块中用 Public 定义，在窗体层定义的通用过程通常在本窗体模块中使用，如果在其他窗体模块中使用，则应加上窗体名作为前缀。

④ 过程名：是一个长度不超过 255 个字符的变量名，在同一个模块中，同一个变量名不能既用作 Sub 过程名又用作 Function 过程名。

⑤ 参数表列：含有在调用时传送给该过程的简单变量名或数组名，各名字之间用逗号隔开。"参数表列"指明了调用时传送给过程的参数的类型和个数，每个参数的格式为：

[Byval]变量名[()][As 数据类型]

这里的"变量名"是一个合法的 VB 变量名或数组名，如果是数组，则要在数组名后加上一对括号。"数据类型"指的是变量的类型，可以是 Integer，Long,single，Double，String，Currency，Variant 或用户定义的类型。如果省略"As 数据类型"，则默认为 Variant。"变量名"前面的"ByVal"是可选的，如果加上"ByVal"，则表明该参数是"传值"参数，没有加"ByVal"（或者加 ByRef）的参数称为"引用"参数。有关参数传递问题将在后面介绍。

在定义 Sub 过程时，"参数表列"中的参数称为"形式参数"，简称"形参"，不能用定长字符串变量或定长字符串数组作为形式参数。不过，可以在调用语句中用简单定长字符串变量作为"实际参数，在调用 Sub 过程之前，VB 把它转换为变长字符串变量。

（2） End Sub 标志着 Sub 过程的结束。为了能正确运行，每个 Sub 过程必须有一个 End Sub 子句。当程序执行到 End Sub 时，将退出该过程，并立即返回到调用语句下面的语句。此外，在过程体内可以用一个或多个 Exit Sub 语句从过程中退出。

（3） Sub 过程不能嵌套。也就是说，在 Sub 过程内，不能定义 Sub 过程或 Function 过程；不能用 GoTo 语句进入或转出一个 Sub 过程，只能通过调用执行 Sub 过程，而且可以嵌套调用。下面是一个 Sub 过程的例子：

```
Sub out(x As Intecjer，ByVal y As Integer)
    x=x+100
    y=y*6
    Print x, y
End Sub
```

上面的过程有两个形式参数，其中第二个形参的前面有 ByVal，表明该参数是一个传值参数。过程可以有参数，也可以不带任何参数。没有参数的过程称为无参过程。例如：

```
Sub ContinueQuery()
   Do
   Response=InputBox("Continue(Y or N)? ")
   If Response="N" Or Response="n" Then End
   If Response="Y" Or Response="y" Then Exit Do
   Loop
End Sub
```

上述过程没有参数，当调用该过程时，询问用户是否继续某种操作，回答"Y"继续，回答"N"则结束程序。对于无参过程，调用时只写过程名即可。

6.3.2　建立 Sub 过程

前面已介绍过如何建立事件过程。通用过程不属于任何一个事件过程，因此不能放在事件过程中。通用过程可以在标准模块中建立，也可以在窗体模块中建立。如果在标准模块中建立通用过程，可以使用以下两种方法：

第一种方法，操作步骤如下：

（1）执行"工程"菜单中的"添加模块"命令，打开"添加模块"对话框，在该对话框中选择"新建"选项卡，然后双击"模块"图标，打开模块代码窗口。

（2）执行"工具"菜单的"添加过程"命令，打开"添加过程"对话框，如图 6-2 所示。

（3）在"名称"框内输入要建立的过程的名字（例如 InputData）。

（4）在"类型"栏内选择要建立的过程的类型，如果建立子程序过程，则应选择"子程序"；如果要建立函数过程，则应选择"函数"。

（5）在"范围"栏内选择过程的适用范围，可以选择"公有的"或"私有的"。如果选择"公有的"，则所建立的过程可用于本工程内的所有窗体模块；如果选择"私有的"，则所建立的过程只能用于本标准模块。

（6）单击"确定"按钮，回到模块代码窗口，如图 6-3 所示。此时可以在 Sub 和 End Sub 之间输入程序代码（与事件过程的代码输入相同）。

图 6-2　"添加过程"对话框

图 6-3　模块代码窗口

第二种方法：执行"工程"菜单中的"添加模块"命令，打开模块代码窗口，然后输入过程的名字。例如，输入"Sub InputData ()"，按回车键后显示：

```
Sub InputData ()
   End Sub
```

即可在 Sub 和 End Sub 之间键人程序代码。

6.3.3 调用建立 Sub 过程

调用引起过程的执行。也就是说，要执行一个过程，必须调用该过程。

Sub 过程的调用有两种方式，一种是把过程的名字放在一个 Call 语句中，一种是把过程名作为一个语句来使用。

1. 用 Call 语句调用 Sub 过程

其格式如下：

Call 过程名[(实际参数)]

Call 语句把程序控制传送到一个 VB 的 Sub 过程。用 Call 语句调用一个过程时，如果过程本身没有参数，则"实际参数"和括号可以省略；否则应给出相应的实际参数，并把参数放在括号中。"实际参数"是传送给 Sub 过程的变量或常数。例如：

Call InputData (a,b)

2. 把过程名作为一个语句来使用

在调用 Sub 过程时，如果省略关键字 Call，就成为调用 Sub 过程的第二种方式。与第一种方式相比，它有两点不同：

（1） 去掉关键字 Call。

（2） 去掉"实际参数表"的括号。

【例 6.3】自定义一个 Sub 过程，显示如图 6-4 所示的图形。

分析：从图中可以看出图形的输出规律，第一行输出 1 个字母 A，第二行输出 3 个字母 ABC，第三行输出 5 个字母 ABCDE……，由此可见，所在行数与输出的字母个数有关，第 I 行输出的字母个数为 $2 \times I - 1$ 个，所以只要知道输出几行，就能确定图形了，为此自定义 Sub 过程只要一个参数。具体 Sub 过程如下：

图 6-4 例 6.3 输出结果

```
Sub prtgraph(n As Integer)
    Dim i As Integer, j As Integer, m As Integer
    For i = 1 To n
        m = 65
        Print Tab(2 * n - i);    '控制输出的每行的起始位置
        For j = 1 To 2 * i - 1
            Print Chr(m);  '输出对应的ASCII码字符
            m = m + 1
        Next j
        Print                '换行
    Next i
End Sub
Private Sub Form_Click()
```

```
    Dim n As Integer
    n = InputBox("图形的行数：")
    Call prtgraph(n)    '调用过程
End Sub
```

【例 6.4】自定义一个 Sub 过程，求两个正整数之间的所有素数。

分析：该 Sub 过程中有两个形参，用来接受实参传递过来的两个正整数，在 Sub 过程中根据素数的定义，求出这两个正整数之间所有素数，并显示出来，程序如下：

```
Private Sub Form_Click()
    Dim x As Integer, y As Integer
    x = InputBox("x=") '输入第 1 个正整数
    y = InputBox("y=") '输入第 2 个正整数
    Call prime(x, y)    '调用 Sub 过程
End Sub
Sub prime(ByVal m As Integer, ByVal n As Integer)
    Dim i As Integer, j As Integer, s As Integer
    Dim sign As Boolean
    For i = m To n
        sign = True    '判断是否为素数标志
        For j = 2 To Sqr(i)
            If i Mod j = 0 Then
                sign = False    '改变标志值
                Exit For
            End If
        Next j
        If sign = True Then    '是素数
            Print Space(2) & i;
            s = s + 1
            If s Mod 10 = 0 Then Print
        End If
    Next i
End Sub
```

6.3.4　Function 函数过程的定义

前面介绍了 Sub 过程，它不直接返回值，可以作为独立的基本语句调用。而 Function 函数过程要返回一个值，通常出现在表达式中。

Function 函数定义格式如下：

```
[static][Private][Public] Function 过程名[(参数表列)][As 类型]
    语句块
    函数名=表达式
[Exit Function]
    [语句块]
End Function
```

说明：

（1） 函数名的取名规则与变量相同。

（2） 形参的个数由实际问题决定，形参之间用逗号分隔。

（3） 通常函数过程会得到一个确定的值，我们称它为函数值。函数值的类型由 As 数据类型决定，如果省略该选项，则函数值为 Variant 类型。

（4） 执行 Exit Function 则立即退出函数过程。

（5） 函数过程中应该有"函数名=表达式"赋值语句，它的作用是把函数过程的处理结果即函数值返回到函数调用处。如果省略该语句，则数值函数过程返回 0 值，字符串函数过程返回空串。

（6） Function 函数过程的定义不能嵌套。

Function 函数过程可以建立在窗体模块中，也可以建立在标准模块或类模块中。具体实现途径一般有两种：其一，直接在代码窗口中输入 Function 函数过程；其二，打开代码窗口，在"工具"菜单下选择"添加过程"命令，在打开的对话框中输入函数名称、选择函数类型，确定范围是"公有的"还是"私有的"，然后单击"确定"按钮，再在代码窗口中输入具体的程序代码。范围选择"公有的"，则该函数过程定义为公共的全局级过程，如果选择"私有的"，则函数过程定义为标准模块级或为窗体级的局部过程。

6.3.5 Function 函数过程的调用

Function 函数过程的调用与 VB 内部函数的调用类似。调用时需将一些参数传递给函数过程，函数过程利用这些参数进行计算，然后通过函数过程名将结果返回给调用者。

格式：函数名([<实参表>])

说明：

（1） 因为函数过程调用后将会返回一个函数值，所以函数过程不能单独成为一条语句，必须把函数过程作为表达式或表达式的一部分，再配上其他语法成分构成 VB 合法的语句。

（2） "实参表"中参数间用逗号分隔，实参个数与形参个数相同，调用时按顺序将实参依次传递给形参。

（3） 实参可以是常量、变量或表达式，如果是数组，则在数组名后必须跟一对空括号。

现在可以用 Function 函数过程来解决例 6.1 求组合数值的问题了。先定义一个求阶乘的函数过程，然后通过改变实参值，多次调用该函数过程来求出组合数的值。显示求阶乘函数过程只需要一个形参，以确定求多少阶乘，计算出阶乘的值作为函数值返回。

```
Private Sub Command1_Click()
    Dim m As Integer, n As Integer,cmn As Double
    n = CInt(Text1.Text)
    m = CInt(Text2.Text)
    cmn = factorial(m) / (factorial(n) * factorial(m - n))
    Label2 = cmn
End Sub
'定义求阶乘函数
```

```
Function factorial(ByVal n As Integer) As Double
    Dim i As Integer,f As Double
    f = 1
    For i = 1 To n
      f = f * i
    Next i
    factorial = f
End Function
```

注意实参与形参之间的对应关系，另外，阶乘数往往很大，所以这里定义求阶乘函数为双精度数据类型。下面再来看一个利用函数过程的例子。

【例 6.5】定义函数求两个自然数的最大公约数。

分析：利用辗转相除法求两个自然数的最大公约数。该算法思想如下：对于两个自然数 m 和 n，先求它们相除的余数 r，即 $r=m$ Mod n，若 $r=0$，则 n 为最大公约数；否则，$m=n$，$n=r$，再求此时 m 和 n 相除的余数……因此该函数过程应包含两个形参，而函数值即为两个自然数的最大公约数。程序代码如下：

```
Private Sub Command1_Click()
    Dim x As Integer, y As Integer
    x = CInt(Text1) :y = CInt(Text2)
    Label4 = gcd(x, y)
End Sub
Function gcd(ByVal m As Integer, ByVal n As Integer) As Integer
    Dim r As Integer
    r = m Mod n
    Do While r <> 0
        m = n
        n = r
        r = m Mod n
    Loop
    gcd = n
End Function
```

Function 函数过程能解决不少实际问题,但有些问题使用 Function 函数过程并不方便。如要打印一个图形，不需要返回值，要返回的值不止 1 个等。而 Sub 子过程则能方便地解决类似的问题。

6.4 参数传递

如果过程有参数，在过程调用时会将实参传递给形参，形参与实参中对应参数的取名可以不同，但是，一般要求形参与实参中的参数个数、数据类型、顺序必须一致，一一对应。在 VB 中参数的传递方式有值传递和地址传递两种。

在调用过程时，一般主调过程与被调过程之间有数据传递，即将主调过程的实参传递给被调过程的形参，完成实参与形参的结合，然后执行被调过程体。在 VB 中，实参与形参的结合有两种方法，即传址（ByRef）和传值（ByVal），其中传址又称为引用，是默认的方法。区分两种结合的方法是在要使用传值的形参前加有"ByVal"关键字。

传址的过程是当调用一个过程时，将实参的地址传递给形参。因此在被调过程体中对形参的任何操作都变成了对实参的操作，实参的值就会随过程体内对形参的改变而改变。

传值的过程是当调用一个过程时，系统将实参的值复制给形参，实参与形参断开了联系。被调过程中的操作是在形参自己的存储单元中进行的，当过程调用结束时，形参所占用的存储单元也同时被释放。因此，在过程体内对形参的任何操作不会影响到实参。

选用传值还是传址的使用规则：

（1）形参是数组、自定义类型时只能用传地址方式，若要将过程中的结果返回给主调程序，则形参必须是传址方式。这时实参必须是同类型的变量名，不能是常量或表达式。

（2）若形参不是（1）中的两种情况，一般应选用传值方式。这样可增加程序的可靠性和便于调试，减少各过程间的关联。因为在过程体内对形参的改变不会影响实参。

6.4.1　值传递

按值传递是指当调用过程时，系统将实参的值复制到一个临时存储单元中，并将临时存储单元与形参结合，完成了实参把值传递给形参的使命。被调过程的操作是在形参自己的存储单元中进行的。当过程调用结束时，形参所占用的存储单元也同时被释放。所以在过程体内对形参的任何操作，都不会影响到实参，即按值传递是单向的。

要实现按值传递的方式，在形参表中，相应的参数前必须加上关键字 ByVal。因为系统默认情况下，参数是按地址方式传递的。以上例子，都采用了按值传递方式。请读者细细分析一下各个例子。

过程调用：　　　Call test(x，y)

过程定义：Sub test(ByVal m As Integer，ByVal n As Integer)

因为 test 过程的形参前都加上了 ByVal 选项，所以它们都是按值单向传递的。也就是在 test 过程中改变了 *m* 和 *n* 的值，不会影响到调用过程。在调用 test 过程时，系统临时分配存储空间给形参 *m* 和 *n*，当过程调用结束时，形参 *m* 和 *n* 所占的存储空间也同时释放了。

6.4.2　地址传递

按地址传递是参数传递的另一种方式，它也是系统默认的参数传递方式。按地址传递是指当调用过程时，系统将实参的地址传递给形参。换句话说，此时实参与形参具有相同的地址，这就意味着对形参的任何操作都变成了对相应实参的操作，实参的值会随过程体对形参的改变而改变，即按地址传递是双向的。

为了区别起见，通常按地址传递时，在形参表相应的参数前加上关键字 ByRef，当然也可以省略该关键字。

【例 6.6】比较下列两个过程，分析调用它们的结果有什么不同，为什么？

```
Private Sub Form_Click()
    Dim x As Integer, y As Integer
```

```
    x = 5: y = 20
    Print x, y
    Call ch1(x, y)
    Print x, y
    x = 5: y = 20
    Call ch2(x, y)
    Print x, y
End Sub
Sub ch1(ByVal m As Integer, ByVal n As Integer)
    m = m + 1
    n = n * 2
End Sub
Sub ch2(ByRef m As Integer, ByRef n As Integer)
    m = m + 1
    n = n * 2
End Sub
```

运行结果如下：

```
5     20
5     20
6     40
```

因为 Sub 过程 ch1 的两个形参都是值传递方式，所以在 ch1 过程体中改变形参 *m* 和 *n* 的值不会影响调用过程的实参 *x* 和 *Y* 的值；而 Sub 过程 ch2 的两个形参都是地址传递方式，所以，在 ch2 过程体中改变形参 *m* 和 *n* 的值就是改变调用过程中相应实参 *x* 和 *Y* 的值。

【例 6.7】分别编写 Sub 过程和 Function 函数，判断某一年是否为闰年。程序的运行界面如图 6-5 所示。

程序代码如下：

图 6-5　例 6.7 程序运行界面

```
Private Sub Command1_Click()
    Dim y As Integer,tf As Boolean
    y = CInt(Text1)
    isleapyear1 y, tf
    If tf = True Then
        Label2 = y & "年是闰年"
    Else
        Label2 = y & "年不是闰年"
    End If
End Sub
Sub isleapyear1(ByVal n As Integer, yn As Boolean)
    If n Mod 4 = 0 And n Mod 100 <> 0 Or n Mod 400 = 0 Then
        yn = True
    Else
        yn = False
    End If
End Sub
```

```
Function isleapyear2(ByVal n As Integer) As Boolean
    If n Mod 4 = 0 And n Mod 100 <> 0 Or n Mod 400 = 0 Then
        isleapyear2 = True
    Else
        isleapyear2 = False
    End If
End Function
Private Sub Command2_Click()
    Dim y As Integer,tf As Boolean
    y = CInt(Text1)
    If isleapyear2(y) = True Then
        Label3 = y & "年是闰年"
    Else
        Label3 = y & "年不是闰年"
    End If
End Sub
```

在实际程序设计中，应该把形参设计成按值传递还是按地址传递，是要根据具体问题来分析的，一般可以遵守如下原则：

（1）　如果形参是自定义数据类型或数组，则形参只能使用地址传递方式。

（2）　如果要将过程中的结果返回给调用程序时，则形参必须使用按地址传递方式。

（3）　除了以上两种情况外，形参一般设计成按值传递。这样可以增加程序的可靠性，减少过程之间不必要的关联。

如果形参是按地址方式传递的，则相应实参必须是同一数据类型的变量，不能是常量或表达式。

掌握了参数之间的传递方式后，发现某些情况下 Function 函数过程和 Sub 子过程之间是可以相互变通的，也就是说，此时既可以使用 Function 函数过程，也可以使用 Sub 子过程，例 6.5 就是这种情况。请读者注意比较使用时它们之间的区别。一般能用 Function 函数过程完成的，也一定能用 Sub 子过程来完成，反之则不一定，这就是说，如果能用 Sub 子过程完成的，不一定能用 Function 函数过程完成。一般情况下，如果仅有一个返回值时，使用函数过程比较直观、方便，当有多个返回值时，则应当使用 Sub 子过程。

6.4.3　可选参数

前面在讲解 Function 函数过程和 Sub 过程的调用时，一直强调实参与形参的个数、数据类型、顺序要一一对应，但是，在 VB 中如果使用了特殊的选项，上述规则可以改变。在定义 Function 函数过程和 Sub 过程时，如果在某个参数前加上关键字 Optional，那么表明该参数为可选参数。例如：

```
Sub inputdata(a As Integer, Optional b As Integer)
```

它表明参数 b 为可选参数。VB 中约定，在调用含有可选参数的函数和过程时，对应实参可以给出，也可以不给出，如果未给出，那么实际上是将 Empty 值传递给可选参数。

为此，inputdata 可以按如下方式调用：

```
Call inputdata (3)
Call inputdata (3, 4)
```

在 VB 中还有一个规定，如果指定一个可选参数，则参数列表中此后的所有参数都设置为可选参数，并且每个可选参数前都要加上关键字 Optional，否则，程序将会出错。例如：

```
Sub outputdata(a As Integer, Optional b As Integer, Optional c As Integer)
```

另外，在声明可选参数时也可以为可选参数指定默认值。此时，若在调用时，未提供可选参数，则可选参数自动使用其默认值。例如：

```
Sub in(a As Integer, Optional b As Integer, Optional c As Integer=100)
Print a, b, c
End Sub
Private Sub Commandl Click()
  Call in (10)
  Call in (10, 20)
  Call in (10, 20, 30)
End Sub
```

运行结果如下：

```
10    0    100
10    20   100
10    20   30
```

在 Function 函数过程和 Sub 过程中，可以通过使用 IsMissing 函数来判断是否提供了某个可选参数。如果未提供可选参数，IsMissing 的值为 True，否则为 False。

例如：

```
Sub ou(a As Integer, Optional b As Integer, Optional c As Integer=100)
  Print a
  if Not IsMiSSing(b)then
    Print b
  Print c
End Sub
```

利用 IsMissing 函数，可以过滤那些不提供可选参数的量。

6.4.4　不定数量参数

通常情况下，Function 函数过程和 Sub 过程调用时实参个数应与形参个数相同，或者说，实参个数往往由形参个数决定。但在某些特殊情况下，可以使用不同数量的实参调用同一个函数或过程。此时，必须满足如下条件：

（1）在形参前加上 ParamArray 关键字。

（2）该参数是一个 Variant 类型的数组变量。

（3）它只能是参数列表中的最后一个参数。

（4） 在该参数前不能加上 ByVal、ByRef 或 Optional 关键字。

如定义如下一个过程，其功能是求数组数据的平方和：

```
Sub pfh(s As Integer, ParamArray a())
  Dim x As Variant
  Dim t As Integer
  For Each x In a
    t=t+x*x
  Next x
  s=t
End Sub
```

调用该过程时，传递不同个数的实参，则输出不同结果，如下：

```
Private Sub Form_Click()
Dim y As Integer
Call pfh (y, 1, 10, 100)
Print y
Call pfh (y, 10, 20, 30, 40, 50)
Print y
End Sub
```

6.5 变量、过程的作用域

VB 的应用程序由若干个过程组成，这些过程一般保存在窗体文件(.frm)或标准模块文件(.bas)。变量在过程中是必不可少的。一个变量、过程随所处的位置不同，可被访问的范围不同，变量、过程可被访问的范围称为变量、过程的作用域。

6.5.1 过程的作用域

过程的作用域分为：窗体/模块级和全局级。

1. 窗体/模块级

在某个窗体或标准模块内定义的过程，在子过程或函数过程前加 Private 关键字。该过程只能被本窗体（在本窗体内定义）或本标准模块（在本标准模块内定义）中的过程调用。

2. 全局级

指在窗体或标准模块中定义的过程，被默认是全局的，也可加 Public 进行显式说明。全局级过程可供该应用程序的所有窗体和所有标准模块中的过程调用，但根据过程所处的位置不同，其调用方式有所区别：

（1） 在窗体定义的过程，外部过程要调用时，必须在过程名前加该过程所处的窗体名。

（2） 在标准模块定义的过程，外部过程均可调用，但过程名必须唯一，否则要加标准模块名，有关规则见表 6-1 所示。

表 6-1　不同作用范围的两种过程定义及调用规则

作用范围	窗体 / 模块级		全　局	
	窗体	标准模块	窗体	标准模块
定义方式	过程名前加上 Private 例如：Private Sub My1 (形参表)		过程名前加上 Public 或默认 例如：[Public] Sub My2 (形参表)	
能否被本模块其他过程调用	能	能	能	能
能否被本应用程序其他模块调用	不能	不能	能，但必须在过程名前加上窗体名，例： Call 窗体名.My2(实参表)	能，但过程名必须唯一，否则要加标准模块名，例： Call.标准模块名.My2 (实参表)

6.5.2　变量的作用域

变量的作用域决定了变量可被访问的范围。变量按作用域可划分为局部变量、窗体（或模块）级变量和全局变量 3 类。

1. 局部变量

指在过程体内用 Dim 声明的变量或不声明直接使用的变量。这类变量只能在声明它的过程中使用，其他过程无法访问。局部变量随过程的调用而被分配存储单元，并进行变量的初始化，在过程体内进行数据的存取；当过程结束时，局部变量自动消失，其所占用的存储单元也随之释放。不同的过程中可以有相同的变量名，它们彼此互不相干，但在同一过程中不能有相同的变量名。如下为在窗体 Form1 中定义的过程：

```
Private Sub Temp1( )
    Dim x As Integer     'x 为局部变量
End Sub
```

在窗体 Form2 中定义的函数过程如下：

```
Public Function Temp2( )
  Dim y As string    'y 为局部变量
End Sub
```

2. 窗体（或模块）级变量

指在一个窗体（或模块）的任何过程之外，即在通用声明中用 Dim 声明或用 Private 声明的变量。这类变量可被本窗体（或模块）的任何过程访问。

如下代码假设在窗体 Form1 的通用声明中定义了变量 z，且在该窗体下还定义了两个自定义过程和一个事件过程。

```
Dim z As Single     '在窗体 Form1 的通用声明中定义 z，z 为窗体级变量
Private Sub Temp3()
  Dim a As Single  'a 为局部变量
```

```
    a=10
    a=a+a
    Print a, z
  End Sub
  Private Sub Temp4()
    Dim a As Single  'a 为局部变量
    a=2
    z=z*a
    Print a, z
  End Sub
  Private Sub Commandl Click()
    Call Temp3
    Call Temp4
  End Sub
```

运行后，当单击命令按钮 Commandl 时，输出结果如下：

10   10

2   20

当再次单击命令按钮 Comanandl 时，输出结果如下：

10   30

2   60

从中不难理解局部变量与窗体（或模块）级变量的区别。

3. 全局变量

指在窗体（或模块）或标准模块的任何过程外，也就是在通过声明中用 Public 声明的变量。该类变量可被应用程序的任何过程访问。但是如果是在窗体（或模块）的通过声明中声明的全局变量，则在被应用程序的其他模块使用时，应在变量名前加上窗体名。全局变量的值在整个应用程序中始终不会消失和重新初始化，只有当整个应用程序执行结束时，它才会消失。例如：

```
Option Explicit
PubliC x AS Integer
Private Sub Form Click()
x=x+1
Print x
End Sub
```

第 1 次单击窗体时，运行结果为：1。

第 2 次单击窗体时，运行结果为：2。

第 10 次单击窗体时，运行结果为：10。

该程序 X 为全局变量，它在事件过程 Form_Click 第 1 次调用时被初始化，其后的调用不再重新初始化，X 的值没有随事件过程调用的结束而消失，而保留上次调用时变化的值。

如果在窗体 Form2 上的 Commandl_Click 事件过程中也要调用窗体 Forml 上的全局变量 X，则调用方法如下：

```
Option Explicit
Public x As Integer 'x 是全局变量
```

```
Private Sub Form_Click()
x=x+1
Print x
    Load Form2   '装载窗体 Form2
    Form2.Show  '显示窗体 Form2
End Sub
Private Sub Command1_Click()
    Form1.x=Form1.x+100   '调用 Form1 上的全局变量 x
    Print Form1.x
End Sub
```

程序执行后，单击窗体 Form1 时，在窗体 Form1 上显示的结果为 1，同时装载并显示窗体 Form2，当单击其上的 Command1 命令按钮时，在窗体 Form2 上显示的运行结果为 101。

6.6 递归

6.6.1 递归的概念

通俗地讲，用自身的结构来描述自身就称为"递归"。最典型的例子是对阶乘运算作如下的定义：

$n! = n(n-1)!$

$(n-1)! = (n-1)(n-2)!$

显然，用"阶乘"本身来定义阶乘，这样的定义就称为"递归"定义。

6.6.2 递归子过程和递归函数

VB 允许一个自定义子过程或函数过程在过程体的内部调用自己，这样的子过程或函数称为递归子过程或递归函数。许多问题中具有递归的特性，用递归调用描述就非常方便。

【例 6.8】求 $fac(n)=n!$ 的函数。

根据求的定义 $n!=n(n-1)!$，写成如下形式：

当 $n=1$ 时，$fac(n)=1$；当 $n>1$ 时，$fac(n)=nfac(n-1)$；编写程序如下：

```
Public Function fac(n As Integer) As Integer
    If n = 1 Then
        fac = 1
    Else
        fac = n * fac(n - 1)
    End If
End Function
Private Sub Command1_Click()   ' 调用递归函数，显示出 fac(5)=120
    Print "fac(5)="; fac(5)
End Sub
```

6.7 应用实例

【例6.9】编一函数，实现一个十进制整数转换成二至十六任意进制的字符串。

分析：这是一个数制转换问题，一个十进制正整数 m 转换成 r 进制数的思路是，将 m 不断除 r 取余数，直到商为零，以反序得到结果，即最后得到的余数在最高位。程序运行界面如图6-6所示。

程序代码如下：

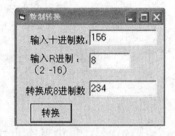

图6-6 例6.9 数制转换运行界面

```vb
Function TranDec$(ByVal m%, ByVal r%)
Dim StrDtoR$,iB% mr%
StrDtoR = ""
Do While m <> 0
mr = m Mod r
m = m \ r
If mr >= 10 Then
StrDtoR = Chr(mr - 10 + 65) & StrDtoR   '余数>=10 转换为A～F,先求的余数位数最低
Else
StrDtoR = mr & StrDtoR   '余数<10 直接连接，最先求出的余数位数最低
End If
Loop
TranDec = StrDtoR
End Function
Private Sub Command1_click()
    Dim m0%, r0%, i%
    m0 = Val(Text1.Text)
    r0 = Val(Text2.Text)
    If r0 < 2 Or r0 > 16 Then
      i = MsgBox("输入的 R 进制数超出范围", vbRetryCancel)
      If i = vbRetry Then
        Text2.Text = ""
        Text2.SetFocus
      Else
        End
      End If
    End If
    Label3.Caption = "转换成" & r0 & "进制数"
    Text3.Text = TranDec(m0, r0)
End Sub
```

【例6.10】班级12人某科目的成绩已经按照一定的顺序排列，输入一个学生的成绩，用二分查找法判断该成绩是否在其中。

分析：二分查找法的基本思路是要查找的关键值同数组中的中间项元素进行比较，若相同则查找成功并结束；否则判断关键值落在数组的哪半部分，然后保留一半，舍弃另一半。如此重复上述查找，直到找到或数组中没有这样的元素为止。二分查找法每进行一次，就把查找的数据的个数减少一半。

```
Dim b() As Variant
Public Sub Search(a(), ByVal key, index%)
  Dim i%
  For i = LBound(a) To UBound(a)
    If key = a(i) Then
      index = i
      Exit Sub
    End If
  Next i
    index = -1
End Sub
Private Sub Form_Click()
  b = Array(58, 59, 61, 75, 80, 88, 89, 90, 95, 96, 98, 100)
  k = Val(InputBox("指定数据 0-100"))
  Call Search(b, k, n%)
  Print n
End Sub
```

【例 6.11】利用递归求斐波那契序列的前 n 项。

分析：斐波那契序列为 1，1，2，3，5，8，13，21，34，55…。由此可见，已知序列的前两项，即可求出序列的最后一项。程序代码如下：

```
Public Function fbnq(ByVal m As Integer) As Long
If m = 0 Then
    fbnq = 1
ElseIf m = 1 Then
    fbnq = 1
Else
    fbnq = fbnq(m - 2) + fbnq(m - 1)
End If
End Function
Private Sub Command1_Click()
Dim n As Integer, i As Integer, s As Integer
n = InputBox("请输入序列的项数: ")
Print "斐波那契序列的前" & n - 1 & "项为: "
For i = 0 To n - 1
    Print fbnq(i) & ",";
    s = s + 1
    If s Mod 10 = 0 Then Print
Next i
End Sub
```

第7章 面向对象的程序设计

内容提要

　　VB 是面向对象的程序设计语言，对界面的设计进行了封装，形成了一系列的编程控件。在 VB 的标准工具箱中有 20 个标准控件，前面几个章节中已经介绍了几个控件。本章主要学习一些基本标准控件、一些常用的 ActiveX 控件、系统对象和鼠标键盘事件等，而对文件管理控件（驱动器列表框、目录列表框、文件列表框）和数据控件将在文件和数据库中详细介绍。

　　为了方便应用程序的开发，VB 提供了很多控件，这些控件是创建可视化程序的基础，掌握它们的应用，直接影响应用程序界面的美观和用户操作的方便性。本章是可视化程序界面设计的重要部分，要认真学习，掌握应用方法，为以后程序设计打下基础。

7.1 控件分类

　　目前在 VB 中可以使用的控件很多，大致上可以分为三类：标准控件、ActiveX 控件和可插入对象。

1. 标准控件

　　标准控件又称内部控件，例如：标签、按钮、文本框、时钟控件等共 20 个。标准控件总是出现在标准工具箱中，不像 ActiveX 控件和可插入对象那样可以添加到工具箱中，或从工具箱中移除。

2. ActiveX 控件

　　VB 工具箱上的标准控件只有 20 个。对于复杂的应用程序，仅仅使用这些标准控件是不够的，应该利用 VB 以及第三方开发商提供的大量 ActiveX 控件。这些控件可以添加到工具箱上，然后像标准控件一样使用。目前，在 Internet 上大约有 1000 多种 AcitveX 控件可供下载，大大节约了程序员的开发时间。

　　ActiveX 控件是一种 ActiveX 部件，ActiveX 部件共有四种：ActiveX 控件、ActiveX.EXE、ActiveX.DLL 和 ActiveX 文档。ActiveX 部件是可以重复使用的编程代码和数据，是由用

ActiveX 技术创建的一个或多个对象所组成的。ActiveX 部件是扩展名为.OCX 的独立文件，通常存放在 Windows 的 SYSTEM 目录中。例如，通用对话框就是一种 ActiveX 控件，它对应的控件文件名是 Comdlg32.OCX。表 7-1 中列出了一些常用的 ActiveX 控件及其所在的部件和文件名。

表 7-1 【标准】工具栏按钮的功能

ActiveX 控件	ActiveX 部件	文 件 名
CommonDialog	Microsoft Common Dialog Control6.0	Comdlg32.ocx
ToolBar		
StatusBar	Microsoft Windows Common Control6.0	Mscomctl.ocx
ProgressBar		
Silder		

用户在使用 ActiveX 控件之前，需先将它们加载到工具箱中，方法是：

（1） 选择"工程"菜单中的"部件"命令，弹出如图 7-1 所示的对话框。该对话框包含了全部登记的 ActiveX 控件。

（2） 选定所需的 ActiveX 控件左边的复选框。

（3） 最后单击"确定"按钮。

如果要将其他目录中的控件加入工具箱，则应该通过"浏览"按钮去寻找扩展名为.OCX 的文件。

除了 ActiveX 控件之外，ActiveX 部件中还有被称为代码部件的 Activex.DLL 和 ActiveX.EXE。它们向用户提供了对象形式的库。现在，越来越多的软件，例如 Microsoft Office 应用程序，都提供了极其庞大的对象库。在程序设计时，通过对其他应用程序对象库的引用，可以极大地扩展应用程序的功能。

图 7-1 部件对话框

对于初学者来说，ActiveX 控件和 ActiveX DLL/EXE 部件的明显区别是：ActiveX 控件有可视的界面，当用"工程"菜单中的"部件"命令加载后在工具箱上有相应的图标显示。ActiveX DLL/EXE 部件是代码部件，没有界面，当用"工程"菜单中的"引用"命令设置对对象库的引用后，工具箱上没有图标显示，但可以用"对象浏览器"查看其中的对象、属性、方法和事件。

3. 可插入对象

可插入对象是 Windows 应用程序的对象，例如"Microsoft Excel 工作表"和"Microsoft Word"。可插入对象也可以添加到工具箱中，具有与标准控件类似的属性，可以同标准控件一样使用。

7.2 单选按钮与复选框

单选按钮（OptionButton）和复选框（CheckBox）都具有选择作用，所以又把这两个控件称为选择类控件。

7.2.1 单选按钮

单选按钮（OptionButton）又称单选钮，它的作用是显示一个可以表示"打开/关闭"的选项，使用户在多个选项中选择，用户在一组单选按钮中必须并且最多只能选择一项，当某一项被选中后，其左面的圆圈中出现一个黑点。单选按钮主要用于在多种功能中由用户选择一种功能的情况。

例如学生性别的输入，代表性别的"男""女"是相互排斥的，故可以使用两个单选按钮实现，如图 7-2 所示。

1. 常用属性

（1） Caption 属性。

显示出现在单选按钮旁边的文本信息。

（2） Value 属性。

单选按钮的属性，除了 Caption，Enabled，Visible，Font，ForeColor 以及 BackColor 等外，主要是 Value 属性。该属性表示单选按钮被选中或不被选中的状态。

在设计阶段，设置单选按钮的 Value 属性为 True 表示选中，为 False 表示不被选中；在程序运行时，单击单选按钮，使其单选框中出现一个黑色圆点，就表示选中了该项。也可以通过将 Value 设置为 True，使单选按钮被选中。

程序中可以通过单选按钮的 Click 事件过程进行选中后的某些处理。例如，若单选按钮名称为 Option1，则格式如下：

```
Private Sub Option1_Click()
'单击后单选按钮已经被选中
......
End Sub
```

程序中也可以通过判断单选按钮的 Value 属性的值，来确定是否选中，进而执行相应的操作，格式如下：

```
If Option1.Value = True Then
'单选按钮已经被选中,执行选中状态的代码
......
Else
'单选按钮没有被选中,执行没有选中的代码
......
End If
```

Value 属性是单选按钮控件的默认属性（或称控件值）。所有控件都有一个属性，只需引用控件名而无需使用属性名即可访问这个属性，此属性被称为控件的默认属性。例如，Option1.Value=True 与 Option1=True 等效。其他常用控件如文本框控件的默认属性为 Text，标签控件的默认属性为 Caption。使用默认属性时，代码的可读性略受影响，所以，在不引起代码阅读困难时，方可考虑使用默认属性。

（3）　Style 属性。

单选按钮的 Style 属性用来设置控件的外观。当值为 0 时，控件显示如图 7-2 所示的标准样式；当值为 1 时，控件显示如图 7-3 所示的图形样式，其外观类似于命令按钮，但按下（选中）后不能自动弹起。

图 7-2　单选按钮的标准样式　　　　　图 7-3　单选按钮的图形样式

（4）　Alignment 属性。

用于设置单选按钮旁边的文本在小圆圈的左边还是右边，其值为 0 或 1。值为 0 时表示控件按钮在左边，标题显示在右边；值为 1 时表示按钮控件在右边，标题显示在左边。

（5）　Picture，DownPicture 和 DisabledPicture 属性。

当 Style 属性为 1 时，这 3 个属性有效，从而使单选按钮的外观更加形象直观。其中：Picture 属性返回或设置控件中要显示的图像；DownPicture 属性返回或设置控件被选中后（即单击后）要显示的图像；DisabledPicture 属性返回或设置控件无效时显示的图像，即控件的 Enabled 属性为 False 时控件的外观图像。3 个属性可以在设计阶段通过"属性窗口"直接设置为某个图像文件，也可以在运行期间由 LoadPicture 语句加载。

2.　常用事件

单选按钮可以接收的事件主要是单击（Click）事件。

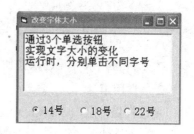

图 7-4　例 7.1 改变文字大小

【例 7.1】控制文本框中文字的大小，大小分别为 14 号、18 号、22 号。

本例通过 3 个单选按钮来设置文本框中文字的大小，其中将文本框 Text1 的 Multiline 属性设置为 True，目的是为了能够在文本框中显示多行文本。程序运行界面如图 7-4 所示。

程序代码如下：

```
Private Sub Form_Load()
Text1.FontSize = 10
End Sub
Private Sub Option1_Click()
Text1.FontSize = 14
End Sub
Private Sub Option2_Click()
Text1.FontSize = 18
End Sub
```

```
Private Sub Option3_Click()
Text1.FontSize = 22
End Sub
```

7.2.2　复选框

复选框控件（CheckBox）也称为选择框、检查框，提供用户从多个复选框中选择一项或若干项，选择复选框控件后，该控件将显示√，而清除复选框控件后√消失。该控件可用来提供 True 或者 False（Yes 或 No）选项。还可以使用复选框控件显示多项选择，从而可选择其中的一项或多项。也可以通过对 Value 属性编程设置复选框的值。Value 属性用来确定控件的状态——选择、清除或不可用。

复选框控件和单选按钮控件功能相似，二者存在的主要差别在于：单选按钮控件在使用过程中通常由两个以上的单选按钮组成选项组，而这些单选按钮在同一时刻只能选一个；相反，用复选框控件则可以选择多个数量的控件。

1.　常用属性

（1）　Value 属性。

用于设置复选框状态。复选框 Value 属性值有以下 3 种情况：

① O—VbUnChecked 表示未选中（默认值），此时按钮小方框空白；

② 1—VbChecked 表示选中，此时按钮小方框有一小对勾；

③ 3 — VbGrayed 表示不确定或不一致，此时按钮为灰色。

（2）　Caption 属性。

用于设置复选框文本标题信息。

（3）　Alignment 属性。

与单选按钮的该属性类似。

（4）　Enabled 属性。

可通过设置 Enabled 的属性值为 False 或 0，使选项按钮不被激活，即复选框不可用。

（5）　ToolTipText 属性。

用来设置当鼠标在选项按钮上停留时显示的文字，常用来提醒用户该按钮的功能。

2.　常用事件

复选框控件（CheckBox）常用事件也是 Click 事件。常用于创建一事件过程，检测该控件对象的 Value 属性值，视检测结果执行相应的处理程序。

【例 7.2】用单选按钮和复选框分别为文本框设置不同的字体和相应的粗体、斜体、删除线和下画线等效果。程序运行界面如图 7-5 和图 7-6 所示。

　　　　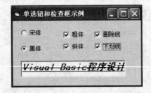

图 7-5　例 7.2 运行结果 1　　　　图 7-6　例 7.2 运行结果 2

程序代码如下：

```
Private Sub Option1_Click()
Text1.Font.Name = "宋体"
End Sub

Sub Option2_Click()
Text1.Font.Name = "黑体"
End Sub

Sub Check1_Click()
Text1.Font.Bold = Not Text1.Font.Bold
End Sub

Sub Check2_Click()
Text1.Font.Italic = Not Text1.Font.Italic
End Sub

Sub Check3_Click()
Text1.Font.Strikethrough = Not Text1.Font.Strikethrough
End Sub

Sub Check4_Click()
Text1.Font.Underline = Not Text1.Font.Underline
End Sub
```

7.3　框架

单选按钮的一个特点是当选定其中的一个，其余会自动关闭。当需要在同一个窗体中建立几组相互独立的单选按钮时，就需要用框架（Frame）将每一组单选按钮框起来，这样在一个框架内的单选按钮为一组，对它们的操作不会影响框架以外的单选按钮。另外，对于其他类型的控件用框架框起来，可提供视觉上的区分和总体的激活或屏蔽特性。

在窗体上创建框架及其内部控件时，必须先建立框架，然后在其中建立各种控件。创建控件不能使用双击工具箱上工具的自动方式，而应该先单击工具箱上的工具，然后用出现的"+"指针，在框架中适当位置拖拉出适当大小的控件。如果要用框架将现有的控件分组，则应先选定控件，将它们剪切（Ctrl+x 组合键）到剪贴板，然后选定框架并将剪贴板上的控件粘贴（Ctrl+V 组合键）到框架上。

1.　常用属性

（1）　Caption 属性。

由 Caption 属性值设定框架上的标题名称。如果 Caption 为空字符，则框架为封闭的矩形框，但是框架中的控件仍然和单纯用矩形框框起来的控件不同。

（2）　Enabled 属性。

框架内的所有控件将随框架一起移动、显示、消失和屏蔽。当将框架的 Enabled 属性设为 False 时，程序运行时该框架在窗体中的标题正文为灰色，表示框架内的所有对象均被屏蔽，不允许用户对其进行操作。

（3）Visible 属性。

若 Visible 属性为 True，框架及其内的控件可见；若框架的 Visible 属性为 False，则在程序执行期间，框架及其所有控件全部被隐藏起来。

2. 常用事件

框架可以响应 Click 和 DblClick 事件。但是，在应用程序中框架一般用来分组，几乎不需要编写有关框架的事件过程。

【例 7.3】利用框架的分组功能，同时设置文本框的字体、大小、颜色。

在本例中使用了三个框架，每个框架内均有三个单选按钮。在一个框架内的三个单选按钮为一组，它们是相互"排斥"的，但三个框架之间是相互"兼容"的。属性设置见表 7-2 所示。运行结果如图 7-7 所示。

表 7-2　各个控件的属性设置

控 件 名	属　性	属 性 值	控 件 名	属　性	属 性 值
窗体(Form1)	Caption	框架示例	单选按钮(Option1)	Caption	宋体
文本框(Text1)	Text	（空）	单选按钮(Option2)	Caption	黑体
	Multiline	True	单选按钮(Option3)	Caption	幼圆
	Scrollbars	2(垂直滚动条)	单选按钮(Option4)	Caption	12
框架(Frame1)	Caption	字体	单选按钮(Option6)	Caption	14
框架(Frame2)	Caption	大小	单选按钮(Option6)	Caption	18
框架(Frame3)	Caption	颜色	单选按钮(Option7)	Caption	红色
命令按钮(Command1)	Caption	应用效果	单选按钮(Option8)	Caption	蓝色
命令按钮(Command2)	Caption	恢复效果	单选按钮(Option9)	Caption	绿色

图 7-7　例 7.3 运行界面

程序代码如下：

```
Private Sub Command1_Click()
'确定字体
If Option1.Value = True Then Text1.FontName = "宋体"
```

```
If Option2.Value = True Then Text1.FontName = "黑体"
If Option3.Value = True Then Text1.FontName = "幼圆"
'确定大小
If Option4.Value = True Then Text1.FontSize = 12
If Option5.Value = True Then Text1.FontSize = 14
If Option6.Value = True Then Text1.FontSize = 18
'确定颜色
If Option7.Value = True Then Text1.ForeColor = vbRed
If Option8.Value = True Then Text1.ForeColor = vbBlue
If Option9.Value = True Then Text1.ForeColor = vbGreen
End Sub
Private Sub Command2_Click()
Form_Load '调用窗体的 Load 事件过程
End Sub
Private Sub Form_Load()
Option1.Value = True
Text1.FontName = "宋体"
Text1.FontSize = 12
Text1.ForeColor = vbBlack
End Sub
```

7.4　时钟控件

时钟控件（Timer）也叫定时器或称计时器，是一个响应时间的控件。在工具箱中以一个小表的图标显示，它独立于用户，运行时不可见，可用来在一定的时间间隔中周期性地执行某项操作。

1.　常用属性

（1）Enabled 属性。

设置定时器是否生效。当该属性为 True（默认值）时，定时器处于工作状态（生效）；而当 Enabled 被设置为 False 时，它会暂停操作而处于待命状态（无效）。

（2）Interval 属性。

设置定时器的时间间隔，单位为毫秒（1000 毫秒=1 秒），如果希望每隔 0.5 秒产生一个计时器事件，那么可以将该属性值设置为 500，该属性取值范围为 0～65 535，因此最大时间间隔约为 65.5 秒。尽管 Interval 属性值可取 1 毫秒，但在 Windows 9x 下，实际最短间隔仅能达到 1/18 秒（约 56ms），在 Windows 2000/XP 下，实际最短间隔可达 10ms。要注意的是，Interval 属性的默认值是 0，此时，即使 Enabled 属性为 True，定时器仍无效。

2.　常用事件

定时器只能识别 Timer 事件。当到达由 Interval 属性所设定的时间间隔时，系统会自动触发其 Timer 事件，转去执行 Timer 事件中的代码，从而完成指定的操作，接着又开始新的一轮计时。因此，Timer 事件中的代码可以每隔一段时间就被执行一次。

【例 7.4】编写一个程序，使一个标签控件能够从窗体的左边飞到右边，当标签飞出窗体后，再从窗体的左边向窗体的右边飞动。

这是 Timer 控件的一个典型例子，要实现此功能，首先在窗体中添加一个时钟控件 Timer1，然后添加一个标签控件 Lable1，并设置 Timer1 的相关属性（也可以在代码下设置）。

程序代码如下：

```
Private Sub Form_Load()
Timer1.Interval = 100
End Sub
Private Sub Timer1_Timer()
Label1.Left = Label1.Left + 50
If Label1.Left >= Me.Width Then
Label1.Left = 0 - Label1.Width
End If
End Sub
```

如果要使标签飞动的更快些，有两种方法，第一种是更改 Interval 属性值，该值越小，说明飞动的越快，因为值越小时，产生事件的时间间隔就越短，所以速度越快；第二种方法是使标签每次移动的距离增大，即将语句 Label1.Left = Label1.Left + 50 中的 50 更换为一个比 50 更大的值。采用第二种方法产生的飞动不连续，所以建议大家使用第一种方法来设置标签飞动的快慢。

我们可以在界面设计中设计出这样一种效果：一行文字在窗体中自左向右逐渐滚动，从右边滚出窗体的文字，又在左边逐渐出现并向右滚动，如此循环下去。有些类似于电视上的滚动信息。这样可使你设计的软件显得很生动，极易引起用户的兴趣。其实，使用 VB 的 Timer 控件就可很容易地实现这种效果。首先，我们在窗体中设置两个 Label 控件 Label1、Label2。这两个控件中除 Left 属性外，其他属性设置成完全一样。这主要是为了实现循环滚动的效果。它们的 Caption 属性设置为要滚动显示的文字。另外再调整好其字体、大小和颜色等。在 Form_Load 过程中设置 Label2.Left＝－Me.Width（窗体宽度），Label1.Left ＝0。这样可保证 Label1 的一部分滚出窗体，则 Label2 的一部分就进入窗体。Timer 控件的 Interval 属性决定滚动的速度，单位是毫秒，根据用户的需要可以自行设置该属性，主要代码如下：

```
Private Sub Form_Load()
Label2.Left = -Me.Width
Label1.Left = 0
End Sub

Private Sub Timer1_Timer()
Label1.Left = Label1.Left + 50
Label2.Left = Label2.Left + 50
If Label1.Left >= Me.Width Then
    Label1.Left = -Me.Width
End If
If Label2.Left >= Me.Width Then
    Label2.Left = Me.Width
End If
End Sub
```

在以上例中，如果使标签从右向左飞动或左右来回飞动，又该如何实现呢？

【例 7.5】设计一个如图 7-8 所示的定时程序。用户在 Text1 和 Text2 文本框中设置定时时间，然后单击"定时"（Command1）按钮开始定时。两个文本框的 MaxLength 属性为 2，时钟控件名称为 Timer1，系统当前时间显示在 label1 标签中，"结束"按钮的名称为 Command2。程序代码如下：

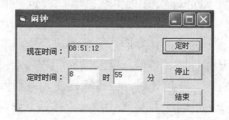

图 7-8　例 7.5 运行界面

```
Dim hour, minute
Sub Command1_Click()
    hour = Format(Text1.Text, "00")
    minute = Format(Text2.Text, "00")
End Sub
Sub Timer1_Timer()
    Label1.Caption = Time$()
    If Mid$(Time$, 1, 5) = hour + ":" + minute Then
        For i = 1 To 100
            Beep
        Next i
    End If
End Sub
Sub Command2_Click()
    hour = "**"
    minute = "**"
End Sub
Sub Command3_Click()
    End
End Sub
```

【例 7.6】利用时钟控件制作一个模拟秒表的程序。

设计和运行的界面如图 7-9 所示，其中：图 7-9（a）为设计界面，图 7-9（b）和图 7-9（c）分别为运行界面。

图（a）　　　　　　图（b）　　　　　　图（c）

图 7-9　例 7.6 设计和运行界面

（1）设计界面及设置属性。

在窗体上添加一个定时器 Timer1，设 Enabled 属性为 False，Interval 属性为 10。添加一个标签 Label1 用于显示计时时间，设其 Caption 为"00:00:00.00"，Alignment 为 2，背景色为黑色，前景色为白色。再添加两个命令按钮，名称分别为 command1 和 command2，设 Caption 分别为"开始计时"和"重新开始"。

（2）编写代码。

为了简化界面，便于用户操作，本例中通过代码让 command1 按钮"身兼三职"，完成开始计时、暂停和继续功能。程序启动时该按钮的标题为"开始计时"。单击"开始计时"按钮，开始计时，按钮标题变为"暂停"。单击"暂停"按钮，定时器停止工作，按钮标题变为"继续"。单击"继续"按钮，继续计时，按钮标题又变为"暂停"。单击"重新开始"按钮，定时器停止工作，标签中的计时读数置 0，command1 按钮的标题恢复为"开始计时"。

制作秒表的几个关键环节如下：

① 记录开始计时的时间，可以通过调用 VB 内部函数 Timer 为变量赋值来实现。该函数返回从午夜零点开始至当前时刻的总秒数（Single 型数据，精度为 7 位）。

② 计算开始计时至当前时刻的时间差，用 Timer 函数的返回值减去开始计时的时刻即可获得该时间差。

③ 在系统允许的最短时间间隔内将时间差以"时：分：秒.xx"的形式显示。适当设置定时器控件的 Interval 属性，在定时器的 Timer 事件中将时间差总秒数转换为时、分、秒，并利用 format 函数以特定的时间格式显示。

为了完成上述功能，需要设置若干变量，用于存储和计算有关的时间数据。程序代码如下：

```
'定义存储数据和计算机用的变量
Dim strh As String, strm As String '定义时、分
Dim strs As String, strss As String '定义秒、秒的小数部分
Dim sngt As Single '总秒数
Dim intt As Long '总秒数的整数部分，长整形防止溢出
Dim sngstart As Single '初始时间
Private Sub Command1_Click()
If Command1.Caption = "暂停" Then
   Command1.Caption = "继续"
   Timer1.Enabled = False
Else
   If Command1.Caption = "开始计时" Then sngstart = Timer
      Timer1.Enabled = True
      Command1.Caption = "暂停"
End If
End Sub
Private Sub Command2_Click()
Form_Load
End Sub
Private Sub Form_Load()
Timer1.Enabled = False
Label1.Caption = "00:00:00.00"
Command1.Caption = "开始计时"
Command2.Caption = "重新开始"
End Sub
Private Sub Timer1_Timer()
sngt = Timer - sngstart '计时开始后的总秒数
strss = Format(sngt * 100 Mod 100, "00") '取小数的两位
```

```
intt = Int(sngt) '总秒数进行取整
strs = Format(intt Mod 60, "00.") '显示秒并进行格式转换
strm = Format(intt \ 60 Mod 60, "00:") '显示分钟并进行格式转化
strh = Format(intt \ 3600, "00:") '显示小时,并进行格式转换
Label1.Caption = strh & strm & strs & strss '显示结果
End Sub
```

7.5　列表框和组合框

当需要向用户提供的备选项目太多时（如某个省份的城市名称），若仍采用前面介绍的单选按钮和复选框，在窗体上将很难安排，界面设计和编写代码的工作量很大，即使设计出来，也会使用户望而生畏。在这种情况下，可采用列表框控件和组合框控件。列表框控件（ListBox）和组合框控件（ComboBox）为用户提供选择。默认时，选项以垂直单列方式显示，也可以将其设置成多列方式。如果项目数量超过列表框（ListBox）或组合框（ComboBox）所能显示的数目，系统就会自动地向 ListBox 和 ComboBox 添加 ScrollBar 滚动条。这样用户就可以在列表中上下左右滚动来选择所需的项目。

7.5.1　列表框控件

列表框（ListBox）显示由若干项目组成的列表，用户可从中选择一个或多个项目。所选择的项目被突出显示。列表框的大小通常在设计阶段设定，但也可以通过 Width 属性和 Height 属性在程序运行时修改。如果列表框中的项目过多，则系统会自动增加一个垂直滚动条，如图 7-10 所示。

列表框中的项目可以在设计状态下通过属性窗口设定，也可以在运行状态下由程序加入。前者使用列表框的 List 属性，一个项目为一行，且以组合键 Ctrl+Enter 进行分行，如图 7-11 所示；后者使用列表框的 AddItem 方法。

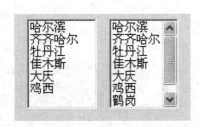

图 7-10　带有滚动条的列表框

图 7-11　列表框的 List 属性

列表框中的项目列表是一个整体，它实际上是一个个数组（若干元素的有序集合）。数组在前面的章节已经介绍了，在此仅对与列表框有关的内容作简要介绍。从图 7-10 中可

以看出，列表框中的每个项目各占一行，所有项目构成项目列表。列表中的每一项（行）都有自己的位置，用"索引号"来表示（在数组中称为下标）。列表中第一项的索引号为 0，第二项的索引号为 1，依此类推。利用索引号可以很方便地访问列表框中的任何一个项目。

列表框的功能涉及它的许多属性和方法，可以将其中较常用的分为以下几类。

（1） 增加和删除项目：List 属性；AddItem、RemoveItem 和 Clear 方法。

（2） 访问所有项目：List、ListCount 属性。

（3） 获取或设置选定的项目：Text、ListIndex、Selected 和 MultiSelect 等属性。

（4） 列表框外观：Columns、Style 和 Sorted 等属性。

下面详细介绍列表框的常用属性、方法和事件。

1. 常用属性

（1） Text 属性。

在程序运行期间，用于获取列表框中当前选择的项目内容。该属性在设计时不可用。例如，将列表框 List1 中所选择的项目内容放入文本框 Text1 中。

```
Text1.Text = List1.Text
```

（2） ListCount 和 List 属性。

ListCount 属性返回列表框中已有项目的总数目，它是一个设计时无效、运行时只读的属性，即在程序运行时，通过该属性可以获取项目总数，但不能直接设置该属性的值，其值的变化是由其他操作自动决定的。语法格式为：

```
列表框对象.ListCount
```

List 属性用来访问列表框中的全部项目内容。该属性实际上是一个字符串数组，数组中的每个元素对应着列表框中的一个项目。语法格式为：

```
列表框对象. List(索引号)
```

其中的参数"索引号"指明数组中的元素下标，即第几个元素，它的取值从 0 开始，到项目数 ListCount-1 为止。如果某个列表框含有 10 个项目，则"索引号"参数的取值范围从 0～9。通过指定不同的索引值，可以访问列表的全部项目。

例如，将列表框 List1 中的第 5 项复制到文本框 Text1 中。

```
Text1.Text = List1.List(4)
```

又如，将列表框 List1 中的全部项目显示在窗体上。

```
For i=0 To List1.ListCount-1
    Print List1.List(i)
Next i
```

利用 List 属性还可以改变列表框中现有的一个项目的内容，但被改变的项目必须已经存在，否则出错，例如：

```
List1.List(0)= "哈尔滨"
List1.List(3)= "佳木斯"
```

将列表框 List1 中的第 1 项设置为"哈尔滨"

将列表框 List1 中的第 4 项设置为"佳木斯"

（3）ListIndex 属性。

返回当前已选定项目的位置（索引）号。未选定项目时，返回的 ListIndex 值为-1。该属性只在运行时可用。当单击列表框中的一个项目后，项目的索引号（下标）便存储在 ListIndex 属性中。因此，若 ListIndex 值不是-1，则以下语句可显示当前选定的项目：

```
Print List1.List(List1.ListIndex)     '与 Print List1.Text 等效
```

反之，若对该属性赋值则可选定某一项目。例如：

```
List1.ListIndex=0     '选定列表中的第一项
```

（4）Selected 属性。

该属性用来设置或返回列表框中某项目的选择状态。Selected 属性也是一个数组，每个数组元素与列表框中的一个项目相对应，用法也和 List 属性类似。不同的是，Selected 属性数组取逻辑值 True 或则 False。若为 True 则表示相应的项目被选择；若为 False 则表示相应的项目没有被选择。

例如，对列表框 List1 中的第 4 项而言，如果单击该项目使之被选定，则 List1.Selected(3) 的值就会等于 True；反之，如果执行语句 List1.Selected(3)=True，则相当于选择第 3 项，与 List1.ListIndex=3 等效。

（5）Sorted 和 Style 属性。

Sorted 属性确定列表框中的项目是否排序。其值设置为 False（默认）时项目不排序，若为 True 则项目按照字母升序排列（不区分大小写）。

Style 属性确定列表框的样式。取值为 0（默认值）和 1，如图 7-12 所示。这两个属性只能在设计时设置。

（6）Columns 属性。

使用 Columns 属性可以创建多列列表框。

默认情况下，列表框是一种单列列表框，我们通常使用的也是单列列表框，此时 Columns=0，并具有垂直滚动条。当希望使用多列列表框时，便可以设置 Columns 为大于 0 的值，表示具有若干列和水平滚动条。Columns=O 时和 Columns=2 时的列表框如图 7-13 所示。

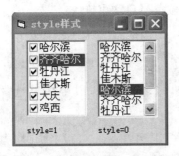

图 7-12　列表框的 Style 属性

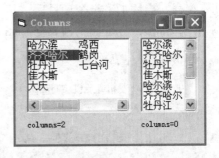

图 7-13　列表框的 Columns 属性

（7） MultiSelect 属性。

是否进行复选属性。MultiSelect 属性的默认取值为 0，表示列表框是单选列表框，一次只能选择一项。若将 MultiSelect 属性值设置为 1 或 2，则表示列表框是复选列表框，即可以在列表框的列表中选择多个项目。值为 1 时，为简单多项选择，用鼠标单击或按空格键进行复选；值为 2 时，表示扩展多项选择，类似于"资源管理器"，可用 Shift 鼠标单击（连续多选）、Ctrl+鼠标单击（不连续多选）等来进行复选。

只能进行单选的列表框，可以通过 ListIndex 属性或 Selected 属性判断所选择的项目。允许进行复选的列表框，所选择的项目可能有多项，故不能通过 ListIndex 属性判断，一般是通过 Selected 属性判断。例如，以下代码可以在窗体上显示出所有被选择的项目。

```
For i=0 To List1.ListCount-1
   If List1.Selected(i)  =True Then Print
Next i
```

（8） NewIndex 属性。

返回后加入列表框的项目索引号。该属性在设计时无效，运行时只读。

2. 常用事件

列表框的常用事件是 Click 事件和 DblClick 事件。Click 事件在单击选择一个项目时被触发，DblClick 事件在双击一个项目时被触发。

要注意的是，如果在 Click 事件过程中有代码，则不会触发 DblClick 事件。在通常的操作中，单击一个项目后再配合一个确认按钮来表示选中；而双击一个项目则往往表示直接选中。为达到此效果，需要为 DblClick 事件设置代码，但不为 Click 事件设置代码，同时使用一个具有"确认"功能的命令按钮，在命令按钮的代码中检查列表框的 ListIndex 属性或 Selected 属性，以判断是否有项目被选中以及哪一个项目被选中。

3. 主要方法

（1） AddItem 方法。

AddItem 方法用来向列表框中添加一个项目。语法格式为：

```
列表框对象.AddItem 项目[，索引号]
```

其中"项目"为字符串表达式，表示新加项目的内容。"索引号"指定添加（插入）的项目在列表中的位置，省略参数"索引号"时，添加的项目排列在列表的最后（追加）。若指明索引号，当添加了一个项目后，其后项目的位置号自动重排。

例如，将"密山"追加到列表框 List1 中：

```
List1.AddItem"密山"
```

又如，如果在列表框 List1 中选择了一个项目(可能复选)，则以下代码可将被选定的项目追加到列表框 List2 中。

```
For i=0 To List1.ListCount-1
   If List1.Selected(i) Then List2.AddItem List1.List(i)
Next i
```

（2）　Removeitem 方法。

RemoveItem 方法用来从列表框中删除一个项目。语法格式为：

```
列表框对象.Removeitem 索引号
```

其中"索引号"指定要删除的列表项的序号。当删除一个项目后，其后项目的位置号也自动重排。例如，删除列表框 Listl 中的第一项：

```
List1.Removeitem 0
```

又如，要删除选中的列表项：

```
List1.RemoveItem List1.ListIndex
```

（3）　Clear 方法。

Clear 方法清除列表框中所有项目。语法格式为：

```
列表框对象.Clear
```

【例 7.7】使用列表框显示黑龙江省城市的名称，供用户选择，当用户单击"确定"按钮时，在文本框中显示所选择的城市名称。当双击列表框中的项目时，则直接在文本框中显示所选择的城市名称。各个控件的属性设置如表 7-3 所示，运行结果如图 7-14 所示。

表 7-3　各个控件的属性设置

控 件 名	属　　性	属 性 值	控 件 名	属　　性	属性值
窗体（Form1）	Caption	list 实例	窗体（Form1）	BorderStyle	1
命令按钮（Command1）	Caption	确定	文本框（Text1）	Text	（空）
列表框（List1）	List	AddItem 方法加载			

程序代码如下：

```
Private Sub Command1_Click()
If List1.ListIndex <> -1 Then
    Text1.Text = List1.List(List1.ListIndex)
Else
    Text1.Text = ""
End If
End Sub
Private Sub Form_Load()
List1.AddItem "哈尔滨"
List1.AddItem "齐齐哈尔"
List1.AddItem "牡丹江"
List1.AddItem "佳木斯"
List1.AddItem "大庆"
List1.AddItem "鸡西"
List1.AddItem "鹤岗"
List1.AddItem "双鸭山"
List1.AddItem "七台河"
```

```
End Sub
Private Sub List1_DblClick()
Text1.Text = List1.List(List1.ListIndex)
End Sub
```

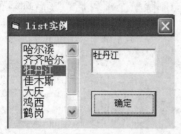

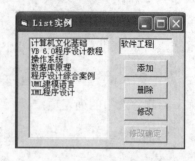

图 7-14 例 7.7 运行界面   图 7-15 例 7.8 运行界面

【**例 7.8**】编写一个能够对列表框控件进行项目添加、修改和删除操作的程序，如图 7-15 所示。因为不能直接对列表框中的项目进行添加、修改和删除操作，所以利用了一个文本框控件（Text1）。列表框控件（List1）中的项目在 Form_Load 事件中用 AddItem 方法进行添加。"添加"（Command1）的功能是将文本框中的内容添加到列表框中，"删除"（Command2）的功能是删除列表框中选定的项目。如果要修改列表框中的项目，则首先要选定要修改的项目，然后单击"修改"（Command3）按钮，所选的列表框的项目就会显示在文本框中，当在文本框中修改完毕之后再单击"修改确定"（Command4）按钮更新列表框。程序初始时，"修改确定"按钮是灰色不可用的，即它的 Enabled 属性为 False。程序代码如下：

```
Option Explicit
Private Sub Form_Load()
    List1.AddItem "计算机文化基础"
    List1.AddItem "VB 6.0 程序设计教程"
    List1.AddItem "操作系统"
    List1.AddItem "数据库原理"
    List1.AddItem "程序设计综合案例"
    List1.AddItem "UML 建模语言"
    List1.AddItem "XML 程序设计"
    Command4.Enabled = False
End Sub

Private Sub Command1_Click()
    List1.AddItem Text1
    Text1 = ""
End Sub

Private Sub Command2_Click()
    List1.RemoveItem List1.ListIndex
End Sub

Private Sub Command3_Click()
```

```
        Text1 = List1.Text         ' 将选定的选项送文本框供修改
    Text1.SetFocus
    Command1.Enabled = False
    Command2.Enabled = False
    Command3.Enabled = False
    Command4.Enabled = True
End Sub

Private Sub Command4_Click()
    ' 将修改后的选项送回列表框，替换原项目，实现修改
    List1.List(List1.ListIndex) = Text1
    Command4.Enabled = False
    Command1.Enabled = True
    Command2.Enabled = True
    Command3.Enabled = True
    Text1 = ""
End Sub
```

7.5.2　组合框控件

组合框（ComboBox）控件将文本框和列表框的功能结合在一起，既具有文本框的输入功能，又具有列表框的选择功能。通过组合框，用户既可输入文本内容，也可从列表中选择项目。

组合框的样式特点由 Style 属性确定。共可设置三种样式：Style＝0 时，称为下拉式组合框，包括一个下拉列表和一个文本框，可以从列表中选择或在文本框中输入；Style＝1时，称为简单组合框，包括一个文本框和一个不能下拉的列表，可以从列表中选择或在文本框中输入；Style＝2 时，称为下拉式列表框，仅允许从下拉式列表中选择。

在使用方式上，组合框具有和列表框相似的特征。组合框的主要属性有 Text、List、ListIndex、ListCount 和 Sorted 等，主要方法有 AddItem、RemoveItem 和 Clear。组合框的主要事件是 Click 事件。当为简单组合框时，即 Style＝1，还支持 DblClick 事件，通常在单击命令按钮或发生 DblClick 事件时才读取Text 属性，同时当下拉列表框的文本内容发生变化时，还会触发 Change 事件。

图 7-16　例 7.9 运行界面

【例 7.9】如图 7-16 所示，建立设置字体效果的窗体，当用户单击"确定"按钮后，将选中的文字效果应用到文本框中。

（1）界面设计。

新建一个工程，在窗体上放置相应的控件，如图7-16 所示；然后设置其属性，各个控件的属性如表 7-4 所示。

表 7-4 各个控件的属性设置

控 件 名	属 性	属 性 值	控 件 名	属 性	属 性 值
窗体（Form1）	Caption	Combo 组合框实例	窗体（Form1）	BorderStyle	1
框架（Frame1）	Caption	字体设置	标签（Label1）	Caption	字体
命令按钮（Command1）	Caption	确定	标签（Label2）	Caption	字号
命令按钮（Command2）	Caption	退出	文本框（Text1）	Text	（空）
组合框（Combo1）	Text	（空）	组合框（Combo2）	Text	（空）

（2）　编写程序代码。

```
Private Sub Command1_Click()
Text1.FontName = Combo1.Text
Text1.FontSize = Combo2.Text
End Sub
Private Sub Command2_Click()
Unload Me
End Sub
Private Sub Form_Load()
Combo1.AddItem "黑体"
Combo1.AddItem "楷体_GB2312"
Combo1.AddItem "宋体"
Combo1.AddItem "隶书"
Combo1.AddItem "华文中宋"
Combo1.AddItem "幼圆"
Combo1.Text = Combo1.List(0)
Combo2.AddItem 10
Combo2.AddItem 12
Combo2.AddItem 14
Combo2.AddItem 16
Combo2.AddItem 18
Combo2.AddItem 20
Combo2.Text = Combo2.List(0)
End Sub
```

7.6 滚动条

滚动条控件包括水平滚动条和垂直滚动条，其类型名分别是 HScrollBar，VScrollBar，程序员在窗体中添加滚动条控件后，其缺省名称按先后顺序为 HScroll1，HScroLL2，Vscroll1，Vscroll2，…

当项目列表很长或者信息量很大时，可使用滚动条来提供简便的定位。它还可模拟当前所在的位置。滚动条可以作为输入设备或者速度、数量的指示器来使用。例如，可以用它来控制计算机游戏的音量，或者查看定时处理中已用过的时间，窗体中区域的定位。

滚动条的结构为：两端各有一个滚动箭头，两个滚动箭头中间是滚动条部分，在滚动条上有一个能够移动的小方块，叫滚动框。水平、垂直滚动条的结构和使用方法相同。

1. **常用属性**

（1）LargeChange 属性。

返回和设置当用户单击滚动条和滚动箭头之间的区域时，滚动条控件的 Value 属性值的改变量。

（2）SmalIChange 属性。

返回或设置当用户单击滚动箭头时，滚动条控件的 Value 属性值的改变量。

一般来说，在设计时设置 L,argeChange 和 SmallChange 属性。当滚动条必须动态改变时，也可以在运行时用程序对其重新设置。

（3）Max 和 Min 属性。

设置滚动条的最大值和最小值，其值介于-32 768～32 767 之间。

Max：设置 Value 的最大值。

Min：设置 Value 的最小值。Min≤Value≤Max。

Max 的默认值为 32 767，Min 的默认值为 0。对于水平滚动条来说，最左边为 Min，最右边为 Max；对于垂直滚动条来说，最下面为 Min，最上面为。Max。

（4）Value：设置或返回滚动条中滚动块的位置值。

表示目前滚动条所在位置对应的值，它是滚动条控件中移动方块位置与最大、最小值换算而得的结果。

使用滚动条作为数量或速度的指示器或者作为输入设备时，可以利用 Max 和 Min 属性设置控件的适当变化范围。

为了指定滚动条内所示变化量，在单击滚动条时要使用 LargeChange 属性，在单击滚动条两端的箭头时，要使用 SmallChange 属性。滚动条的 Value 属性或递增或递减，增减的量是通过 LargeChange 和 SmallChange 属性设置的值。在运行时，在 0 和 32 767 之间设置 Value 的值，就可以将滚动框定位。

2. **常用方法**

滚动条控件支持 Move，Refresh，SetFocus 等方法，但很少使用方法进行程序设计。

3. **常用事件**

滚动条控件支持 Change，GotFocus，KeyDown，KeyPress，KeyUp，LostFocus，Scroll，Validate 等事件。滚动条的常用事件主要有两个 Scroll 和 Change。

（1）Scroll 事件。

只在移动滚动框时被激活，单击滚动箭头或单击滚动条均不能激活该事件。一般可用该事件来监测滚动框的动态变化。即在滚动条控件的滑块被拖动过程中，会连续触发多个 Scroll 事件。

（2）Change 事件。

在滚动条的滚动框移动后可以激活，即释放滚动框、单击滚动箭头或单击滚动条时，均会激活该事件。一般可用该事件来获得移动后的滚动框所在的位置值。即当滚动条滑块所处的位置发生变化引起 Value 属性值发生改变时触发 Change 事件。

【例 7.10】建立设一个用滚动条控制一个文本框中字体大小的程序。程序运行效果如图 7-14 所示。要求：最小字号为 8，最大字号为 80；单击滚动条箭头时，字号每次改变 1，单击滚动条和箭头之间的区域时，字号每次改变 4。

图 7-14　例 7.10 运行界面

窗体中各个控件的属性设置如表 7-5 所示。

表 7-5　各个控件的属性设置

控 件 名	属　性	属 性 值	控 件 名	属　性	属 性 值
文本框（Text1）	Text	中国		Min	8
标签（Label1）	Caption	字号	滚动条（Hscroll1）	Max	80
标签（Label2）	Caption	（默认值）		SmallChange	1
窗体（Form1）	Caption	Scroll 改变字号		LargeChange	4

程序代码如下：

```
Private Sub HScroll1_Change()
Text1.FontSize = HScroll1.Value
Label2.Caption = HScroll1.Value
End Sub
```

程序在运行时，无论是单击两端的按钮还是单击滑块和两端按钮之间的空白处，文本框内的字体大小都会随着改变，同时字号的大小在滚动条上方的标签中显示。当拖动滑块时，字体大小也会改变。

假如在滚动条的 Scroll 事件中编写同样的代码，运行时结果会如何？请读者自己试一试，并思考出现的问题。

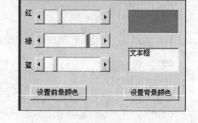

【例 7.11】设计一个调色板应用程序，如图 7-15 所示。使用三个滚动条作为三种基本颜色的输入工具，合成的颜色显示在右边的颜色区域中。颜色区域实际上是一个文本框（Text1），用合成的颜色设置其 BackColor 属性。当完成调色后，用"设置前景颜色（Command1）"或"设置背景颜色（Command2）"按钮设置右边文本框（Text2）的颜色。

图 7-15　例 7.11 运行界面

窗体中三个滚动条的属性如表 7-6 所示。

表 7-6　三个滚动条的属性设置

窗体中对象	Name	Max	Min	SmallChange	LargeChange	Value
"红色"滚动条	Hscroll1	255	0	1	25	0
"绿色"滚动条	Hscroll2	255	0	1	25	0
"蓝色"滚动条	Hscroll3	255	0	1	5	0

程序代码如下：

```
Dim Red, Green, Blue As Long
Private Sub Command1_Click()
    Text2.BackColor = Text1.BackColor
End Sub

Private Sub Command2_Click()
    Text2.ForeColor = Text1.BackColor
End Sub

Private Sub HScroll1_Change()
    Red = HScroll1.Value
    Green = HScroll2.Value
    Blue = HScroll3.Value
    Text1.BackColor = RGB(Red, Green, Blue)
End Sub

Private Sub HScroll2_Change()
    Red = HScroll1.Value
    Green = HScroll2.Value
    Blue = HScroll3.Value
    Text1.BackColor = RGB(Red, Green, Blue)
End Sub

Private Sub HScroll3_Change()
    Red = HScroll1.Value
    Green = HScroll2.Value
    Blue = HScroll3.Value
    Text1.BackColor = RGB(Red, Green, Blue)
End Sub
```

7.7 ActiveX 控件

VB 的工具箱为用户提供了 20 种标准控件，利用这些控件用户可以十分方便地创建出符合 Windows 界面风格的应用程序。但是，利用这些标准控件无法直接设计出工具条、选项卡、进度栏、带图标的组合框等 Windows 应用程序的常见界面。为帮助用户解决这一问题，Microsoft 公司以及一些第三方厂商开发了许多扩展的高级控件，这些控件被称为 ActiveX 控件。ActiveX 控件由多个对象组成，本节先介绍几个简单的 ActiveX 控件，后续几个章节将继续介绍其他的 ActiveX 控件。

ActiveX 控件的使用方法与标准控件一样，但首先应把需要使用的 ActiveX 控件添加到工具箱中。ActiveX 控件文件的类型名为.OCX，一般情况下，ActiveX 控件被安装和注册在\Windows\System 或 System32 目录下。

7.7.1　ProgressBar 控件

在 Windows 及其应用程序中，当执行一个耗时较长的操作时，通常会用一个进度条来显示当前程序处理的进程，它通过一些从左到右的实心方块填充矩形条来表示操作处理的过程。ProgressBar 控件位于 Microsoft Windows Common Controls 6.0 部件中，加载后才能使用。

ProgressBar 控件常用的属性如下。

（1）Min、Max 属性。设置应用程序完成整个操作的持续时间，其性质与滚动条中 Min、Max 的值相同。

（2）Value 属性。指明应用程序在完成该操作过程时的进度，其性质与滚动条中 Value 的值相同。

（3）Height、Width 属性。决定填充控件的方块数量和大小。方块数量越多，就越能精确地描述操作进度，减少 ProgressBar 控件的 Height 属性（或者增加其 Width 属性）可增加显示方块的数量。

（4）Scrolling 属性。指明进度条滑块的样式，如果属性值为 0，表示进度条以不连续的状态显示；如果属性值为 1，表示进度条以连续的状态显示；默认情况为 0。

（5）Orientation 属性。设置进度条是水平显示还是垂直显示。该值为 0 时，水平显示，这也是默认状态；该值为 1 时，垂直显示。

要显示某个操作的进展情况，Value 属性将持续增长，直到达到了由 Max 属性定义的最大值。这样该控件显示的填充块的数目总是 Value 属性与 Min 和 Max 属性之间范围的比值。例如。如果 Min 属性被设置为 1，Max 属性被设置为 100，Value 属性为 50，那么该控件将显示 50% 的填充块。

在对 ProgressBar 进行编程时，必须首先确定 Value 属性上升的界限。例如，如果正在下载文件，并且应用程序能够确定该文件有多少千字节，那么可将 Max 属性设置为这个数。在该文件下载过程中，应用程序还必须能够确定该文件已经下载了多少千字节，并将 Value 属性设置为这个数。

下面通过两个实例说明该控件的使用。

【例 7.12】用进度条和定时器控件模拟数据处理的进度，如图 7-16 所示。

在窗体上添加一个框架 Frame1，设置 Caption 属性为空，Visible 属性为 False。在框架中添加两个标签，均采用默认名称。设 Label1 的 Caption 属性为"正在处理数据，请稍候……"；设 Label2 的 Caption 属性为空，用于在运行时显示进度百分比。在框架中添加一个进度条，设置 Min 属性为 1，Max 属性为 100，Scrolling 属性为 1。在窗体上添加一 Timer 控件，设置 Enabled 属性为 False，Interval 属性为 10。再添加两个命令按钮，Caption 属性分别为"开始"和"退出"，"开始"按钮的名称为 cmdStart，"退出"按钮的名称为 cmdend。在代码编辑窗口输入以下代码：

```
Dim intValue As Integer '窗体级变量用于存放进度值
Private Sub Cmdend_Click()
End
```

```
End Sub

Private Sub cmdStart_Click()
  intValue = 0
  Frame1.Visible = True '显示框架及其中的进度条等控件
  Timer1.Enabled = True '启动定时器
  Cmdstart.Enabled = False '使【开始】按钮无效
End Sub

Private Sub Timer1_Timer()
  intValue = intValue + 1 '累加进度值
  If intValue > 100 Then   '若超过最大值
    Timer1.Enabled = False    '关闭定时器
    MsgBox "数据处理结束。", vbInformation, "提示"
    Frame1.Visible = False '隐藏框架及其中的控件
    Cmdstart.Enabled = True ' 令【开始】按钮有效
  Else
    ProgressBar1.Value = intValue '设置Value属性值，显示进度
    Label2.Caption = intValue & "%" '显示进度百分比
  End If
End Sub
```

【例 7.12】设计一个进度条，用来指示程序结束的时间进度。运行界面如图 7-17 所示。

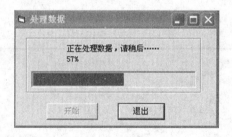

图 7-16　例 7.11 运行界面

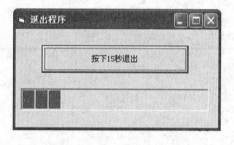

图 7-17　例 7.12 运行界面

程序代码如下：

```
Private Sub Command1_Click()
ProgressBar1.Min = 0
ProgressBar1.Max = 15
ProgressBar1.Value = 0
Timer1.Interval = 1000
Timer1.Enabled = True
End Sub
Private Sub Timer1_Timer()
If ProgressBar1.Value >= 15 Then End
ProgressBar1.Value = ProgressBar1.Value + 1
End Sub
```

7.7.2　Slider 控件

Slider 控件位于 Microsoft Windows Common Controls 6.0 部件中。Slider 控件包含滑块和可选择性刻度标记，与滚动条控件类似，可以通过拖动滑块、单击滑块两侧或者使用键盘移动滑块。Slider 控件适用于选择离散数值或某个范围内的一组连续数值的场合。

Slider 控件除了具有与滚动条控件用法相类似的基本属性外（如 Min、Max、SmallChange、LargeChange 和 Value 属性），还具备以下重要属性。

（1）TextPosition 属性。它确定当鼠标单击滑块时所提示的当前刻度值是显示在 Slider 控件的上方（值为 0）还是下方（值为 1）。

（2）TickFrequency 属性。它确定 Slider 控件上的刻度单位。决定控件上刻度的疏密。如果值为 1 表示每隔一个单位就有一个刻度点。

（3）TickStyle 属性。它可确定 Slider 控件的显示样式。

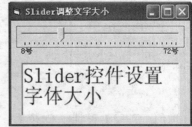

Slider 控件常用的事件为 Scroll 和 Change，其触发条件与滚动条控件相同。

【例 7.13】用 Slider 控件设置文本框中字体大小，如图 7-18 所示。

程序代码如下：

图 7-18　例 7.13 运行界面

```
Private Sub Form_Load()
Slider1.Min = 8
Slider1.Max = 72
Slider1.SmallChange = 2
Slider1.LargeChange = 8
Slider1.TickFrequency = 2
End Sub

Private Sub Slider1_change()
Text1.FontSize = Slider1.Value
End Sub
```

7.7.3　UpDown 控件

UpDown 控件是一种 Windows 应用程序中常见的控件，位于 Microsoft Windows Common Controls-2 6.0 部件中，它往往与其他控件"捆绑"在一起使用，方便用户修改与它关联的伙伴控件。

伙伴控件通过 BuddyControl 属性与 UpDown 控件相关联，当单击 UpDown 控件上下箭头按钮时，伙伴控件中的相关属性值（由 BuddyProperty 属性规定）与 UpDown 控件的 Value 属性同步增减。

1. 常用属性

UpDown 控件具有 Value、Increment、Min、Max 和 Wrap 属性。

（1） Value 属性。它是显示在伙伴控件中的值。

（2） Increment 属性。它是每单击箭头一次 Value 值的变化量。

（3） Min、Max 属性。它规定了 Value 值的变化范围。

（4） Wrap 属性。它规定当 Value 属性超过 Max 或 Min 属性值后如何变化。

2. 常用事件

UpDown 控件的常用事件为 UpClick 和 DownClick，当单击上、下箭头按钮时发生。但只要设置好相关属性，用户无需编写特别代码即可控制 UpDown 控件与伙伴控件的同步变化。

【例 7.14】在图 7-19 所示的窗体上放置一个 UpDown 控件和一个文本框 Text1，并按表 7-7 所示设置 UpDown 控件的相关属性。当程序运行后每单击一次上箭头按钮，文本框中的值加 1，每单击一次下箭头按钮文本框中的值减 1。当文本框中的值达到 10 以后，再次单击上箭头按钮文本框中的值变为 0。当文本框中的值达到 0 以后，再次单击下箭头按钮文本框中的值变为 10。

图 7-19 例 7.14 运行界面

表 7-7 UpDown 属性设置

属　　性	设　　置	属　　性	设　　置
BuddyControl	Text1	Max	10
BuddyProperty	Text	Min	0
Increment	1	Wrap	True
Value	0		

7.7.4 SSTab 控件

SSTab 控件位于 Microsoft Tabbed Dialog control 6.0 部件中。SSTab 控件提供了一组选项卡，每个选项卡可以作为其他控件的容器，且具有唯一的索引（下界为 0）。在标准的 Windows 应用程序中，SSTab 控件的应用非常广泛，如各种 ActiveX 控件的属性页就是含有选项卡的对话框。

SSTab 控件常用的属性如下。

（1） Style 属性。它决定选项卡的样式。0 为 Windows 3.1 的风格，1 为 Windows 95 的风格。

（2） Tabs 属性。它决定选项卡的总数。

（3） TabsPerRow 属性。它决定每一行上选项卡的数目。

（4） Tab 属性。它用来返回或设置 SSTab 控件的当前选项卡。

（5） Rows 属性。它决定选项卡的总行数。

【例 7.15】制作如图 7-20 和图 7-21 所示的含有两个选项卡的用户界面。

在窗体上添加一个 SSTab 控件，右击该控件，在弹出的快捷菜单中选择"属性"命令，打开如图 7-22 所示的"属性页"对话框。在对话框中将"选项卡数"设置为 2，将"样式"设置为 0。在"选项卡标题"文本框中输入第一个选项卡的标题"基本情况"。单击"确定"钮，输入第二个选项卡的标题"附加信息"。单击"确定"按钮关闭对话框。

根据图 7-20 和图 7-21 所示为两个选项卡分别添加相关控件并设置属性。

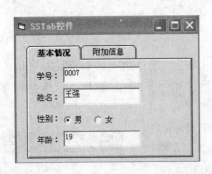

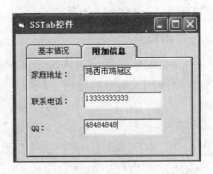

图 7-20　基本情况选项卡　　　　　　　　图 7-21　附加信息选项卡

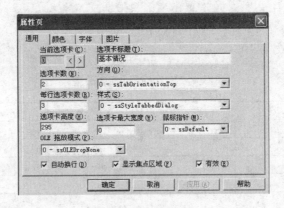

图 7-22　属性页

7.7.5　Animation 控件

Animation 控件是用来显示无声的 AVI 视频文件，播放无声动画。它位于 Microsoft Windows Common Control-2 6.0 部件中。Center 和 AutoPlay 是 Animation 控件的两个常用属性。如果 Center 为 True，则动画在控件的中央播放；如果 AutoPlay 为 True，则用 Open 打开文件时自动播放，否则需要按 Play 按钮才能播放，这两个属性一般在属性页中进行设置（右键单击 Animation 控件就会出现属性页），也可以在程序运行过程中来设置。

Animation 控件有以下 4 个重要方法。

（1）Open 方法。用于打开 AVI 文件。

（2）Play 方法。用于播放文件。

格式为：对象.Play[重复次数，起始帧，结束帧]

其中：如果"重复次数"省略，则默认为-1，可以连续重复播放下去。如果"起始帧"

省略，则默认为 0，表示从第一帧开始播放。如果"结束帧"省略，则默认为-1，表示播放到最后一帧。

（3）　Stop 方法。用于停止播放。

（4）　Close 方法。用于关闭文件。

【例 7.16】用 Animation 控件显示文件复制的过程，运行界面如图 7-23 所示。

程序代码如下：

```
Private Sub Command1_Click()
  Dim Counter As Integer
  Dim Workarea(30000) As String
  Animation1.Open (App.Path + "\filecopy.avi")
  Animation1.Play
  ProgressBar1.Min = LBound(Workarea)
  ProgressBar1.Max = UBound(Workarea)
  ProgressBar1.Visible = True
  ProgressBar1.Value = ProgressBar1.Min     '设置进度的值为 Min。
  For Counter = LBound(Workarea) To UBound(Workarea)   '在整个数组中循环。
    Workarea(Counter) = "Initial value" & Counter  '设置数组中每项的初始值。
    ProgressBar1.Value = Counter
  Next Counter
  ProgressBar1.Visible = False
  ProgressBar1.Value = ProgressBar1.Min
  Animation1.Close
End Sub

Private Sub Form_Load()
  ProgressBar1.Align = vbAlignBottom
  ProgressBar1.Visible = False
End Sub
```

【例 7.17】设计一个如图 7-24 所示的播放文件复制的动画程序。

Animation 控件名称为 Animation1，"打开"、"播放"、"停止"和"关闭"按钮的名称分别为 Command1、Command2、Command3、Command4，复选框的名称为 Check1，文本框的名称为 Text1。

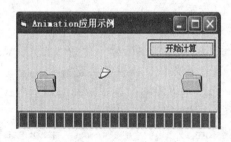

图 7-23　例 7.16 运行界面

图 7-24　例 7.17 运行界面

程序代码如下：

```
Private Sub Check1_Click()
Text1.Enabled = Not Text1.Enabled
```

```
End Sub

Private Sub Command1_Click()
Animation1.Open (App.Path & "\filecopy.avi")
Command1.Enabled = True: Command2.Enabled = True: Command4.Enabled = True
End Sub

Private Sub Command2_Click()
If Check1 Then
    Animation1.Play Val(Text1)
Else
    Animation1.Play
End If
Command3.Enabled = True
End Sub
Private Sub Command3_Click()
Animation1.Stop
End Sub

Private Sub Command4_Click()
Animation1.Close
Command1.Enabled = True: Command2.Enabled = False
Command3.Enabled = False: Command4.Enabled = False
End Sub

Private Sub Form_Load()
Command2.Enabled = False: Command3.Enabled = False
Command4.Enabled = False: Text1.Enabled = False
End Sub
```

7.7.6　DateTimePicker 控件

DateTimePicker 控件（DTPicker）可以按指定格式显示日期或时间，并且作为修改日期和时间信息的界面。该控件属于 Microsoft Windows Common Controls-2 6.0 部件中的控件，加载后方可使用。DateTimePicker 控件有两种不同的显示模式：

（1）下拉日历模式。单击控件右部的下拉箭头可显示日历，用于选择日期。

（2）时间显示模式。用于显示或设置时间。可在控件中选择一个域（时、分、秒）后，用控件右部的上下箭头设置其值，亦可通过键盘输入数字或按箭头键设置其值。

通过 DateTimePicker 控件的 Format（格式）属性可以设置日期或时间的显示格式。

Format 属性有 4 种取值：设为常数 dtpLongDate 或 0 为长日期格式，dtpShortDate 或 1 为短日期格式，dtpTime 或 2 为时间格式，dtpCustom 或 3 为自定义格式。当 Format 属性值为 0 或 1 时，控件以下拉日历模式显示日期；Format 属性值为 2 时，以时间模式显示时间。当 Format 属性值为 3 时，控件的显示模式取决于 CustomFormat（自定义格式）属性和 UpDown（上下箭头）属性。若 CustomFormat 属性为日期格式字符串，且 UpDown 属性为 False，则为下拉日历模式。若 CustomFormat 属性为时间格式字符串，且 UpDown 属性为 True，则为时间显示模式。

【例 7.18】使用 DateTimePicker 控件选择日期并设置时间，当到达预定的日期和时间时提示用户。

在窗体上添加两个 DateTimePicker 控件 DTPicker1 和 DTPicker2，分别用于设置日期和时间。右击 DTPicker1，在弹出菜单中选择"属性"菜单项，打开"属性页"，在"通用"选项卡中将"格式"设为 3-dtpCustom，将"自定义格式"设为"yyy-M-d"（yyy 为完整年份）。用同样的方法将 DTPicker2 的"格式"设为 2-dtpTime。在两个 DateTimePicker 控件的上方各添加一个标签，用作简单说明。添加一个文本框和两个命令按钮，按钮的 Caption 属性分别为"确定"和"退出"。添加一个 Timer 控件，设其 Enabled 属性为 False，Interval 属性为 500。

程序运行效果如图 7-25 和图 7-26 所示。在图 7-25 中，单击控件的下拉箭头显示日历，单击年份和月份可修改年月，单击日历中的某个日期即完成设定。在图 7-26 中，单击时间模式控件中的上下箭头可设置时间。

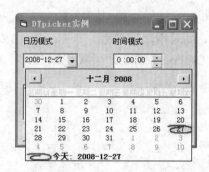

图 7-25　例 7.18 运行界面

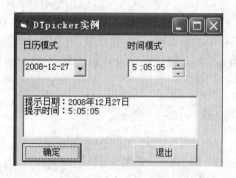

图 7-26　例 7.18 运行界面

程序代码如下：

```
Private Sub Command1_Click()
Text1.Text = "提示日期: " & Format(DTPicker1.Value, "yyyy年m月d日") _
& Chr(13) & Chr(10) & "提示时间: " & TimeValue(DTPicker2.Value)
Timer1.Enabled = True
End Sub


Private Sub Command2_Click()
End
End Sub


Private Sub Timer1_Timer()
If DateValue(DTPicker1.Value) = Date _
And TimeValue(DTPicker2.Value) = Time Then
MsgBox "时间到了"
Timer1.Enabled = False
End If
End Sub
```

7.7.7 RichTextBox 控件

RichTextBox 控件又称为多格式文本框，使用该控件不仅可以输入和编辑文本，还可以对控件中任何部分的文本设置不同的格式，如对选定文本设置字体、字号、字形、颜色、下划线、删除线等。此外，在该控件中还可以设置左右缩进和悬挂式缩进等段落格式，插入图片，并以 RTF 和纯文本两种格式打开和保存文件。

加载 RichTextBox 控件的方法：右击工具箱，在弹出菜单中选择"部件"菜单项，打开"部件"对话框，在"控件"选项卡的列表中选中 Microsoft Rich Textbox Control 6.0 前面的复选框，单击"确定"按钮。此时工具箱中将增加该控件的图标。

1. 设置字体格式

下面通过实例说明如何设置 RichTextBox 控件中选定文本的字体格式。

【例 7.19】利用字体对话框设置 RichTextBox 控件中选定文本的字体格式。

新建工程，在窗体上添加一个 RichTextBox 和一个 CommonDialog 控件（该控件在后面的章节会介绍到，这里只是做一个简单的说明），均采用默认名称。将 RichTextBox 控件的 ScrollBars 属性设为 2。再添加一个命令按钮，Caption 属性为"设置字体"。 程序代码如下：

```
Private Sub Command1_Click()
On Error GoTo Quit
  With CommonDialog1  '设置通用对话框相关属性
    '显示所有字体和效果选项
    .Flags = cdlCFBoth Or cdlCFEffects
    If .FontName = "" Then .FontName = "宋体"  '设置对话框默认字体名称
    .CancelError = True '对用户单击"取消"按钮做出响应
    .ShowFont  '打开字体对话框
  End With
  With RichTextBox1 '设置 RichTextBox 控件中选定文本字体格式
   '字体名称(字符串型)
   .SelFontName = CommonDialog1.FontName
   .SelFontSize = CommonDialog1.FontSize '字号(整型)
   .SelBold = CommonDialog1.FontBold       '粗体(布尔型)
   .SelItalic = CommonDialog1.FontItalic  '斜体(布尔型)
   '下划线(布尔型)
   .SelUnderline = CommonDialog1.FontUnderline
   '删除线(布尔型)
   .SelStrikeThru = CommonDialog1.FontStrikethru
   .SelColor = CommonDialog1.Color        '颜色(长整型)
  End With
Quit:
End Sub
```

在上述代码中，首先利用通用对话框控件打开字体对话框，用户在对话框中设置格式并确认后，通过代码中的第二个 With...End With 语句块将 RichTextBox 控件中的选定文本格式设置为由字体对话框返回的各种格式。代码中 RichTextBox 控件的 7 个以 "Sel" 为前缀的属性（代表选定文本的各种格式）分别由字体对话框的对应属性赋值。代码中的注释说明了各属性的含义。程序运行效果如图 7-27 所示。

图 7-27　例 7.19 运行界面

2.　设置段落格式

（1）　段落缩进。

RichTextBox 控件的 SelIndent、SelRightIndent 和 SelHangingIndent 属性分别用于设置选定段落的左缩进、右缩进和悬挂缩进，均为整型数值。缩进量的单位与窗体的 ScaleMode 属性有关，默认单位为缇（1 厘米=567 缇）。

【例 7.20】设置段落缩进。在例 7.19 中的窗体上增加一个按钮，Caption 属性为 "左缩进"，在该按钮的单击事件过程中加入以下代码：

```
Private Sub Command2_Click()
Dim zMargin As Single
    zMargin = Val(InputBox("请输入缩进量（厘米）: ", "左缩进"))
    RichTextBox1.SelIndent = zMargin * 567
End Sub
```

用同样的方法可设置右缩进和悬挂缩进。

（2）　段落对齐方式。

RichTextBox 控件的 SelAlignment 属性用于设置选定段落的对齐方式。将该属性值设为常数 rtfLeft 或 0 为左对齐，rtfRight 或 1 为右对齐，rtfCenter 或 2 为居中。

（3）　项目符号。

将 RichTextBox 控件的 SelBullet 属性设为 True 即可为选定段落添加项目符号，若同时设置 BulletIndent 属性，则可指定含有项目符号的段落的缩进量（默认单位为缇）。

3.　文本查找

RichTextBox 控件的 Find 方法用于搜索特定字符串。若找到待查内容则将其反相显示，并返回其位置；若未找到则返回-1。Find 方法的调用格式为：

RichTextBox 控件名称.Find(待查字符串[, 起始位置，结束位置，选项])

【例 7.21】在 RichTextBox 控件中查找文本。

在例 7.19 中添加两个命令按钮，标题（Caption）分别为 "查找" 和 "查找下一个"。将 RichTextBox 控件的 HideSelection 属性设为 False，以便在控件失去焦点时仍可反相显示找到的字符串。

在代码编辑窗口的 "通用-声明" 部分声明一个窗体级的变量用于存放待查内容：

```
Dim strFind As String
```

下面是 "查找" 按钮单击事件过程的代码：

```
Private Sub Command3_Click()'查找的相关代码
  strFind = InputBox("输入查找内容", "查找")
  If strFind = "" Then Exit Sub
  If RichTextBox1.Find(strFind) = -1 Then 'Find方法返回-1 说明未找到
    MsgBox "未找到""" & strFind & """。", _
      vbInformation, "提示"
    strFind = ""
  End If
End Sub
```

在"查找下一个"按钮的单击事件过程中加入以下代码：

```
Private Sub Command4_Click()'查找下一个的代码
Dim lngL As Long
'若为首次查找则调用"查找"过程
If strFind = "" Then
  Call Command3_Click '调用查找按钮的代码
Else
  With RichTextBox1
    lngL = .SelLength
    .SelStart = .SelStart + lngL
  If .Find(strFind, , Len(.TextRTF)) = -1 Then
    .SelStart = .SelStart - lngL
    .SelLength = lngL
    MsgBox "查找结束。", vbInformation, "提示"
  End If
 End With
End If
End Sub
```

7.8　鼠标与键盘

　　鼠标和键盘是人们操纵计算机的主要工具。对鼠标器和键盘进行编程是程序设计人员必须掌握的基本技术。

7.8.1　鼠标

　　VB 应用程序能够响应多种鼠标事件和键盘事件。例如，窗体、图像控件等都能检测鼠标指针的位置，并可判断其左、右按钮是否按下，还能响应鼠标按钮与 Shift、Ctrl 或 Alt 键的各种组合。利用键盘事件可以编程响应多种键盘操作，也可以解释、处理 ASCII 字符。

　　此外，VB 还可以同时支持事件驱动的拖放功能和 OLE 的拖放功能。可用 Drag 方法连同某些属性及事件来启动诸如拖放控件的操作。还可以管理长时间的后台任务处理，使用户可以向其他应用程序进行切换或中断后台处理。

1．设置鼠标属性

在 VB 中，可以通过属性设置来改变鼠标指针的形状。鼠标指针形状的改变可以告诉用户很多信息，例如，正在进行长时间的后台任务；调整某个会话或窗口的大小；某控件不支持拖放操作等。

（1）MousePointer 属性设置。

MousePointer 属性返回或设置一个整数，取值为 0～15，可以在 17 个预定义指针中任选一个。该值指示在运行时当鼠标指针移动到对象的一个特定部分时，显示鼠标指针的类型。鼠标指针在不同的对象上可以有不同的显示类型。语法格式如下：

```
Object.MousePointer=Value
```

Value 按设置值中的说明指定显示的鼠标指针类型。Value 的设置值如表 7-8 所示。

表 7-8　Value 的设置值

值	常　数	说　明
0	vbDefault	形状由对象决定（默认值）
1	vbArrow	箭头
2	vbCrosshair	十字线（crosshair 指针）
3	vbIbean	I 型
4	vbIconPointer	图标（矩形内的小矩形）
5	vbSizePointer	尺寸线（指向东、南、西、北四个方向的箭头）
6	vbSizeNESW	右上-左下尺寸线（指向东北和西南方向的双箭头）
7	vbSizeNS	垂直尺寸线（指向南和北的双箭头）
8	vbSizeNWSE	左上-右下尺寸线（指向东南和西北方向的双箭头）
9	vbSizeWE	水平尺寸线（指向东和西的双箭头）
10	vbUpArrow	向上的箭头
11	vbHourglass	沙漏（表示等待状态）
12	vbNoDrop	不允许放下
13	vbArrowHourglass	箭头和沙漏
14	vbArrowQuestion	箭头和问号
15	vbSizeAll	四向尺寸线
99	vbCustom	通过 MouseIcon 属性所指定的自定义图标

在设置了控件的 MousePointer 属性后，鼠标经过此控件时，指针就会出现。在设置了窗体的 MousePoimer 属性后，鼠标经过窗体的空白区域或经过 MousePointer 属性为 0-Default 的控件时，选定的指针就会出现。

（2）MouseIcon 属性设置。

MouseIcon 属性提供了一个自定义图标，在 MousePointer 属性设为 99 时使用。语法格式如下：

```
Object.MouseIcon=LoadPicture(pathname)
Object.MouseIcon=Picture
```

其中，pathname 指定包含自定义图标文件的路径和文件名。Picture 是 Form 对象

PictureBox 控件或 Image 控件的 Picture 属性。

图标文件的扩展名为.ico，与 VB 中图标文件的扩展名相同。光标文件的扩展名为.cur，在本质上与图标一样是位图。光标文件中还包含热点信息。热点是跟踪光标位置（x 和 y 坐标）的像素。在用 MouseIcon 属性将图标加载到 VB 中后，VB 把它们转换成光标格式并将热点设置成中央像素。

2. 响应鼠标事件

鼠标事件即 Click（单击）事件和 DblClick（双击）事件，是通过快速按下并松开鼠标按键而产生的。此外，VB 还可以通过 MouseDown、MouseUp 及 MouseMove 事件使应用程序对鼠标位置及状态的变化做出响应，大多数控件都能够识别这些鼠标事件。

当鼠标指针位于无控件的窗体上方时，窗体将识别鼠标事件；当鼠标指针在控件上方时，控件将识别鼠标事件。如果鼠标被持续地按下，则第一次按下之后捕获鼠标动作的对象将接收全部鼠标事件直至所有按键被释放。

MouseDown 事件：当鼠标的任意一个按钮按下时被触发事件过程。

MouseUp 事件：当鼠标的任意一个按钮释放时被触发事件过程。

MouseMove 事件：当鼠标移动时被触发事件过程。

MouseMove、MouseDown、MouseUp 三个事件过程的使用格式如下：

```
Sub Object_MouseMove(Button As Integer, Shift As Integer, X As Single, Y As Single)
Sub Object _MouseDown(Button As Integer, Shift As Integer, X As Single, Y As Single)
Sub Object _MouseUp(Button As Integer, Shift As Integer, X As Single, Y As Single)
```

其中各个参数的意义如下：

Object 是窗体对象或大多数可视控件。

Button 是 3 位二进制整数，表示鼠标的哪一个键按下或放开。鼠标键状态与 Button 值的对应关系如表 7-9 所示。

表 7-9 鼠标键状态与 Button 值的对应关系

鼠 标 键	内部常数	二进制数	十进制数
左键按下	vbLeftButton	001	1
右键按下	vbRightButton	010	2
中键按下	vbMiddleButton	100	4

Shift 是 3 位二进制整数，表示鼠标事件发生时，键盘上的 Shift、Ctrl 和 Alt 键是否被按下。各键状态与 Shift 值的对应关系如表 7-10 所示。

表 7-10 Shift、Ctrl 和 Alt 状态与 Shift 值的对应关系

鼠 标 键	内部常数	二进制数	十进制数
Shift 键按下	vbShiftMask	001	1
Ctrl 键按下	vbCtrlMask	010	2
Alt 键按下	vbAltMask	100	4

X、*Y* 是鼠标在获得焦点的控件中的相对坐标。

Button 和 Shift 都可以重复选择。例如，同时按下鼠标左右两键，则 Button 的值为 011（二进制）或 3（十进制）；同时按下 Ctrl 键和 Alt 键，则 Shift 值为 110（二进制）或 6（十进制）。

注意：当鼠标指针位于窗体中没有控件的区域时，窗体将识别鼠标事件。当鼠标指针位于某个控件上方时，该控件识别鼠标事件。

说明：与 Click 和 DblClick 事件不同，MouseDown 和 MouseUp 事件能够区分出鼠标的左按键、右按键和中间按键，也可以为使用 Shift、Ctrl 和 Alt 等键盘换挡键编写用于鼠标按键组合操作的代码。为了在给一个鼠标按键按下或释放时指定将引起的一些操作，应当使用 MouseDown 或 MouseUp 事件。

要测试某一条件，首先将各个结果赋给一个临时整型变量，然后再与一个位屏蔽 Button 或 Shift 参数进行比较。测试时，应当用各个参数进行 And 运算，若结果大于零，说明该键或按钮被按下，其代码如下：

```
LeftDown=(Button And vbLeftButton)>0
CtrlDown=(Shift And vbCtrlMask)>0
```

然后，可对结果的各个组合进行检测，其代码如下：

```
If LeftDown And CtrlDown Then
```

【例 7.22】 设计一个程序，能够把鼠标器所在的位置显示在文本框中，如图 7-28 所示。

程序代码如下：

```
Private Sub Form_MouseMove(Button As Integer, Shift As Integer, X As Single,
Y As Single)
txtX.Text = X
txtY.Text = Y
End Sub
```

【例 7.23】 鼠标事件示例。当鼠标被移动时出现"你移动了鼠标!请继续移动!"，当鼠标左键被按下时出现"你按下了鼠标左键，千万别松开!"，当松开鼠标左键时出现"你已经松开了鼠标左键!!!"。运行界面如图 7-29 所示。

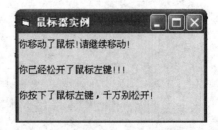

图 7-28　例 7.22 运行界面　　　　　　　图 7-29　例 7.23 运行界面

程序代码如下：

```
Private Sub Form_MouseDown(Button As Integer, Shift As Integer, X As Single,
Y As Single)
    Label3.Caption = "你按下了鼠标左键，千万别松开！"
End Sub

Private Sub Form_MouseMove(Button As Integer, Shift As Integer, X As Single,
Y As Single)
    Label1.Caption = "你移动了鼠标！请继续移动！"
End Sub

Private Sub Form_MouseUp(Button As Integer, Shift As Integer, X As Single,
Y As Single)
    Label2.Caption = "你已经松开了鼠标左键！！！"
End Sub
```

注意：上述的三个事件均为窗体事件，因此一定要在窗体上(避开标签)操作鼠标，相应的 MouseMove、MouseDown、MouseUp 事件才会发生。

【例 7.24】 编写程序，设计一个简单的画图程序。

程序运行时，用户按住鼠标右键并移动开始画圆，按住鼠标左键并移动开始画线，程序运行界面如图 7-30 所示。

首先在"通用"中声明如下变量：

图 7-30　例 7.24 运行界面

```
Dim DrawState As Boolean
Dim PreX As Single
Dim PreY As Single
```

程序代码如下：

```
Private Sub Form_Load()
    DrawState = False
End Sub

Private Sub Form_MouseDown(Button As Integer, Shift As Integer, X As Single,
Y As Single)
    If Button = 1 Then
        MousePointer = vbCustom
        MouseIcon = LoadPicture(App.Path + "\pen04.ico")
        DrawState = True
        PreX = X - 220
        PreY = Y + 220
    End If
    If Button = 2 Then Circle (X, Y), 280
```

```
    End Sub

    Private Sub Form_MouseMove(Button As Integer, Shift As Integer, X As Single,
Y As Single)
        If DrawState = True Then
            Line (PreX, PreY)-(X - 220, Y + 220)
            PreX = X - 220
            PreY = Y + 220
        End If
    End Sub

    Private Sub Form_MouseUp(Button As Integer, Shift As Integer, X As Single,
Y As Single)
        If Button = 1 Then
            MousePointer = vbDefault
            DrawState = False
        End If
    End Sub
```

7.8.2 键盘

键盘事件是用户与程序之间交互操作中的主要元素之一。键盘事件能够响应各种按键操作的 KeyDown、KeyUp 和 KeyPress 事件，通过编写键盘事件的代码，可以响应和处理大多数的按键操作，解释并处理 ASCII 字符。

可以把编写响应键盘事件的应用程序看作是编写键盘处理器。键盘处理器可在控件级和窗体级工作。有了控件级处理器就可对特定控件编程，例如，可以将 TextBox 控件中输入的文本进行控制和处理；有了窗体级处理器就可以使窗体首先响应键盘事件，这样就可将焦点换成窗体的控件并重复或启动事件。

在 VB 中，重要的键盘事件有下列三种：

KeyPress 事件：用户按下并且释放一个会产生 ASCII 码的键时被触发。

KeyDown 事件：用户按下键盘上任意一个键时被触发。

KeyUp 事件：用户释放键盘上任意一个键时被触发。

1. KeyPress 事件

并不是按下键盘上的任意一个键都会引发 KeyPress 事件，KeyPress 事件只对会产生 ACSII 码的按键有反应，包括数字、大小写的字母、Enter、Backspace、Esc、Tab 等键。对于方向键（↑、↓、←、→）这样的不会产生 ASCII 码的按键，KeyPress 事件不会发生。

KeyPress 事件过程形式如下：

```
Sub Form_KeyPress(KeyAscii As Integer) '窗体的事件过程
Sub object_KeyPress([Index As Integer, ]KeyAscii As Integer) '控件事件过程
```

其中：

参数 KeyAscii 为返回与按键相对应的 ASCII 码值。

KeyPress 事件过程接收到的是用户通过键盘输入的 ASCII 码字符。例如，当键盘处于小写状态，用户在键盘按"A"键时，KeyAscii 参数值为 97；当键盘处于大写状态，用户在键盘按"A"键时，KeyAscii 参数值为 65。

【例 7.25】编写程序，检验键盘有无 ASCII。运行界面如图 7-31 所示。

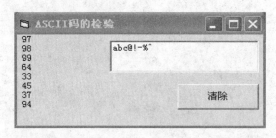

图 7-31   例 7.25 运行界面

程序代码如下：

```
Private Sub Command1_Click()
    Text1.Text = "" '清除文本框中的内容
    Cls '清除窗体中的用 print 方法打印的信息
End Sub
Private Sub Text1_KeyPress(KeyAscii As Integer)
    Print KeyAscii
End Sub
```

利用 KeyPress 事件，可以对输入的值进行限制。假定在窗体上建立了一个文本框（Text1），然后双击该文本框进入程序代码窗口，并从"过程"框中选择 KeyPress，编写如下事件过程：

```
Private Sub Text1_KeyPress(KeyAscii As Integer)
    If KeyAscii<48 Or KeyAscii>57 Then
    Beep
    KeyAscii=0
    End If
End Sub
```

该过程用来控制输入值，它只允许输入 0（ASCII 码 48）～9（ASCII 码 57）之间的阿拉伯数字。如果输入其他字符，则响铃（Beep），并消除该字符。

用 KeyPress 可以捕捉击键动作。例如，用下面的事件过程可以模拟打字机：

```
Private Sub Text1_KeyPress(Keyascii As Integer)
    If Keyascii=13 Then
    Printer.Print Text1.Text
    End If
    Keyascii=0
End Sub
```

程序中的 KeyAscii=0 用来避免输入的字符在文本框中回显。

运行上面的程序，在文本框中输入一行字符，按回车键后，这行字符即在打印机上打印出来。

在 Keypress 事件过程中可以修改 KeyAscii 变量的值。如果进行了修改，则 VB 在控件中输入修改后的字符，而不是用户输入的字符。例如：

```
Private Sub Text 1—KeyPress(keyascii As Integer)
    If keyascii>=65 And keyascii<=122 Then
    Keyascii=42
    End If
End Sub
```

上述过程对输入的字符进行判断，如果其 ASCII 码大于等于 65（字母 A），并小于等于 122（小写字母 z），则用星号（ASCII 码为 42）代替。运行上面的过程，如果从键盘上输入 Testing，则在文本框中显示"*******"。利用类似的操作，可以编写口令程序。请看下面的例子。

【例 7.26】编写一个输入口令的程序。

利用文本框的 Password 属性可以编写口令输入程序，下面的口令输入程序是用 KeyPress 事件编写的。

首先在窗体上画一个标签和一个文本框，如图 7-32 所示。

编写如下两个事件过程：

```
Private Sub Form_Load()
    Text1.Text = ""
    Text1.FontSize = 10
    Label1.FontSize = 12
    Label1.FontBold = True
    Label1.FontName = "隶书"
    Label1.Caption = "请输入您的口令："
End Sub

Private Sub Text1_KeyPress(KeyAscii As Integer)
    Static PWord As String
    Static Counter As Integer
    Static Numberoftries As Integer
    Numberoftries = Numberoftries + 1
    If Numberoftries = 12 Then End
    Counter = Counter + 1
    PWord = PWord + Chr$(KeyAscii)
    KeyAscii = 0
    Text1.Text = String$(Counter, "*")
    If LCase$(PWord) = "toda" Then
    Text1.Text = ""
    PWord = 0
    MsgBox "输入的口令正确，继续…"
    Counter = 0
    Print "Continue…"
    ElseIf Counter = 4 Then
    Counter = 0
    PWord = ""
```

```
      Text1.Text = ""
      MsgBox "输入的口令不对，请重新输入"
      End If
End Sub
```

程序运行后，在文本框中输入口令。如果口令正确，则显示相应的信息。单击"确定"按钮后，将显示一个信息框。如果口令不正确，则要求重新输入，如图 7-33 所示。如果 3 次输入的口令都不正确，则停止输入，并结束程序。

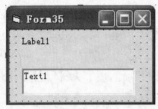
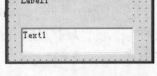

图 7-32 例 7.26 口令窗体设计　　　　　　图 7-33 例 7.26 运行界面

上面的 Form_Load 过程用来清除文本框中的信息，设置文本框和标签的字体属性，设置标签的标题。Text1_KeyPress 过程用来测试输入的口令是否正确。在该过程中，定义了 3 个静态变量，其中 Numberoftries 变量用来对输入口令的字符计数。每按一次键，触发一次 KeyPress 事件，Numberoftries 变量加 1，当该值达到 12 时结束程序。口令由 4 个字符组成，3 次输入的口令（12 个字符）都不正确则程序结束。在输入口令的过程中，程序随时对口令进行测试。一旦接收到正确口令，立即显示相应的信息。在这里，正确的口令为 toda。输入 tod，再按 a 键，即认为口令正确。因此，用 KeyPress 事件编写的口令程序比用文本框的 Password 属性编写的口令程序更实用。

在第二个事件过程中，如果把过程开头的 Private 改为 Static，则可去掉 3 个静态变量的定义，其结果相同。

在默认情况下，控件的键盘事件优先于窗体的键盘事件。因此在发生键盘事件时，总是先激活控件的键盘事件。如果希望窗体先接受到键盘事件，则必须把窗体的 KyePreview 属性设置为 True,否则不能激活窗体的键盘事件。这里所说的键盘事件包括 KeyPress 事件、KeyDown 事件和 KeyUp 事件。例如：

```
Private Sub Form_KeyPress(KeyAscii As Integer)
    Print Chr(KeyAscii)
End Sub
```

在该例中，如果把窗体的 KeyPreview 属性设置为 True，则程序运行后，在键盘上按下某个键时，相应的字符将在窗体上输出，否则不显示任何信息。

2. KeyUp 和 KeyDown 事件

当控制焦点在某个对象上，同时用户按下键盘上的任一键，便会引发该对象的 KeyDown 事件，释放按键便触发 KeyUp 事件。

KeyUp 和 KeyDown 的事件过程形式如下：

```
Sub Form_KeyDown(KeyCode As Integer, Shift As Integer)
Sub object_KeyDown([index As Integer, ]KeyCode As Integer, Shift As Integer)
Sub Form_KeyUp(KeyCode As Integer, Shift As Integer)
Sub object_KeyUp([index As Integer, ]KeyCode As Integer, Shift As Integer)
```

其中：

（1）KeyCode 参数值是用户所操作的那个键的扫描代码，它告诉事件过程用户所操作的物理键。例如，不管键盘处于小写状态还是大写状态，用户在键盘按"A"键，KeyCode 参数值相同。对于有上挡字符和下挡字符的键，其 KeyCode 也是相同的，为下挡字符的 ASCII 码。表 7-11 中列出部分字符的 KeyCode 和 KeyAscii 码以供区别。

表 7-11　部分键（字符）的 KeyCode 和 KeyAscii

键（字符）	KeyCode	KeyAscii
A	65	65
A	65	97
!	49	33
1(大键盘上)	49	49
1(数字键盘上)	97	49
Home 键	36	无
F10 键	121	无

（2）Shift 是一个整数，与鼠标事件过程中的 Shift 参数意义相同。

Shift 代表转换键的含义。它指的是 3 个转换键的状态，包括 Shift，Ctrl 和 Alt。这 3 个键分别以二进制方式表示，每个键用 3 位；即：Shift 键为 001，Ctrl 键为 010，Alt 键为 100。按下 Shift 键时，Shift 参数的值为 001（十进制数 1）；按下 Ctrl 键时，Shift 参数的值为 010（十进制数 2）；按下 Alt 键时，Shift 参数的值为 100（十进制数 4）。如果同时按下两个或 3 个转换键，则 Shift 参数的值即为上述两者或 3 者之和。因此，Shift 参数共可取 8 种值，见表 7-12 所示。

表 7-12　Shift 参数的值

十进制数	二进制数	作　　用
0	000	没有按下转换键
1	001	按下一个 Shift 键
2	010	按下一个 Ctrl 键
3	011	按下 Ctrl+Shift 键
4	100	按下一个 Alt 键
5	101	按下 Alt+Shift 键
6	110	按下 Alt+Ctrl 键
7	111	按下 Alt+Ctrl+Shift 键

与 KeyPress 事件一样，对于 KeyDown 事件和 KeyUp 事件，可以建立如下的事件过程：

```
Sub Text1_KeyDown(KeyCode As Integer, Shift As Integer)
......
```

```
End Sub
Sub Text1_KeyUp(KeyCode As Integer, Shift As Integer)
……
End Sub
```

KeyDown 是一个键被按下时所产生的事件，而 KeyUp 是松开被按下的键时所产生的事件。为了说明这一点，可以在窗体上建立一个标签，然后编写下面两个事件过程：

```
Private Sub Form_KeyDown(KeyCode As Integer, Shift As Integer)
    Label1.Caption=Str$(KeyCode)
End Sub
Private Sub Form—KeyUp(KeyCode As Integer, Shift As Integer)
    Label1.Caption=""
End Sub
```

程序运行后，如果按下某个键，则在标签内显示该键的扫描码；而当松开该键时，标签内所显示的扫描码即被清除。

利用逻辑运算符 And，可以判断是否按下了某个转换键。例如，先定义下面 3 个符号常量：

```
Const Shift=1
Const Ctrl=2
Const Alt=4
```

则可用下面的语句判断是否按下 Shift，Ctrl 或 Alt 键：

如果 Shift And Shift>0，则按下了 Shift 键。

如果 Shift And Ctrl>0，则按下了 Ctrl 键。

如果 Shift And Alt>0，则按下了 Alt 键。

这里的 Shift 是 KeyDown 事件的第二个参数。利用这一原理，可以在事件过程中通过判断是否按下了某个或某几个键来执行指定的操作。例如，在窗体上画一个文本框，然后编写如下事件过程：

```
Private Sub Text1_KeyDown(KeyCode As Integer, Shift As Integer)
    Const Alt=4
    Const Key_F2=&H71
    ShiftDown%=(Shift And Shift)>0
    AltDown%=(Shift And Alt)>O
    F2Down%=(KeyCode=Key_F2)
    If AltDown% And F2Down% Then
    Text1.Text="HLJJX "
    End If
End Sub
```

上述程序运行后，如果按 Alt+F2，则在文本框中显示字符串"HLJJX"。

窗体上的每个对象都有自己的键盘处理程序。在一般情况下，一个键盘处理程序是针对某个对象（包括窗体和控件）进行的，而有些操作可能具有通用性，即适用于多个对象。在这种情况下，可以编写一个适用于各个对象的通用键盘处理程序。对于某个对象来说，当发生某个键盘事件时，只要通过传送 Keycode 和 Shift 参数调用通用键盘处理程序就可以了。例如：

```
Sub KeyDownHandler(KeyCode As Integer, Shift As Integer)
    Const Key_F2=&H71
    If KeyCode=Key_F2 Then
    End
    End If
End Sub
```

这是一个通用过程，它的功能是：程序运行后，如果按下 F2 键（KeyCode=&H71），则结束程序。假定在窗体上建立了一个文本框和一个图片框，则可在其键盘事件过程中调用上述通用过程：

```
Private Sub Picture1_KeyDown(KeyCode As Integer, Shift As Integer)
    KeyDownHandler KeyCode, Shift
End Sub
Private Sub Text1_KeyDown(KeyCode As Integer, Shift As Integer)
    KeyDownHandler KeyCode, Shift
End Sub
```

程序运行后，不管焦点位于哪个控件内，只要按下 F2 键就可以退出程序。注意，在设计阶段，应把窗体的 KeyPreview 属性设置为 True，否则不会执行。

VB 中已把键盘上的功能键定义为常量，即 vbKeyFX，这里的 X 可以是 1～12 之间的值。例如，vbKeyF5 表示功能键 F5。这些常量可以直接在程序中使用。

【例 7.27】编写程序，当按下键盘上的某个键时，在窗体中输出该键的 KeyCode 码。

在实际应用中，KeyCode 码有着重要的作用，利用它可以根据按下的键采取相应的操作。这个程序用来输出每个键的 KeyCode 码。

程序代码如下：

```
Private Sub Form_KeyDown(KeyCode As Integer, Shift As Integer)
    Static i
    i = i + 1
    If i Mod 10 = O Then
    Print Chr$(KeyCode); "--"; Hex$(KeyCode); " ";
    Print: Print
    ElseIf KeyCode = 13 Then
    i = O
    Print: Print: Print
    Else
    Print Chr$(KeyCode); "--"; Hex$(KeyCode); "    ";
    End If
End Sub
```

上述程序运行后，每按一个键，将输出该键及其 KeyCode 码（十六进制）。对于数字键和字母键，可以正常输出；对于功能键和其他键，输出的 KeyCode 码是正确的，但输出的键是小写字母或上挡字符。结果如图 7-34 所示。

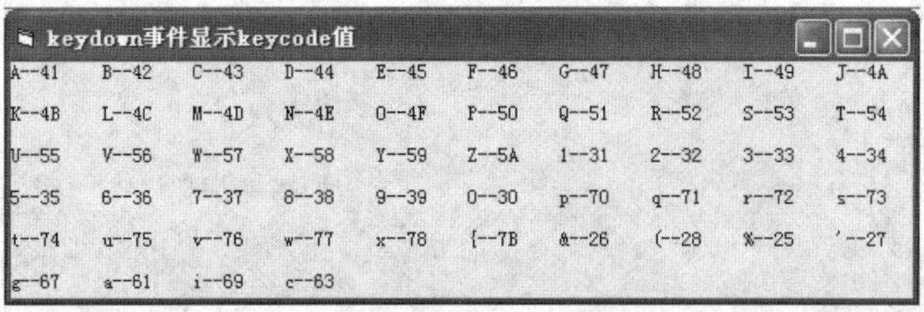

图 7-34　例 7.27 运行界面

图中显示的分别为字母键（A～Z）、数字键（1～0）、功能键（F1，F2，F3，…，F12）、光标移动键（↑、↓、←、→）和小键盘上的键（Home，End，PgUp，PgDn）。

上面的程序是针对窗体编写的，如果针对其他对象编写，则该对象必须为活动对象（即拥有焦点）。

【例 7.28】编写程序，演示 KeyDown 和 Keyup 事件的功能。

首先在窗体内建立一个文本框，然后编写如下两个事件过程：

```
Private Sub Text1_KeyDown(KeyCode As Integer, Shift As Integer)
    If KeyCode = &H70 Then
        Print "您按下了功能键F1"
    End If
    If KeyCode = &H75 Then
        Print "您按下了功能键F6"
    End If
    If KeyCode = &H78 Then
        Print "您按下了功能键F9"
    End If
End Sub
Private Sub Text1_KeyUp(KeyCode As Integer, Shift As Integer)
    If KeyCode = &H70 Then
        Print "您松开了功能键F1"
    End If
    If KeyCode = &H75 Then
        Print "您松开了功能键F6"
    End If
    If KeyCode = &H78 Then
        Print "您松开了功能键F9"
    End If
End Sub
```

程序运行后，按 F1 键，则在窗体上输出"您按下了功能键 F1"，当松开时输出"您松开了功能键 F1"。按 F6 和 F9 输出结果类似，如图 7-35 所示。

在上面的实例中，按下 F1（或 F6、F9）键应立即松开；如果按住不放，将连续显示"您按下了功能键 F1"（或 F6、F9）。此外，输入焦点必须位于文本框 Text1 内。如果窗体上还有其他控件。例如有一个文本框 Text2，并且输入焦点

图 7-35　例 7.28 运行界面

位于该文本框内，则得不到上面的运行结果。

为了提高程序的可读性，可以把&H70，&H75 和&H78 定义为有一定字面意义的符号常量。由于在两个事件过程中使用，这些常量应在窗体层定义：

```
Const Key_F1=&H70
Const Key_F6=&H75
Const Key_F9=&H78
```

两个事件过程修改如下：

```
Private Sub Text1_KeyDown(KeyCode As Integer, Shift As Integer)
    If KeyCode=Key_F1 Then
    Print "您按下了功能键 F1"
    End If
    If KeyCode=Key_F6 Then
    Print "您按下了功能键 F6"
    End If
    If KeyCode=Key_F9 Then
    Print "您按下了功能键 F9"
    End If
End End Sub
Private Sub Text1_KeyUp(KeyCode As Integer, Shift As Integer)
    If KeyCode=Key_F1 Then
    Print "您松开了功能键 F1"
    End If
    If KeyCode=Key_F6 Then
    Print "您松开了功能键 F6"
    End If
    If KeyCode=Key_F9 T11en
    Print "您松开了功能键 F9"
    End If
End Sub
```

上面两个例子都是单个键的键盘事件，也可以将转换键与功能键（及其他键）配合使用，完成指定的操作。请继续看下面的例子。

【例 7.29】编写程序，当同时按下转换键和功能键时，输出相应的信息。程序运行结果如图 7-36 所示。

首先在窗体上建立一个文本框，在窗体层定义以下变量：

图 7-36 例 7.29 运行界面

```
Const Shiftkey = 1
Const CtrlKey = 2
Const AltKey = 4
Const Key_F5 = &H74
Const Key_F6 = &H75
Const Key_F7 = &H76
```

编写如下事件过程：

```
Private Sub Text1_KeyDown(KeyCode As Integer, Shift As Integer)
    If KeyCode = Key_F5 And Shift = Shiftkey Then
        Print "您按下了 Shift+F5"
    End If
    If KeyCode = Key_F6 And Shift = CtrlKey Then
        Print "您按下了 Ctrl+F6"
    End If
    If KeyCode = Key_F7 And Shift = AltKey Then
        Print "您按下了 Alt+F7"
    End If
End Sub
```

在默认情况下，当用户对当前具有控制焦点的控件进行键盘操作时，控件的 KeyPress 事件 KeyUp 事件和 KeyDown 事件被触发，但是窗体的 KeyPress 与 KeyUp 和 KeyDown 事件不会发生。为了启动这三个事件，必须将窗体的 KeyPreview 属性设为 True，而默认值为 False。

如果窗体的 KeyPreview 属性设置为 True，则首先触发窗体的 KeyPress、KeyUp 和 KeyDown 事件，利用这些事件过程可以先滤去一些信息，然后传送给对象的 KeyPress、KeyUp 和 KeyDown 事件。也就是说，如果窗体的 KeyPreview 属性设为 True，并且窗体级事件过程修改了 KeyAscii 变量的值，则当前具有焦点的控件的 KeyPress 事件过程将接收到修改后的值。如果窗体级事件过程将 KeyAscii 设置为 0，则不再调用对象的 KeyPress 事件过程。例如，假定 KeyPreview 属性为，并有下列两个过程：

```
Sub Form_KeyPress(KeyAscii As Integer)
KeyAscii=KeyAscii+1
End Sub
Sub Text1_KeyPress(KeyAscii As Integer)
KeyAscii=KeyAscii+1
End Sub
```

则当用户在键盘上输入小写字符"a"时，文本框 Text1 接收到字符"c"。如果 KeyPreview 属性为 False，则只执行文本框的 KeyPress 过程，文本框接收到字符"b"。

利用这个特性可以对输入的数据进行验证、限制和修改。例如，如果在窗体的如下 KeyPress 事件过程中将所有的字符都改成大写，则窗体上的所有控件接收到的都是大写字符。

```
Sub Form_KeyPress(KeyAscii As Integer)
If KeyAscii>=Asc("a")And KeyAscii<=Asc("z")Then
KeyAscii=KeyAscii+Asc("A")-Asc("a")
End If
End Sub
```

【例 7.30】编写一个程序，当用户按下 Alt+F5 组合键时终止程序的运行。

编写此程序时，首先把窗体的 KeyPreview 属性设置为 True，然后再编写如下程序：

```
Private Sub Form_KeyDown(KeyCode As Integer, Shift As Integer)
    '按下 Alt 键时，Shift 的值为 4
    If (KeyCode = vbKeyF5) And (Shift = 4) Then
        End
    End If
End Sub
```

7.8.3　拖放

通俗地说，所谓拖放，就是用鼠标在屏幕上把一个对象从一个地方"拖拉"（Dragging）到另一个地方再放下（Dropping）。在 Windows 中，经常要使用这一操作。VB 提供了让用户自由拖放某个控件的功能。

拖放的一般过程是把鼠标光标移到一个控件对象上，按下鼠标按钮，不要松开；然后移动鼠标，对象将随鼠标的移动而在屏幕上拖动；松开鼠标按钮后，对象即被放下。通常把原来位置的对象叫做源对象，而把拖动后的位置的对象叫做目标对象。在拖动的过程中，被拖动的对象变为灰色。

1.　与拖放有关的属性、事件和方法

除了菜单、计时器和通用对话框外，其他控件均可在程序运行期间被拖放。与拖放有关的属性、事件和方法如表 7-13 所示。

表 7-13　拖放相关属性、事件和方法

项　目	类　别	说　明
DragMode	属性	启动自动拖放控件或手动拖动控件
DragIcon		指定拖动控件时显示的图标
DragDrop	事件	识别何时将控件拖放到对象上
DragOver		识别何时在对象上拖动控件
Drag	方法	启动或停止手工拖动

（1）DragMode 属性。

该属性用来设置自动或手动拖放模式，取值为 1 或 0，默认值为 0（手工拖放）。该属性可在"属性"窗口中设置，也可在过程代码中设置。例如：picture.dragmode=1。注意，DragMode 的属性是一个标志，不是逻辑值，不能把它设置为 True(-1)。

如果 DragMode 属性设置为 1，则使用自动拖放模式，则该对象不再接收 Click 事件和 MouseDown 事件。当用户在源对象上按下鼠标左键同时拖动时，该对象的图标会与鼠标指针一起运动。到达目标对象处时放开鼠标，在目标对象上产生一个 DragDrop 事件。需要说明的是，如果未对有关事件编写程序代码，则对象本身是不会移动到新的位置上或被加到目标对象中的，只有在目标对象的 DragDrop 事件中进行程序设计，才能实现真正的拖放。

如果 DragMode 属性设置为 0（默认值），则表示启用手动拖放模式。此时，必须在 MouseDown 事件过程中使用 Drag 方法启动"拖"操作。当源对象的 DragMode 属性设置

为 0 时，依然支持 Click 和 MouseDown 事件。

（2） DragIcon 属性。

在拖动一个对象的过程中，并不是对象本身在移动，而是移动代表对象的图标。也就是说，一旦拖动一个控件，这个控件就变成一个图标，等放下后再恢复成原来的控件。DragIcon 属性含有一个图片或图标的文件名，在拖动时作为控件的图标。例如：

```
Picture1.DragIcon=LoadPicture("c: \compter.ico")
```

用图标文件"compter.ico"作为图片框 Picture1 的 DragIcon 属性。当拖动该图片框时，图片框变成由 compter.ico 所表示的图标。

（3） DragDrop 事件和 DragOver 事件。

与拖放有关的事件是 DragDrop 和 DragOver。当把控件（图标）拖到目标对象之后，如果松开鼠标按钮，则产生一个 DragDrop 事件。该事件的事件过程格式如下：

```
Sub 对象名_DragDrop (Source As Control, x As Single, y As Single)
......
End Sub
```

该事件过程含有 3 个参数。其中 Source 是一个对象变量，其类型为 Control，该参数含有被拖动对象的属性。例如：

```
If Source.Name="Folder" Then......
```

用来判断被拖动对象的 Name 属性是否为 Folder。参数 x、y 是松开鼠标按钮放下对象时，鼠标光标的位置。

DragOver 事件用于图标的移动。当拖动对象越过一个控件时，产生 DragOver 事件。其事件过程格式如下：

```
Sub 对象名_DragDrop (Source As Control, x As Single, y As Single, State As Integer)
......
End Sub
```

该事件过程有 4 个参数，其中 Source 参数的含义同前。x、y 是拖动时鼠标光标的坐标位置。State 参数是一个整数值，可以取以下 3 个值：

0　鼠标光标正进入目标对象的区域。

1　鼠标光标正退出目标对象的区域。

2　鼠标光标正位于目标对象的区域之内。

（4） 方法。

与拖放有关的方法有 Move 和 Drag。其中 Move 方法已比较熟悉，下面介绍 Drag 方法。Drag 方法的格式为：

控件.Drag　整数

不管控件的 DragMode 属性如何设置，都可以用 Drag 方法来人工启动或停止一个拖放过程。"整数"的取值为 0、1 或 2，其含义分别为：

0　取消指定控件的拖放。

1　当 Drag 方法出现在控件的事件过程中时，允许拖放指定的控件。

2　结束控件的拖动，并发出一个 DragDrop 事件。

2.　自动拖放和手动拖放

在拖放操作中，源对象指的是被拖动的控件，此控件是 Menu、Timer、Line 或 Shape 之外的任一对象。目标对象指的是其上放控件的对象，此对象可为窗体或控件，能识别 DragDrop 事件。

鼠标指针位于某控件边框内时释放按钮，控件成为目标。指针位于无控件的区域上时，窗体成为目标。

实现对象的拖动有两种方式：自动拖动和手动拖动。

（1）自动拖放。

【例 7.31】下面以一个实例来说明自动拖动方式。设计步骤如下。

第一步，建立应用程序用户界面并设置对象属性。

在窗体上设置一个图片控件数组 Picture1(0)～Picture1(2)，一个框架控件数组 Frame1(0)～Frame1(2)和两个命令按钮 Command1、Command2。依次选定 Frame1(0)～Framel(2)，在其中分别增加图像控件数组 Image1(O)～Image1(2)，设置各对象属性见表 7-14 所示。

表 7-14　对象属性参数

对　象	属　性	属 性 值	说　明
Form1	BackColor	白色	窗体背景颜色
Frame1()	BackColor	白色	框架背景颜色
Picture1()	DragMode	1-Automatic	拖动模式
	Picture	依次改为：dog1.jpg，dog2.jpg，dog3.jpg	
	BackColor	白色	
	BackStyle	0-None	边框
Image1()	Stretch	True	
Command1	Caption	重置	
Command2	Caption	判断	

程序的编辑界面如图 7-37 所示。

第二步编写程序代码。

首先在通用过程中声明数组：

```
Dim a(3) As String
```

编写窗体的 Load 事件代码：

```
Private Sub Form_Load()
Randomize Time
a(0) = "dog1": a(1) = "dog2": a(2) = "dog3"
End Sub
```

编写窗体的 Activate 事件代码：

```
Private Sub Form_Activate()
For i = 0 To 2
j = Int(Rnd() * 3)
Do While a(j) = ""
j = Int(Rnd() * 3)
Loop
Frame1(i).Caption = a(j): a(j) = ""
Next i
a(0) = "dog1": a(1) = "dog2": a(2) = "dog3"
End Sub
```

编写"判断"按钮 Command1 的 Click 事件代码：

```
Private Sub Command1_Click()
For i = 0 To 2
If Image1(i).Tag <> Frame1(i) Then
Frame1(i).BackColor = RGB(128, 255, 255)
End If
Next i
End Sub
```

编写"重置"按钮 Command2 的 Click 事件代码：

```
Private Sub Command2_Click()
Form_Activate
For i = 0 To 2
Image1(i).Picture = LoadPicture()
Picture1(i).Visible = True
Frame1(i).BackColor = RGB(128, 255, 255)
Next i
End Sub
```

编写图像数组 Image1()的 DragDrop 事件代码：

```
Private Sub Image1_DragDrop(Index As Integer, Source As Control, X As Single,
Y As Single)
Image1(Index).Picture = Source.Picture
Source.Visible = False
Image1(Index).Tag = a(Source.Index)
End Sub
```

运行该程序后，拖动图形到方格中，如图 7-38 所示。单击"判断"按钮，错误的图形将被显示浅蓝色。单击"重置"按钮，图形会回复到原处，方格标题将重新随机分布。

（2）手动拖放。

前面介绍的拖放称为自动拖放，因为 DragMode 属性被设置为"1-Automatic"。只要不改变该属性，随时都可以拖动每个控件。与自动拖放不同，手动拖放不必把 DragMode 属性设置为"1-Automatic"，仍保持默认的"0-Manual"，而且可以由用户自行决定何时拖动，何时停止。例如当按下鼠标按钮时开始拖动，松开按钮时停止拖动。如前所述，按下和松开鼠标按钮分别产生 MouseDown 和 MouseUp 事件。

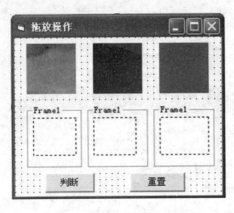

图 7-37　例 7.31 建立界面　　　　　　　图 7-38　例 7.31 运行界面

前面介绍的 Drag 方法可以用于手动拖放。该方法的操作值为 1 时可以拖放指定的控件,为 0 时停止拖放,为 2 时则在停止拖放后产生 DragDrop 事件。Drag 方法与 MouseDown、MouseUp 事件过程结合使用,可以实现手动拖放。

在上面的实例中,为了使控件在拖放操作中能够较精确的定位,需要使用手动模式进行拖放,具体步骤如下:

① 修改图片控件数组 Picture1() 的 DragMode 属性为:0-Manual。

② 增加辅助代码。

首先在通用模块中增加变量声明:

```
Dim oldx(3), oldy(3) As Single
```

修改窗体的 Load 事件代码:

```
Private Sub Form_Load()
Randomize Time
a(0) = "dog1": a(1) = "dog2": a(2) = "dog3"
For i = 0 To 2
oldx(i) = Picture1(i).Left
oldy(i) = Picture1(i).Top
Next i
End Sub
```

修改窗体的 Activate 事件代码:

```
Private Sub Form_Activate()
For i = 0 To 2
j = Int(Rnd() * 3)
Do While a(j) = ""
j = Int(Rnd() * 3)
Loop
Frame1(i).Caption = a(j) = ""
Picture1(i).Move oldx(i), oldy(i)
Next i
a(0) = "dog1": a(1) = "dog2": a(2) = "dog3"
End Sub
```

编写窗体的 DragOver 事件代码：

```
Private Sub Image1_DragDrop(Index As Integer, Source As Control, X As Single,
Y As Single)
Image1(Index).Picture = Source.Picture
Source.Visible = False
Image1(Index).Tag = a(Source.Index)
End Sub
```

编写图片控件数组 Picture1() 的 MouseDown 事件代码：

```
Private Sub Picture1_MouseDown(Index As Integer, Button As Integer, Shift
As Integer, X As Single, Y As Single)
Picture1(Index).Drag 1
End Sub
```

编写图片控件数组 Picture1() 的 MouseUp 事件代码：

```
Private Sub Picture1_MouseUp(Index As Integer, Button As Integer, Shift As
Integer, X As Single, Y As Single)
Picture1(Index).Drag 0
End Sub
```

执行该程序，可以将图片停放在窗体的任意位置。

注意： oldx(i)，oldy(i)是用来记录图片的初始位置；当 MouseDown 事件发生时，调用控件的 Drag 方法；当控件在窗体上拖动时（DragOver 事件），需要随时定位控件的位置。

3. 其他拖动事件操作

（1）改变拖动图标。

拖动控件时，VB 将控件的灰色轮廓作为默认的拖动图标。对 DragIcon 属性进行设置，就可用其他图像代替该轮廓。此属性包含对应图形图像的 Picture 对象。

设置 DragIcon 属性的最简单方法是使用"属性"窗口。选定 DragIcon 属性后单击"属性"按钮，再从"加载图标"对话框中选择包含图形图像的文件。可将 VB 图标库中的图标分配给 DragIcon 属性，也可用图像程序创建自己的拖动图标。

在运行时将一个控件的 DragIcon 属性赋给另一个控件的同一属性，就可设置拖动图标的图像，例如：

```
Set Image1.DragIcon=Image2.DragIcon
```

在运行时将一个控件的 Picture 属性赋给另一个控件的 DragIcon 属性，也可设置 DragIcon 属性，例如：

```
Set Image1.DragIcon=Image3.Picture
```

还可用 LoadPicture 函数设置拖动图标的图像，例如：

```
Set Image1.DragIcon=LoadPicture("图像的具体路径")
```

（2） 放下对象时的响应。

在拖动对象后释放鼠标按钮时，VB 将生成 **DragDrop** 事件。可以利用多种方法响应该事件。但是，控件无法自动移动到新的位置，可编写代码将控件重新放到新的位置。

【**例 7.32**】编写程序，设计一个窗体说明源和目标的相互作用。

新建一个工程，在窗体上设置一个标签和三个命令按钮。将这些命令按钮的 **DragMode** 属性均设置为"1-Automatic"。

在标签上设计如下事件，实现当用户将某个命令按钮放到该标签上时，其字体将变为该命令按钮所指的字体：

```
Private Sub Label1_DragDrop(Source As Control, X As Single, Y As Single)
Select Case Source.Caption
    Case "隶书"
    Label1.FontName = "隶书"
    Case "楷体"
    Label1.FontName = "楷体_GB2312"
    Case "黑体"
    Label1.FontName = "黑体"
End Select
End Sub
```

运行程序后，出现窗体，其中的"拖动事件过程"字样为宋体，将鼠标指针移到"黑体"命令按钮上，按住鼠标左键拖动到标签上，这时，"拖动事件过程"字样变为黑体显示，如图 7-39 和图 7-40 所示。

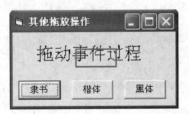

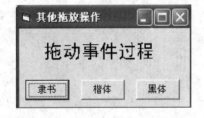

图 7-39　例 7.32 拖动过程中　　　　　图 7-40　例 7.32 拖动后的界面

（3） 启动拖动和停止拖动。

【**例 7.33**】编写程序，设计一个工程说明拖动的启动和停止。

新建一个工程，在窗体上设置两个标签 Label1 和 Label2，标题分别为"拖动事件过程"和"演示实例"，以及三个命令按钮，标题分别为"隶书"、"楷体"和"黑体"。将这些命令按钮的 **DragMode** 属性设置为"0-Manual"，设计时的界面如图 7-41 所示。

程序代码如下：

```
Private Sub Command1_MouseDown(Button As Integer, Shift As Integer, X As
Single, Y As Single)
    Command1.Drag vbBeginDrag
End Sub

Private Sub Command2_MouseDown(Button As Integer, Shift As Integer, X As
Single, Y As Single)
```

```
        Command2.Drag vbBeginDrag
    End Sub

    Private Sub Command3_MouseDown(Button As Integer, Shift As Integer, X As
Single, Y As Single)
        Command3.Drag vbBeginDrag
    End Sub

    Private Sub Label1_DragOver(Source As Control, X As Single, Y As Single, State
As Integer)
    Source.Drag vbEndDrag
    Select Case Source.Caption
        Case "隶书"
        Label1.FontName = "隶书"
        Case "楷体"
        Label1.FontName = "楷体_GB2312"
        Case "黑体"
        Label1.FontName = "黑体"
    End Select
    End Sub

    Private Sub Label2_DragOver(Source As Control, X As Single, Y As Single, State
As Integer)
    Select Case Source.Caption
        Case "隶书"
        Label2.FontName = "隶书"
        Case "楷体"
        Label2.FontName = "楷体_GB2312"
        Case "黑体"
        Label2.FontName = "黑体"
    End Select
    End Sub
```

运行程序后，我们可以看到，Label1_DragOver 和 Label2_DragOver 事件过程间的差别，前面一条"Source.Drag vbEndDrag"语句，用于停止拖动过程。所以拖动命令按钮从 Label2 到 Label1 时，两个标签的字体均发生变化，但当拖动命令按钮通过 Label1 时，该标体也发生变化，如图 7-42 所示。

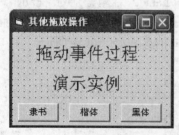

图 7-41　例 7.33 窗体的设计界面

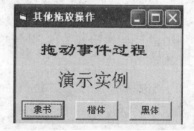

图 7-42　例 7.33 窗体的运行界面

第8章 界面与菜单设计

内容提要

在上一章中，已经学习了 VB 常用的控件和一些 Active 控件。本章将继续学习 VB 中的另一些 Active 控件（通用对话框、工具栏和状态栏等）的使用。同时也将学习菜单栏和多页文档程序的设计。

8.1 通用对话框 CommonDialog

8.1.1 通用对话框

VB 的通用对话框 CommonDialog 控件提供了一组基于 Windows 的标准对话框界面。使用单个的通用对话框控件，可以显示文件打开、另存为、颜色、字体、打印和帮助对话框。这些对话框仅用于返回信息，不能真正实现文件打开、存储、颜色设置、字体设置和打印等操作。如果想要实现这些功能必须通过编程解决。

CommonDialog 控件是 ActiveX 控件，需要通过"工程|部件"命令选择 Microsoft Common DialogControl 6.0 选项，将 CommonDialog 控件添加到工具箱。在设计状态，CommonDialog 控件以图标的形式显示在窗体上，其大小不能改变，在程序运行时，控件本身被隐藏。要在程序中显示通用对话框，必须对控件的 Action 属性赋于正确的值，另一个调用通用对话框的更好的办法是使用说明性的 Show 方法来代替数字值。表 8-1 所示给出了显示通用对话框的属性值和方法。

表 8-1 Action 属性和 Show 方法

Action 属性	Show 方法	作用描述
1	ShowOpen	显示文件打开对话框
2	ShowSave	显示另存为对话框
3	ShowColor	显示颜色对话框
4	ShowFont	显示字体对话框
5	ShowPrinter	显示打印对话框
6	ShowHelp	显示帮助对话框

对话框的类型由属性和方法决定，我们可以通过在程序运行过程中对属性值的改变或对方法的调用来完成对不同的对话框的调用，其格式如下：

```
Object.Action=Value
Object.Show 方法
```

除了 Action 属性外，通用对话框具有的主要共同属性为：

1. CancelError 属性

通用对话框内有一个"取消"按钮，用于向应用程序表示用户想取消当前操作。当 CancelError 属性设置为 True 时，若用户单击"取消"按钮，通用对话框自动将错误对象 Err.Number 设置为 32755（cdlCancel）以便供程序判断。若 CancelError 属性设置为 False，则单击"取消"按钮时不产生错误信息。

2. DialogTiltle 属性

每个通用对话框都有默认的对话框标题，DialogTiltle 属性可由用户自行设计对话框上显示的内容。但当显示"颜色"、"字体"或"打印"对话框时，CommonDialog 控件的 DialogTiltle 属性值无效。

3. Flags 属性

通用对话框的 Flags 属性可修改每个具体对话框的默认操作。

下面我们将详细介绍用 CommonDialog 控件显示的每一种类型的对话框。

8.1.2 "打开"与"另存为"对话框

"打开"对话框与"另存为"对话框（Action 属性分别为 1 和 2），为用户提供了一个标准的"打开"与"另存为"的对话框，如图 8-1 和图 8-2 所示。在这两种窗口内，可遍历磁盘的整个目录结构，找到所需要的文件，文件"打开"对话框与"另存为"对话框类似。这两种对话框有许多共同的属性，故放在一起介绍。

图 8-1　"打开"对话框　　　　　图 8-2　"另存为"对话框

1.　FileName

该属性值为字符串，用于设置和得到用户所选的文件名（包括路径名）。

2.　FileTitle

该属性设计时无效，在程序中为只读，用于返回文件名。它与 FileName 属性不同，不包含路径。

3.　Filter

该属性为一字符串数组，用于过滤文件类型，使文件列表框中只显示指定类型的文件。可以在设计时设置该属性，也可以在代码中设置该属性。其格式为：

```
文件说明字符 | 类型描述 | 文件说明字符 | 类型描述
```

例如，如果想要在打开对话框的"文件类型"列表框中显示如图 8-1 所示的三种文件类型。则 Filter 属性应设置为：

```
CommonDialog1.Filter = "Word 文档|*.Doc|文本文件|*.txt|所有文件|*.*"
```

其中，"|"为管道符号，它将描述文件类型的字符串表达式（如"Word 文档"）与指定的文件扩展名的字符串表达式（如"*.doc"）分隔开。

4.　FilterIndex

FilterIndex 属性为整数，确定所选文件类型的索引号，第一项（默认设置）为 0。在上面代码中"所有文件|*.*"的 FilterIndex 属性值为 2 ，即 FilterIndex=2。

5.　InitDir

字符型，该属性用来指定打开或保存对话框中的初始化路径。如果不设置初始化路径或指定的路径不存在，则系统默认为：

```
CommonDialog1.InitDir = "C:\My Documents"
```

6.　DefaultExt

字符型，用于确定保存文件的默认扩展名。

注意：上述属性若在程序中设置，都必须放在使用 Action 属性或 Show 方法之前，否则设置无效。

【例 8.1】用命令按钮的 Click 事件显示文件打开对话框，在对话框内只允许显示文本文件初始目录为"C：\Windows"当选定一个文本文件后，单击"打开"按钮，在标签上显示所选择的文件名称，若单击"取消"按钮，则显示"放弃操作"。

在窗体上加入名为 CommonDialog1 的通用对话框，在命令按钮的 Click 事件中编程：

```
Private Sub Command1_Click()
    On Error GoTo nofile                    ' 设置错误陷阱
    CommonDialog1.InitDir = "C:\Windows"    ' 设置初始目录
    CommonDialog1.Filter = "文本文件 | *.Txt" ' 过滤文件类型
```

```
    CommonDialog1.CancelError = True            ' 控制取消按钮
    ' 以上三行代码可在设计时直接设置
    CommonDialog1.ShowOpen                    ' 或用 Action = 1 显示文件打开对话框
    Label1.Caption = CommonDialog1.FileName      ' 显示选择的文件名
    Exit Sub                              ' 正常退出本过程
nofile:                                 ' 以下为错误处理
    If Err.Number = 32755 Then             ' 单击"取消"按钮
    Label1.Caption = "放弃操作"
    Else
    Label1.Caption = "其他错误！"
    End If
End Sub
```

8.1.3　"颜色"对话框

"颜色"对话框是当 Action 为 3 时的通用对话框，如图 8-3 所示。在颜色调色板中提供了颜色（Basic Colors），还提供了用户的自定义颜色（Custom Colors），用户可自己调色。

Color 属性是"颜色"对话框最重要的属性，它返回或设置选定的颜色。当用户在调色板中选中某颜色时，该颜色值便赋给 Color 属性。

【例 8.2】在例 8.1 的窗体上增加命令按钮 Command2，用于打开"颜色"对话框，通过"颜色"对话框设置标签的背景颜色。

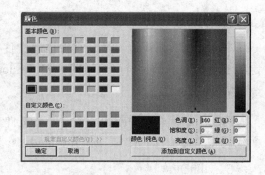

图 8-3　"颜色"对话框

在"颜色"对话框中，我们采用单击"取消"按钮时不产生错误信息的处理方案。具体代码如下：

```
Private Sub Command2_Click()
    CommonDialog1.CancelError = False
    CommonDialog1.ShowColor '或使用属性 Action=3 打开颜色对话框
    Label1.BackColor = CommonDialog1.Color '返回选定的颜色
End Sub
```

8.1.4　"字体"对话框

"字体"对话框是当 Action 为 4 时的通用对话框，如图 8-4 所示，供用户选择字体。

在使用 CommonDialog 控件选择字体之前，必须设置 Flags 属性值。该属性通 CommonDialog 控件是否显示屏幕字体、打印机字体或两者皆有之。如果没有设置 Flags 属性而直接使用 CommonDialog 控件，VB 将显示出错提示对话框（没有安装字体。请从控制面板中打开字体文件夹安装字体）。

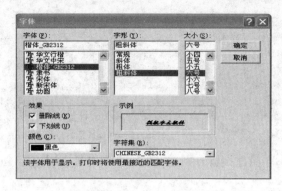

图 8-4 "字体"对话框

通用对话框用于字体操作时涉及到的重要属性有以下 4 个。

1. Flags 属性

在"字体"对话框中常用 Flags 属性设置值如表 8-2 所示。

表 8-2 "字体"对话框的 Flags 属性

系统常数	值	说　　明
cdlCFScreenFonts	&H1	使对话框只列出系统支持的屏幕字体
cdlCFPrinterFonts	&H2	使对话框只列出打印机支持的字体
cdlCFBoth	&H3	使对话框列出可用的打印机和屏幕字体
cdlCFEffects	&H100	指定对话框允许删除线、下画线以及颜色效果

2. Font 属性集

属性集包括 FontName（字体名）、FontSize（字体大小）、FontBold（粗体）、FontItalic（斜体）、FontStrikethru（删除线）和 FontUnderline（下画线）。这些属性的用法与标准控件的字体属性相同。

3. Color 属性

该属性值表示字体的颜色，要使用这个属性，必须使 Flags 含有 cdlCFEffects 值。

4. Min 和 Max 属性

它确定字体大小的选择范围，单位为（point）

【例 8.3】用"字体"对话框设置文本框的字体，要求字体对话框内出现删除线、下画线，并可控制颜色元素。

在窗体上放置通用对话框、文本框和命令按钮，在命令按钮的 Click 事件中编程：

```
Private Sub Command1_Click()
    CommonDialog1.Flags = cdlCFBoth Or cdlCFEffects  ' 设置 Flags
    CommonDialog1.Max = 100    '设置最大值
    CommonDialog1.Min = 1      '设置最小值
    CommonDialog1.ShowFont
    If CommonDialog1.FontName > "" Then    ' 如果选择了字体
        Text1.FontName = CommonDialog1.FontName  ' 设置文本框内的字体
```

```
        End If
        Text1.FontSize = CommonDialog1.FontSize '设置字体大小
        Text1.FontBold = CommonDialog1.FontBold '设置粗体字
        Text1.FontItalic = CommonDialog1.FontItalic '设置斜体字
        Text1.FontStrikethru = CommonDialog1.FontStrikethru '设置删除线
        Text1.FontUnderline = CommonDialog1.FontUnderline '设置下划线
        Text1.ForeColor = CommonDialog1.Color '设置字体的颜色
    End Sub
```

读者也可将字体不同属性设置分别放在几个事件中，形成各自独立的功能。

8.1.5 "打印"对话框

"打印"对话框是当 Action 为 5 时的通用对话框，其界面如图 8-5 所示。在"打印"对话框内可选择打印机。通过"打印"对话框的"属性"按钮可设置打印机的属性。"打印"对话框并不能处理打印工作，仅仅是一个供用户选择打印参数的界面，所选参数存于各属性中，再由编程来处理打印操作。

通用对话框用于打印操作时涉及到的重要属性有以下 3 个。

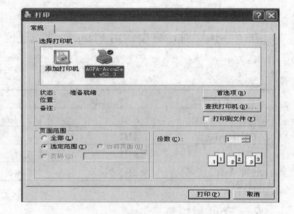

图 8-5　"打印"对话框

1. Copies

该属性为整型值，指定打印份数。

2. FromPage

打印时起始页号。

3. Topage

打印终止页号。

【例 8.4】为例 8.3 中增加命令按钮 Command2，调用"打印"对话框，打印文本框中的信息。

Printer 对象表示所安装的默认打印机，将 Print 方法的输出发送到 Printer 对象就可实现印，EndDoc 方法可结束停止 Printer 对象的操作。具体代码如下：

```
Private Sub Command2_Click()
    CommonDialog1.ShowPrinter      ' 打开打印机对话框
    For i = 1 To CommonDialog1.Copies
    Printer.Print Text1.Text        ' 打印文本框中的内容
    Next i
    Printer.EndDoc                  ' 结束文档打印
End Sub
```

8.1.6　"帮助"对话框

"帮助"对话框是当 Action 为 6 时的通用对话框，可以用于制作应用程序的联机帮助如图 8-6 所示。"帮助"对话框本身不能建立应用程序的帮助文件，只能将已创建好的帮助文件从磁盘中提取出来。并与界面连接起来，达到显示并检索帮助信息的目的。创建帮助文件需要用 Help 编辑器生成帮助文件。

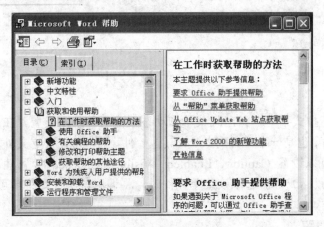

图 8-6　"帮助"对话框

通用对话框用于作为帮助对话框时涉及到的重要属性有以下 4 个。

1. HelpCommand

该属性用于返回或设置所需要的联机 Help 帮助类型。有关类型请参阅 VB 帮助系统。

2. HelpFile

该属性用于指定 Help 文件的路径及其文件名称。即找到帮助文件，再从文件中找到相应内容，显示在 Help 窗口中。

3. HelpKey

该属性用于在帮助窗口中显示由该关键字指定的帮助信息。例如，如果想在标准 Help 窗口中显示帮助文件 VB.hlp 中有关 Common Dialog Control 的帮助信息，那么应按如下要求设置属性：

```
CommonDialog1.HelpCommand = cdlHelpContents '帮助类型
CommonDialog1.HelpFile = "VB.HLP"  '帮助文件，注意应写具体路径
CommonDialog1.HelpKey = "Common Dialog Control" '指定关键字
CommonDialog1.ShowHelp '打开帮助窗口
```

4. Helpcontext

返回或设置所需要的 HelpTopic 的 Context ID，一般与 HelpCommand 属性（设置为 cdlHelpContents）一起使用，指定要显示的 HelpTopic。

【例 8.5】编写一个应用程序，。在运行期间，当单击"显示记事本帮助"按钮时，调

用 Notepad.hlp 文件，首先进入"创建页眉、页脚"的帮助信息页面。

程序代码如下：

```
Private Sub Command1_Click()
    CommonDialog1.HelpCommand = cdlHelpContents
    CommonDialog1.HelpKey = "创建页眉、页脚"
    CommonDialog1.HelpFile = "C:\WINDOWS\HELP\NOTEPAD.HLP"
    CommonDialog1.ShowHelp
End Sub
```

8.2　菜单设计

菜单可分为下拉式菜单、弹出式菜单和动态菜单三种基本类型。在 VB 中，菜单依赖于具体的窗体而存，也是一个控件对象。与其他控件一样，它具有定义外观与行为的属性，在设计或运行时可以设置 Caption、Enabled、Visible、Checked 等属性。菜单控件只包含 Click 事件，当用鼠标或键盘选中该菜单控件时，将调用该事件。菜单可以构成控件数组。

8.2.1　菜单编辑器

菜单编辑器是 VB 提供的用于设计菜单的编辑器。用菜单编辑器可以创建新的菜单，修改和删除已有的菜单和菜单项。

打开菜单编辑器的方法有以下 4 种：

① 选择"工具"下拉菜单中的"菜单编辑器"选项。

② 单击工具栏中的"菜单编辑器"按钮。

③ 在"窗体窗口"上单击右键选择弹出菜单中的"菜单编辑器"选项。

④ 按 Ctrl+E 键。

打开后的菜单编辑器如图 8-7 所示。

菜单编辑器分为 3 个部分：菜单项属性区、菜单项编辑区和菜单项显示区。

1．菜单项属性区

菜单项属性区用来输入或修改菜单项，设置属性，各项的作用如下。

（1）　标题(<u>P</u>)：用于设置菜单项显示的文本，相当于其他控件的 Caption 属性。如果要定义菜单的访问键，可以在标题中使用"&访问字符"的格式，例如"&F"。在程序运行时，对于一级菜单可以用"Alt+访问字符"来选中这个菜单项,可用 Alt+F 键来选中菜单；

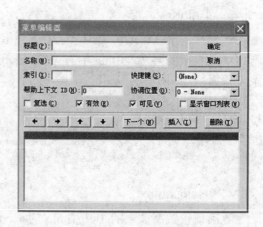

图 8-7　菜单编辑器

对二级及以下的菜单，在菜单已展开的情况下，可直接按"访问字符"执行对应的菜单命令，可直接按 F 键。如果在该栏中输入一个减号(-)，可以在菜单中加入一条分隔线，特别要注意的是，该分隔线也是一个菜单项，一定要有一个名称。

（2）名称(M)：菜单控件的名字，每个菜单项都必须有个名字，就像其他控件一样，名称一般以 mnu 作为前缀，如"文件"菜单项可取名称为"mnuFile"。

（3）索引(X)：设置菜单控件数组的下标，相当于控件数组的 Index 属性。

（4）快捷键(S)：可以在快捷键组合框中选取功能键、组合键来设置菜单项的快捷键。快捷键将自动出现在菜单上，要删除快捷键应选取列表顶部的"none"。如为"新建"菜单项创建快捷键 Ctrl+N，则在运行时可按 Ctrl+N 键作为快捷键。在菜单项的一级菜单不能设置快捷键。

（5）帮助上下文 ID(H)：指定一个唯一的数值作为帮助文本的标识符，可根据该数值在帮助文件中查找合适的帮助主题。

（6）协调位置(O)：与 OLE 功能有关，一般取值为 0。

（7）复选(C)：当该属性为 True 时，可以在相应的菜单项左边加上记号"√"，表明该菜单项处于活动状态，相当于其他控件的 Checked 属性。

（8）有效(D)：用来设置菜单项的操作状态。如果该属性被设置为 False，则相应的菜单项将会变"灰色"，不响应用户事件，相当于其他控件的 Enabled 属性。

（9）可见(Y)：设置该菜单项是否可见，相当于其他控件的 Visible 属性。如果该属性被设置为 False，则相应的菜单项将被暂时从菜单中去掉，直到重新被设置为 True 时才显示出来。

（10）显示窗口列表(W)：用来设置在 MDI 应用程序中，菜单控件是否包含一个打开的 MDI 子窗体列表。

2. 菜单项编辑区

菜单项编辑区共有 7 个按钮，用来对输入的菜单项进行简单的编辑。

（1）"→"和"←"按钮：用来产生或取消内缩符号。单击一次右箭头可以产生 4 个点(....)，单击一次左箭头则删除 4 个点。这 4 个点称为内缩符号，用来确定菜单的层次。通常状况下子菜单一般不能超过四级。

（2）"↑"和"↓"按钮：用来在菜单项显示区中移动菜单项的位置。把条形光标移到某个菜单项上，单击上箭头将使该菜单项上移，单击下箭头将使该菜单项下移。

（3）"下一个"按钮：编辑下一个菜单项。

（4）"插入"按钮：在光标所在处插入一个空白菜单项。

（5）"删除"按钮：删除光标所在处的菜单项。

3. 菜单项显示区

位于菜单编辑器的下部，输入的菜单项在这里显示出来，并通过内缩符号表明菜单项的层次。单击"确定"按钮，创建的菜单将显示在窗体上。单击"取消"按钮，则放弃本次操作。

完成菜单设计后，可以回到窗体设计环境为菜单项编写事件代码，具体操作同其他控件编写事件代码类似。

8.2.2 下拉式菜单

1. 创建菜单

下拉式菜单是常用的菜单之一,下拉式菜单包括主菜单、菜单项、子菜单和分隔条等。如图 8-8 所示是一个普通的下拉式菜单。

【例 8.6】通过菜单编辑器建立如图 8-8 所示的下拉式菜单,该菜单的属性设置如表 8-3 所示。要建立一个菜单,首先要确定菜单属于哪个窗体,然后在窗体上单击右键,从弹出菜单中选择"菜单编辑器",打开如图 8-7 所示的菜单编辑器,并按照表 8-3 所列出的属性,在菜单编辑器中进行输入或设置,最后形成图 8-9 所示的操作结果。

表 8-3 例 8.6 中下拉式菜单的属性设置

标题(P)	名称(M)	内缩符号	快捷键
编辑(&E)	mnuEdit	无	(None)
剪切	mnuEditCut	….	Ctrl+X
复制	mnuEditCopy	….	Ctrl+C
粘贴	mnuEditPaste	….	Ctrl+V
清除	mnuEditClear	….	(None)
-	mnuEditBar	….	(None)
退出(&E)	mnuEditExit	….	(None)

在设置"清除"菜单项时,注意要选中"复选(&C)"项,如图 8-9 所示。这样,在"清除"菜单项的前面就有一个"√",如图 8-8 所示。在设置"剪切"、"复制"、"粘贴"菜单项时,要在快捷键对应的下拉组合框中选择相应的快捷键。在输入分隔线时,注意一定要像其他菜单项一样输入名称。如果菜单不是控件数组,注意不要在索引项中输入内容。以上菜单项中,除"编辑(E)"为一级菜单,不用内缩外,其他菜单项都要内缩。

菜单编辑完成后,可根据菜单设计的任务,对菜单进行代码编写。

图 8-8 普通的下拉式菜单

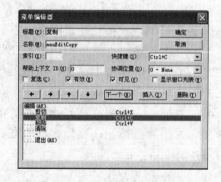

图 8-9 例 8.6 下拉式菜单

2. 编写菜单的事件代码

在 VB 中,菜单依赖于具体的窗体而存,也是一个控件对象。与其他控件一样,可以进行代码编程,不过菜单控件只包含 Click 事件,该事件当用鼠标单击菜单项或键盘选中该菜单项时将被调用。

进入窗体的代码窗口，选中要编写代码的菜单项名，如图 8-10 所示，选定后就可以为该菜单项编写代码了，如图 8-11 所示。进入代码窗口可有多种方法，对菜单而言，可以先在窗体上展开菜单，然后直接用鼠标选中要编写代码的菜单项单击，也可以进入图 8-11 所示的代码窗口了。

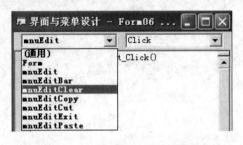

图 8-10　菜单对象代码窗口

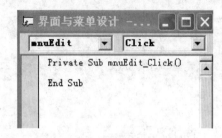

图 8-11　菜单代码窗口

【例 8.7】参照 Windows 记事本，建立一个有菜单功能的文本编辑器

假定所要建立的菜单结构如表 8-4 所示，建立菜单大致可分成以下三个步骤：

表 8-4　文本编辑器的菜单结构

标　题	名　称	快捷键	标　题	名　称	快捷键
文件	FileMenu		编辑	EditMenu	
....新建	FileNew	Ctrl+N	....复制	EditCopy	Ctrl+C
....打开	FileOpen	Ctrl+O	....剪切	EditCut	Ctrl+X
....保存	FileSave	Ctrl+S	....粘贴	EditPaste	Ctrl+V
....另存为	FileSaveAs				
....退出	FileExit				

（1）建立控件。

在本例中只要在窗体上放置一个文本框和一个通用对话框，并设置文本框的多行属性和滚动条。

（2）设计菜单。

打开菜单编辑器，按表 8-4 结构对每一个菜单项输入标题、名称和选择相应的快捷键。当完成所有输入工作后，就完成了整个菜单的建立工作。

（3）编写事件过程代码。

在菜单建立好以后，还需要编写相应的事件过程。本例中我们仅对"打开"菜单项编程，使用一个通用对话框，打开所选定的文本文件，并将文件内容传送到文本框。关于文件打开和读写操作可参阅后面的章节。

程序代码如下：

```
Private Sub FileOpen_Click()
    On Error GoTo nofile                  ' 设置错误陷阱
    CommonDialog1.InitDir = "C:\Windows"  ' 设置属性（可以在设计中完成）
    CommonDialog1.Filter = "文本文件 | *.Txt"
    CommonDialog1.CancelError = True
```

```
    CommonDialog1.ShowOpen        ' 或用 Action = 1 显示文件"打开"对话框
    Text1.Text = ""               ' 清除文本框的内容
    Open CommonDialog1.FileName For Input As #1  ' 打开文件进行读操作
    Do While Not EOF(1)
        Line Input #1, inputdata     ' 读一行数据到变量 inputdata
        Text1.Text = Text1.Text & inputdata & vbCrLf ' vbCrLf 为回车换行
    Loop
    Close #1              ' 关闭文件
    Exit Sub
nofile:                   ' 错误处理
    If Err.Number = 32755 Then Exit Sub      ' 单击"取消"按钮
End Sub
```

8.2.3 弹出式菜单

在使用 Windows 应用程序时经常会遇到弹出式菜单。弹出式菜单也称为上下文菜单或快捷菜单。弹出式菜单一般通过用户单击鼠标右键进行显示，具体显示的位置跟用户单击鼠标右键时的位置及命令中的参数有关。编写程序时，如希望在某个控件上单击鼠标右键显示弹出式菜单，则应在该控件的有关事件中写入相应的代码。对窗体而言，为了显示弹出式菜单，通常把 PopupMenu 方法放在 MouseDown 事件中。

建立弹出式菜单通常有两步：首先用菜单编辑器建立菜单，然后在有关的控件对象的某个事件中用 PopupMenu 方法弹出显示。第一步的操作与下拉式菜单基本相同，如果弹出式菜单不需要在顶级菜单处显示，则把菜单项（顶级菜单）的"可见"属性设置为 False（即不选中），如果弹出式菜单需要在顶级菜单处显示，则菜单项（顶级菜单）的"可见"属性设置为 True（即选中）不变。

PopupMenu 方法的格式为：

```
[对象.]PopupMenu<菜单名> [,Flags [,x[,Y[, BoldCommand]]]]
```

参数说明：

（1）对象：即窗体名或控件名，省略该项将打开当前窗体的菜单。

（2）菜单名：是指通过菜单编辑器设计的菜单（至少有一个子菜单项）的名称。

（3）Flags：为一些常量数值的设置，包含位置及行为两个指定值，如表 8-5 所示。两个常数可以相加或以 or 相连。

表 8-5　Flags 参数值

参　数	内部常数	参　数　值	说　明
位置常数	vbPopupMenuLeftAlign	0(默认)	菜单左上角位于 x
	vbPopupMenuCenterAlign	4	菜单上框中央位于 x
	vbPopupMenuRightAlign	8	菜单右上角位于 x
行为常数	vbPopupMenuLeftButton	0(默认)	菜单命令只接受右键单击
	vbPopupMenuRightButton	2	菜单命令可接受左、右键单击

（4）　*X* 和 *Y*：用来指定弹出式菜单显示位置的横坐标(*X*)和纵坐标(*Y*)。如果省略，则弹出式菜单在鼠标光标的当前位置显示。

（5）BoldCommand：指定在显示的弹出式菜单中想以粗体字体出现的菜单项的名称。在弹出式菜单中只能有一个菜单项被加粗。

如在窗体上要通过单击鼠标右键显示例 8.6 中的菜单 mnuEdit，则在窗体的 MouseDown 事件中可进行如下编程：

```
Private Sub Form_MouseDown(Button As Integer, Shift As Integer, X As Single,
Y As Single)
If Button = 2 Then
    PopupMenu mnuEdit
End If
End Sub
```

弹出式菜单的代码编写方法与下拉式菜单编写方法基本相同。

8.2.4　动态菜单

如果需要随着应用程序的变化动态地增减菜单项，这就必须使用菜单控件数组。在"菜单编辑器"对话框，加入一个菜单项，将其索引(Index)项属性设置为 0，然后可以加入名称相同、Index 相邻的菜单项。也可以只有一个 Index 为 0 的选项，在运行时通过菜单控件数组名和索引值使用 Load 方法加入新的菜单项。使用 UnLoad 方法，删除菜单项。

1.　使菜单命令有效或无效

菜单项都具有 Enabled 属性，当这个属性设为 False 时，菜单命令失效，快捷键的访问也失效，它不响应动作。一个失效的菜单项变为灰色。要使菜单项有效，只需将 Enabled 属性设为 True。对该属性进行设置可以通过菜单编辑器进行，也可以在程序代码中通过代码来实现。

可以使用下面的语句来实现菜单项的有效和失效：

```
菜单项.Enabled= True|False
```

菜单项失效将使得该菜单项及其所有子菜单都失效。

2.　隐藏或显示菜单项

菜单项都具有 Visiblc 属性，当这个属性设为 False 时，该菜单项及其所有子菜单都将被隐藏。当下拉菜单中的一个菜单项不可见时，其余的菜单项上移以填补空出的空间。如果一级菜单上某个菜单项不可见，则排在该菜单项后的其余的菜单项会左移以填补该空间。要使菜单项可视（或隐藏后被显示），只需将 Visible 属性设为 True。对该属性进行设置可以通过菜单编辑器进行，也可以在程序代码中通过代码来实现。

可以使用下面的语句来实现菜单项的有效和失效：

```
菜单项. Visible= True|False
```

3. 创建菜单控件数组

VB 将菜单项视为控件，因此就可以运用控件数组来管理菜单项，即菜单控件数组。应用菜单控件数组的好处主要有以下两个：

（1）用于动态增删菜单项。

（2）简化编程，用一段过程代码处理多个菜单项。

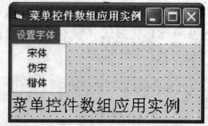

图 8-12　例 8.8 菜单控件数组应用实例

【例 8.8】新建一个工程，在工程中添加一个窗体，窗体上有一个标签 Label1 和一个菜单，如图 8-12 所示。标签 Label1 的属性设置为：字体（Font）为宋体三号，标题（Caption）为"菜单控件数组应用实例"，菜单控件数组的属性设置如表 8-6 所示。

表 8-6　例 8.8 中菜单控件数组的属性设置

标题(P)	名称(M)	内缩符号	索引(X)
设置字体	mnuSetFont	无	空
宋体	mnuFont	….	0
仿宋	mnuFont	….	1
楷体	mnuFont	….	2

在窗体的代码窗口中输入的代码为：

```
Private Sub mnuFont_Click(Index As Integer)
  Select Case Index
   Case 0
     Label1.FontName = "宋体"
   Case 1
     Label1.FontName = "仿宋_GB2312"
   Case 2
     Label1.FontName = "楷体_GB2312"
  End Select
End Sub
```

需要注意的是菜单控件数组的各个元素在菜单项显示区中必须是连续的，而且是同一级菜单。另外，菜单控件数组中出现的分隔符号也应该包括在菜单控件数组中。

4. 运行程序时增减菜单项

在程序运行时可以添加菜单项，比如：VB 的"文件"菜单就是根据打开的工程名添加菜单，显示出最近打开的工程名。

【例 8.9】建立一个能够动态增减菜单的程序。菜单项的初始设置如表 8-7 所示，程序的初始运行状态如图 8-13 所示，运行后的状态如图 8-14 所示。

表 8-7　例 8.9 中各菜单项的属性设置

标题(P)	名称(M)	内缩符号	索引(X)	有效(E)
增减菜单	mnuAddSub	无	空	√
增加	mnuAdd	....	空	√
减少	mnuSub	....	空	
空	mnuNew	无	0	√

图 8-13　例 8.9 菜单增减初始状态　　　　图 8-14　例 8.9 运行后的状态

表 8-7 中最后一行名称为"mnuNew"的菜单项为菜单控件数组的第一元素，标题设为"空"，索引设为"O"，名称"mnuNew"是该菜单控件数组的名称。新增菜单项通过语句"Load mnuNew(k)"来创建，其中 k 为索引号，新建的菜单项还必须用语句"mnuNew(k).Visible=True"来显示该菜单项。删除用这种方法建立的菜单项可用语句Unload mnuNew(k)"来实现，隐藏菜单项可用语句"mnuNew(k).Visible=False"来实现。删除的菜单项不占用内存空间，隐藏的菜单项占用内存空间。

程序代码如下：

```
Dim k As Integer '在窗体的通用中进行声明
Private Sub Form_Load()
k = 0
End Sub

Private Sub mnuNew_Click(Index As Integer)
Print "正在进行新增操作" & Trim(Str(Index)) & "的菜单命令"
End Sub
Private Sub mnuSub_Click()
If k > 0 Then
    Unload mnuNew(k)
    k = k - 1
End If
If k = 0 Then mnuSub.Enabled = False
End Sub

Private Sub munAdd_Click()
k = k + 1
Load mnuNew(k)
mnuSub.Enabled = True
mnuNew(k).Caption = "新增加的菜单" & Trim(Str(k))
mnuNew(k).Visible = True
End Sub
```

【例 8.10】使例 8.7 中的文件菜单能保留最近打开过的文件清单。

在例 8.7 的基础上,在文件菜单的"退出"选项前面(或后面)插入一个菜单项 RunMenu,设置索引属性为 0,使 RunMenu 成为菜单数组,Visible 属性设置为 False,再插入一个名为 Bar3 的分隔线,Visible 属性也设置为 False。在菜单的最后加入名称为 MenuDel,标题为"删除菜单项"的菜单。

假定要保留的文件清单限定为 4 个文件名,设定一个全局变量 iMenucount 记录文件打开的数量,当 iMenucount 小于 5 时,每打开一个文件,就用 Load 方法向 RunMenu()数组加入动态菜单成员,并设置菜单项标题为所打开的文件名,对于第五个以后打开的文件不再需要加入数组元素,采用先进先出的算法刷新记录最先使用的动态菜单成员的标题。为简单起见,我们不考虑同名文件重复打开和动态菜单项标题排列顺序,将 FileOpen 菜单下的代码更改如下:

```
Private Sub FileOpen_Click()
    On Error GoTo nofile                     ' 设置错误陷阱
    CommonDialog1.InitDir = "C:\Windows"     ' 设置属性(可以在设计中完成)
    CommonDialog1.Filter = "文本文件 | *.Txt"
    CommonDialog1.CancelError = True
    CommonDialog1.ShowOpen                   ' 或用 Action = 1
    Text1.Text = ""
    Open CommonDialog1.FileName For Input As #1  ' 打开文件进行读操作
    Do While Not EOF(1)
        Line Input #1, inputdata             ' 读一行数据
        Text1.Text = Text1.Text + inputdata + Chr(13) + Chr(10)
    Loop
    Close #1                                          ' 关闭文件
iMenucount = iMenucount + 1     ' 下面是动态菜单的操作过程
    If iMenucount < 5 Then
    bar3.Visible = True
    Load RunMenu(iMenucount)          ' 装入新菜单项
    RunMenu(iMenucount).Caption = CommonDialog1.FileName
    RunMenu(iMenucount).Visible = True
    Else
    i = iMenucount Mod 4              ' 第五个以后的文件刷新数组控件的标题
    If i = 0 Then i = 4
    RunMenu(i).Caption = CommonDialog1.FileName
    End If
    Exit Sub
nofile:                              ' 错误处理
    If Err.Number = 32755 Then Exit Sub   ' 单击"取消"按钮
End Sub
```

要删除所建立的动态菜单项,使用 Unload 方法,这个在前面已经介绍了,在本例中的菜单项 MenuDel_Click 事件中演示菜单项删除的编辑思路,代码如下:

```
Private Sub MenuDel_Click()
    Dim n As Integer
        If iMenucount > 4 Then    ' 如果文件数大于 4
```

```
        n = 4
    Else
        n = iMenucount
    End If
    For i = 1 To n
    Unload RunMenu(i)              ' 删除菜单项
    Next i
    iMenucount = 0                 ' 重置文件打开数
    bar3.Visible = False           ' 隐含分隔线
End Sub
```

如果在退出本程序时将最近打开过的 4 个文件名保存到磁盘文件，下一次再启动本程序时从磁盘文件读出清单写入到数组，则程序就具有了记忆功能了。

有关动态菜单项的操作代码可以在 RunMenu_Click（Index As Integer）事件中编写。

8.3　工具栏与状态栏设计

在基于 Windows 操作系统的应用程序中，一般都是将最常用的命令以按钮的形式集合在一起，以方便用户的操作，这就是工具栏。工具栏为用户提供了对于应用程序中最常用的菜单命令的快速访问，进一步增强了应用程序的菜单界面。制作工具栏有两种方法：一是手工制作。即利用图片框和命令按钮，比较烦琐，在本书中不予介绍。另一种方法是通过组合使用 Toolbar 和 Imagelist 控件来建立，这种方法简单、快捷，容易学习。

Toolbar 和 Imagelist 控件都是 ActiveX 控件，使用这些控件前必须先将其添加到工具箱中。添加的方法有两种：一是选择"工程"|"部件"命令，弹出对话框，在对话框的"控件"选项卡中选中 Microsoft Windows Common Control 6.0 选项，单击"确定"按钮。二是右击工具箱，弹出快捷菜单，选择"部件"命令，后续操作同上。

执行上述操作后，工具箱中将添加如图 8-15 所示的以下几个图标，Toolbar 和 Imagelist 控件即在其中。

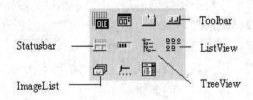

图 8-15　添加到工具箱中的 ActiveX 控件

创建工具栏的步骤如下：

（1）将 ImageList 控件添加到窗体上，然后在 ImageList 控件中添加所需的图像。

（2）将 Toolbar 控件添加到窗体上，在 Toolbar 控件中创建 Button（按钮）对象。

（3）在 ButtonClick 事件中用 Select Case 语句对各按钮进行相应的编程。

注意：在多文档界面（MDI）应用程序的开发中，工具栏应放在 MDI 父窗体中。

8.3.1 图像列表 ImageList 控件

图像列表框控件（ImageList）用于保存许多图像，是一个图像的集合，以供其他控件使用，为其提供图像库，如状态栏（StatusBar）、工具栏（ToolBar）控件、Listview 控件和Treeview 控件。其中的各个图像可以作为 ListImage 对象来接受访问，或者所有的图像可作为一个 ListImages 集合来接受访问。在利用 Toolbar 控件制作工具栏时，其中按钮的图像就是从 ImageList 的图像库中获得的。

在窗体上添加 ImageList 控件后，其默认名称为 ImageListl，右击该控件，从弹出的快捷菜单中选择"属性"命令，这里会出现三个选项卡，分别为"通用"、"图像"和"颜色"。在"通用"选项卡中可以设置大小，这里如果选择自定义，那么"高度"和"宽度"的大小将由插入图片的尺寸决定；"颜色"选项卡是用来设置控件的背景颜色的；这里我们把"属性页"对话框中切换到"图像"选项卡，如图 8-16 所示。

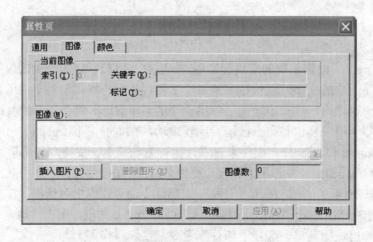

图 8-16　ImageList 属性页中 "图像" 选项卡

其中各个关键字说明如下：

① "索引"文本框：表示每个图像的编号，在 Toolbar 的按钮中引用。

② "关键宁"文本框：表示每个图像的标识名，在 Toolbar 的按钮中引用。

③ "图像数"文本框：表示已插入的图像数目。

④ "插入图片"按钮：插入新图像，图像文件的扩展名为.ico、.bmp、.gif、.jpg 等。

⑤ "删除图片"按钮：删除选中的图像。

向 ImageList 中添加图像的具体操作：单击"插入图片"按钮，这时会弹出"选定图片"对话框，通过对话框选定需要的一个图像文件，再单击"选定图片"对话框中的"打开"按钮，然后赋予该图像一个编号和一个关键字。接着再单击"插入图片"按钮，重复上述过程，直到添加完毕，然后单击 ImageList 属性页中的"确定"按钮。

1. Imagelist 控件的属性和方法

ImageList 控件的常用属性见表 8-8 所示。

表 8-8　Imagelist 控件的常用属性

属　　性	功　　能
BackColor	读取或设置本控件的背景颜色
ImageHeight	读取或设置本控件包含的 ListImage 对象的高度
ImageWidth	读取或设置本控件包含的 ListImage 对象的宽度
Index	控件数组下标
ListImages	指向本控件所包含的 ListImage 对象的集合
Key	读取或设置用于在一个集合中识别一个对象的串字符
Picture	返回或设置将显示在控件中的图片

图像列表框的常用方法是 OveLay，它将来自 ListImages 集合中的图像附加在另一个映像上。没有事件和该控件联系，它在运行期间是不可见的。

2．ListImages 集合的属性和方法

Imagelist 控件的 ListImages 属性是一个集合对象，ListImages 集合向许多要求映像的控件提供一系列映像。

（1）ListImages 集合的属性。

ListImages 的常用属性是 Count，用来找出集合中有多少 ColumnHeader 对象。

（2）ListImages 集合的方法。

ListImages 集合的方法如表 8-9 所示。

表 8-9　ListImages 集合的方法

属　　性	功　　能
Add	向本集合添加一个 ColumnHeader 对象
Clear	清除本集合中所有 ColumnHeader 对象
Item	访问本集合中一个指定的 ColumnHeader 对象
Remove	从本集合中删除一个 ColumnHeader 对象

8.3.2　工具栏 Toolbar 控件

工具栏控件（Toolbar）用来在窗体上产生具有很多按钮对象的工具栏，按钮上可以显示文字、图形或两者兼有，可用该控件生成如 Word 或其他应用软件那样的工具栏。

1．Toolbar 工具栏控件常用属性

工具栏控件常用的属性如表 8-10 所示。

表 8-10　工具栏 Toolbar 控件常用属性

属　　性	功　　能
Align	读出或设置对象在窗体中的显示位置。它有 5 个值可供选择，用来设置工具栏放置在窗体的上部、下部、左边或右边等
Buttons	访问本控件中使用的 Button 对象的集合

（续表）

属　性	功　能
ImageList	读出和设置与本控件相关联的 ImageList 控件。该属性被设置后，可以向工具栏按钮中添加图形
Index	控件名相同时，用来产生一个数组标识号
ToolTipText	设置当鼠标指针在工具栏某一按钮暂停时所显示的提示文本
ShowTips	设置是否显示工具栏按钮上的提示文本
AllowCustomSize	设置本控件是否能被用户自定义。比如，可以增加或删除某一按钮
Wrappable	设置如果窗口尺寸发生变化，是否自动包括本控件按钮
Key	设置某一按钮与其他按钮的区别标识符
Style	用来设置工具栏中按钮的工作形式。有 5 个属性值供选择，默认值为 0，其中 1 表示以检查框的方式工作，2 表示以按钮组的方式出现，每次只能选择按钮组中的一个按钮
Image	用来设置按钮中显示的图形，以 0，1，2 等来标识，ImageList 控件中的图形按顺序赋给不同的按钮

2. Toolbar 工具栏控件常用事件

工具栏常用的事件主要有 ButtonClick、ButtonMenuClick 和 Click、。对于 ButtonClick 事件，当单击本控件之上的一个按钮时，该事件过程被执行；对于 Click，当单击本控件时先进行检测，然后执行。

3. 在 Toolbar 工具栏控件中添加按钮

Toolbar 工具栏可以建立多个按钮。每个按钮的图像来自 ImgeList 控件中插入的图像。

（1） 为工具栏连接图像。

在窗体上添加 Toolbar 控件后，右击该控件，在弹出的快捷菜单中选择"属性"命令，打开"属性页"对话框，切换到"通用"选项卡。如图 8-17 所示。

选项卡中的各选项说明如下。

"图像列表"下拉列表框：表示与 ImageList 控件的连接。如选择 ImageList 控件。

"可换行的"复选框：被选中表示当工具栏的长度不能容纳所有的按钮时，在下一行显示。否则剩余的不显示。

其余各项含义很容易理解，一般取默认值。

注意：若要对 ImageList 控件增、删图像，必须先在 Toolbar 控件的"图像列表"下拉列表内设置<无>，即与 ImageList 切断联系。否则无法对 ImageList 控件进行设置。

（2） 为工具栏增加按钮。

在 Toolbar 属性页切换到"按钮"选项卡，打开如图 8-18 所示的该选项卡界面。单击"插入按钮"按钮，可以在工具栏中增加按钮。

Toolbar 属性页的"按钮"选项卡中的主要属性如下。

"索引"（Index）文本框：表示每个按钮的索引号。在 ButtonClick 事件中引用。

"关键字"（Key）文本框：表示每个按钮的标识名。在 ButtonClick 事件中引用。

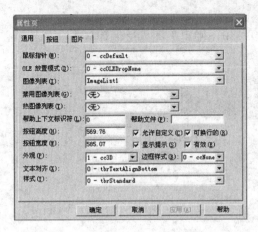

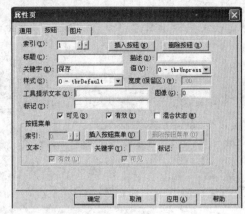

图 8-17　Toolbar 的"通用"选项卡　　　　图 8-18　属性页中的"按钮"选项卡

"样式"（Style）下拉列表框：提供 6 种按钮样式，如表 8-11 所示。

表 8-11　工具栏按钮的样式（Style）

常　　数	值	说　　明
tbrDefault	0	（默认的）按钮。按钮足一个规则的下拉按钮
tbrCheck	1	复选。按钮是一个复选按钮，它可以被选定或者不被选定
tbrButtonGroup	2	按钮组。在任何时刻部只能按下组内一个按钮
tbrSeparator	3	分隔符。按钮的功能足作为固定宽度（8 个像素）的分隔符
tbrPlaceholder	4	占位符。按钮在外观和功能上像分隔符，但宽度可改变
tbrDropDown	5	菜单式下拉按钮。用于查看 MenuButton 对象

"图像"（Image）文本框：表示 ImageList 对象中的图像，它的值可以是图像的关键字（Key）或索引（Index）。

"值"（Value）下拉列表框：表示按钮的状态。有按下（tbrPressed）和没按下（tbrUnpressed）两种，用于样式 1 和样式 2。

向 Toolbar 中添加按钮及为按钮添加图像的具体操作是：单击"插入按钮"按钮，然后为该按钮赋予一个标题和一个关键字，再设置"样式"和"工具提示文本"，并在"图像"文本框中为按钮设置一个图像值（它的值可以是 Key 或 Index 的值）；接着再单击"插入按钮"按钮，重复上述过程，直到添加完毕，最后单击 Toolbar"属性页"中的"确定"按钮。至此，工具栏创建完成。

4．为 Toolbar 工具栏控件中的按钮编写事件过程代码

工具栏创建完成后，还要编写相应的代码，这样按钮才能起作用。

Toolbar 控件最常用的事件有两个：ButtonClick 和 ButtonMenuClick。前者对应按钮样式属性为 0～2，后者对应样式为 5 的菜单按钮。

实际上，工具栏上的按钮是对象数组。单击工具栏上的按钮会发生 ButtonClick 或 ButtonMenuClick 事件。可以利用数组的索引（Index 属性）或关键字（Key 属性）来识别被单击的按钮，再使用 Select Case 语句完成代码编写。现以 ButtonClick 事件为例写出其

事件过程的编写结构。

假设工具栏上有"打开"、"保存"等命令按钮，则用不同方法编程如下：

（1） 用索引 Index 确定按钮。

```
Private Sub Toolbar1_ButtonClick(ByVal Button As MSComctlLib.Button)
Select Case Button.Index
Case 1
    '"打开"语句块
Case2
    '"保存"语句块
……
End Select
End Sub
```

（2） 用关键字 Key 确定按钮。

```
以下程序段与上面基本相同，仅用 Button.Key 代替 Button.Index。
Private Sub Toolbar1_ButtonClick(ByVal Button As MSComctlLib.Button)
  Select Case Button.Key
Case "Toolopen"
    '"打开"语句块
Case "Toolsave"
    '"保存"语句块
……
End Select
End Sub
```

【例 8.11】编写一个简单的程序，要求包含有工具栏和图像列表控件，单击工具栏中的第一个按钮能够显示当前的日期和时间,单击第二个按钮能够设置标签和文本框的颜色,单击第三个按钮能够弹出一个对话框。程序运行界面如图 8-19 所示。

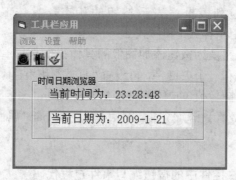

图 8-19　例 8.11 程序运行界面

程序代码如下：

```
Private Sub Toolbar1_ButtonClick(ByVal Button As MSComctlLib.Button)
    Select Case Button.Key   'Select Case Button.index
        Case "key1"   'Case 1
            Label1.Caption = "当前时间为：" & Time
            Text1.Text = "当前日期为：" & Date
```

```
        Case "key2"   'Case 2
            Label1.ForeColor = vbGreen
            Text1.ForeColor = vbBlue
        Case "key3"   'Case 3
            MsgBox "这是一个非常好的实例，只是为了说明工具栏控件的使用方法！"
    End Select
End Sub
```

8.3.3　状态栏 StatusBar 控件

状态栏一般位于窗体的底部，用于显示系统的一些状态，如大小写情况、日期时间等，在状态栏中可以包含文字和图像。

1.　状态栏控件的常用属性

状态栏与工具栏的属性比较相似，参见表 8-10 工具栏 Toolbar 控件常用属性。

2.　状态栏常用事件

状态栏常用事件主要有 Click、DblClick、PanelClick、PanelDblClick。当单击状态栏上某一窗格时，执行 PanelClick 事件；当双击状态栏上某一窗格时，执行 PanelDblClick 事件。

3.　引入状态栏控件并设置属性

从工具箱中把状态栏控件添加到窗体中，设置其属性。对于状态栏控件，常用"属性页"对话框的"自定义"来设置属性，如图 8-20 所示。

（1）设置图的"样式"列表框为 0-sbrNormal，即在普通型与简单型之间选择普通型，其他各项取默认值。

（2）单击"窗格"选项卡，"属性页"窗口如图 8-21 所示。"文本"文本框设置为"大写"；"样式"列表框设置为 1-sbrCaps，即表示大小写的状态，"样式"列表框共有 7 个选项，如表 8-12 所示。"斜面"列表框设为 1-sbrInse，即窗格以凹状出现，"斜面"共有三个选项，分别为无倾斜、凹状、凸状，一般情况选择凹状。

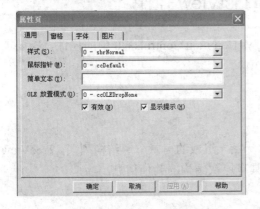

图 8-20　状态栏控件的属性页对话框

图 8-21　属性页中的"窗格"选项卡

表 8-12　状态栏样式列表框常量

常　　数	值	说　　明
sbrText	0	显示文本和位图
sbrCaps	1	显示火小写状态
sbrNum	2	显示 NumberLock 状态
sbrIns	3	且示 Insert 键状态
sbrScrl	4	显示 sbrScrl 键状态
sbrTime	5	按系统格式显示时间
sbrDate	6	按系统格式显示日期

（3）单击"插入窗格"按钮，为每一个窗格设置属性。设置"样式"列表框为 6-sbrDate，即显示系统日期，其他值采用默认值。

4．运行时改变状态栏

程序在运行时，能够重新设置窗格 Panel 对象以反映不同的功能，这些功能取决于应用程序的状态和各控制键的状态。有些状态是需要编写程序来实现，有些系统已经具备。比如在程序运行过程中，要求改变第一个窗格中显示的内容和窗格的宽度，代码如下：

```
Private Sub Command1_Click()
StatusBar1.Panels(1).Text = "更改窗格显示的内容"
StatusBar1.Panels(1).Width = 1000 '更改第一个窗格的宽度
End Sub
```

再如程序运行时候，要求在窗格中动态的显示系统的事件，可以用如下代码来实现此功能：

```
Private Sub Timer1_Timer()
StatusBar1.Panels(3).Text = Time
End Sub
```

8.4　TreeView 和 ListView 控件

TreeView 和 ListView 均为 Microsoft Windows Common Controls 6.0 中的控件，需要加载后方可使用，加载方法与其他 ActiveX 控件相似。

8.4.1　TreeView 控件

TreeView 控件可显示由一系列 Node 对象（节点）组成的树状分层结构列表。TreeView 常用于显示文档标题、部门分类、文件目录或具有层次结构的其他信息。

1．TreeView 控件的常用属性

TreeView 控件的常用属性如表 8-13 所示。

表 8-13　TreeView 控件的常用属性

属　　　性	功　　　能
ImageList	读出或设置与本控件相联系的 ImageList 控件
Indentation	设置各个新的 Node 对象缩进的量度
LabelEdit	设置用户是否编辑本控件中 Node 对象的标签。它有 0 和 1 两个属性值，0 代表自动编辑标签，1 代表人工编辑标签
LineStyle	设置本项控件中 Node 对象之间显示的线条类型。它有 0 和 1 两个属性值，0 表示显示子线条，1 表示显示根线条
Nodes	设置访问控件使用的 Node 对象集合
Style	设置为各个 Node 对象而显示的映像、文本和线条的类型。它共有 8 个属性值，一般选用属性值 7，即显示子线条、加/减图像和文本

2.　理解 Node 对象与 Nodes 集合

在介绍 TreeView 控件的应用之前应当对 Node 对象和 Nodes 集合有所了解。TreeView 控件中的每个列表项都是一个 Node 对象（节点），节点可包含文本和图片。节点之间的关系可以是父子关系或兄弟关系。如图 8-22 所示，院系与专业之间为父子关系，各院系之间为兄弟关系（位于同一层次），一个院系中的专业之间也是兄弟关系。院系是专业的父节点（Parent），专业是院系的子节点（Child）。各院系均为顶层节点，顶层节点没有父节点（Nothing）。控件中的所有 Node 对象构成了 Nodes 集合，集合中的每一个 Node 对象具有一个唯一的索引（下界为 1），利用索引可以访问集合中的 Node 对象。下面通过实例说明该控件的应用。

3.　添加节点

Nodes 集合的 Add 方法用于添加节点。调用格式为：

```
TreeView 控件名.Nodes.Add([相关节点，关系，关键字，文本，图片，选定时图片])
```

Add 方法的 6 个参数均为可选参数。前两个参数共同指定新节点的位置。"相关节点"代表相关联的亲属，为现有某节点的索引或关键字，一般用关键字表示。"关系"是指新节点与"相关节点"的位置关系，该参数的取值常数为：tvwFirst，tvwLast，tvwNext，tvwPrevious 或 tvwChild，分别对应整数 0～4。其中 tvwChild 为父子关系，即新节点是"相关节点"的子节点。其他常数均为兄弟关系，即新节点与"相关节点"位于同一层次，分别为首位、末位、后邻位和前邻位。如果省略了"相关节点"参数，则在所有顶层节点之后添加一个新节点，并且忽略"关系"参数。"关键字"代表某一节点的关键字，是区别于其他节点的标识；"文本"代表节点要显示的文本。"图片"代表节点的图片；"选定时图片"代表当用户选定节点时所显示的图片。

【例 8.12】在 TreeView 控件中建立系和班级的分层列表。

新建工程，在窗体上添加一个 TreeView 控件和一个 ImageList 控件，均采用默认名称。添加两个命令按钮，Capation 属性分别为"添加院系"和"添加专业"。在 ImageList 控件中添加两个图片。右击 TreeView 控件，在弹出菜单中选择"属性"菜单项，打开如图 8-23 所示的"属性页"对话框，在对话框的"图像列表"中选择 ImageList1，设"线条样式"

为1，单击"确定"按钮关闭对话框。

图 8-22　TreeView 控件

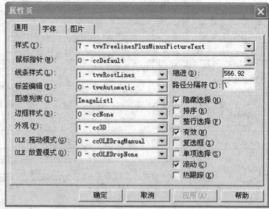

图 8-23　TreeView 控件属性页

在"添加院系"按钮的单击事件过程中添加以下代码：

```
Private Sub Command1_Click()
Dim mnode As Node '声明节点对象变量
'若省略 Add 方法的第一个参数，则在所有顶层节点之后添加一个新的顶层节点，同时忽略
'Add 方法的第二个参数。下面一行语句中的"1, 1"为 ImageList 控件中的图片索引
Set mnode = TreeView1.Nodes.Add(, , , "X 院系", 1, 1) '添加节点并为变量赋值
mnode.Selected = True '设 Selected 属性为 True 即可选中新的节点
TreeView1.StartLabelEdit '使新节点标签处于编辑状态，以便用户修改
End Sub
```

在"添加专业"按钮的单击事件过程中添加以下代码：

```
Private Sub Command2_Click()
If TreeView1.Nodes.Count = 0 Then Exit Sub '若控件中无节点则退出此过程
Dim mnode As Node '声明节点对象变量
Dim iIndex As Integer
On Error GoTo nodeerr '若没有选择节点将出错，并转向错误语句处理
iIndex = TreeView1.SelectedItem.Index '取选定当前节点的索引
If TreeView1.Nodes(iIndex).Parent Is Nothing Then
    Set mnode = TreeView1.Nodes.Add(iIndex, tvwChild, , "X 专业", 2, 2)
Else
    Set mnode = TreeView1.Nodes.Add(iIndex, tvwLast, , "X 专业", 2, 2)
End If
mnode.EnsureVisible ' 使新节点可见
mnode.Selected = True '选中新节点
TreeView1.StartLabelEdit '使新节点标签处于编辑状态以便用户修改
Exit Sub
nodeerr: '错误处理
MsgBox "请选择一个院系", vbExclamation, "信息提示"
End Sub
```

程序运行效果如图 8-24 和图 8-25 所示。

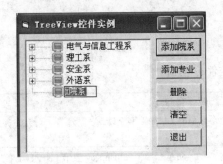

图 8-24　例 8.12 中添加院系界面

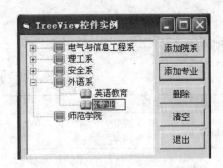

图 8-25　例 8.12 中添加专业界面

4. 删除和清空节点

Nodes 集合的 Remove 方法和 Clear 方法分别用于删除和清空节点。

【例 8.13】扩展例 8.12 的功能，使之能够删除和清空节点。

在例 8.12 中添加两个按钮，Caption 分别为"删除"和"清空"。

在"删除"按钮的单击事件过程中加入以下代码：

```
Private Sub Command3_Click()
With TreeView1 '若控件中有选定的节点，删除该节点和其子节点
    If Not (.SelectedItem Is Nothing) Then .Nodes.Remove .SelectedItem.Index
End With
End Sub
```

在"清空"按钮的单击事件过程中加入以下代码：

```
Private Sub Command4_Click()
TreeView1.Nodes.Clear '清除所有节点
End Sub
```

5. 响应节点的单击事件

在 TreeView 中选择节点时将触发节点单击事件 NodeClick。该事件过程的 Node 参数代表被选择的节点对象。例如，在例 8.13 中添加一个标签，然后为节点单击事件编写如下代码，程序运行时选择某一节点即可在标签中显示该节点的完整路径（FullPath 属性）：

```
Private Sub TreeView1_NodeClick(ByVal Node As MSComctlLib.Node)
Label1.Caption = "选定节点：  " & Node.FullPath
End Sub
```

8.4.2　ListView 控件

ListView 控件可使用大图标、小图标、列表和报表（详细资料）四种不同视图显示列表项。Windows 资源管理器的右窗格就是 ListView 控件的典型例子。该控件可用于显示对数据库查询的结果、数据表中的记录等，还可以与 TreeView 控件联合使用，显示 TreeView 控件节点的下一层数据，例如班级的学生花名册、文件夹中的文件列表、控制面板等。

1. ListView 控件常用属性

ListView 控件常用属性如表 8-14 示。

表 8-14　ListView 控件的常用属性

属　　性	功　　能
MultiSelect	设置用户能否在本控件中作多重选择。它有 True 和 False 两个值。设置为 True 时允许多重选择
SelectedItem	获得一份被选择列表项对象的参照。例如，Listview1.SelectedItem.Key 表示 ListView1 控件中被选择列表项的关键字
Arrange	设置图标排列的方式。它有 0，1 和 2 三个值：0 代表不排列，1 代表自动靠右排列，2 代表自动靠上排列
Sorted	设置是否对图标视图的列表项进行排序
SortKey	设置如何对 ListView 控件中的列表项进行排序
SortOrder	设置控件中的列表项以升序排列还是以降序排列。它有 0 和 1 两个值：0 代表以升序排列，1 代表以降序排列

2. ListView 控件常用事件

ListView 控件的常用事件如表 8-15 所示。

表 8-15　ListView 控件的常用事件

事　　件	意　　义
AfterLableEdit	在用户编辑当前选择的列表对象之后做某事
BeforeLabelEdit	在用户编辑当前选择的列表对象之前做某事
Click	用鼠标单击该控件时，执行某一过程
DblClick	用鼠标双击该控件时，执行某一过程
ItemClick	当控件中某一列表项被单击时，执行某一过程

3. ListView 控件的四种视图

ListView 控件的 View 属性决定它的视图显示方式，有 4 种取值。将该属性值设为常数 lvwIcon 或 0 为大图标，lvwSmallIcon 或 1 为小图标，lvwList 或 2 为列表，lvwReport 或 3 为详细资料。四种视图显示模式如图 8-26～图 8-29 所示。

图 8-26　ListView 大图标视图

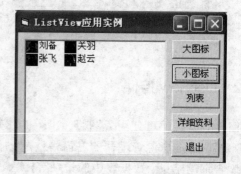

图 8-27　ListView 小图标视图

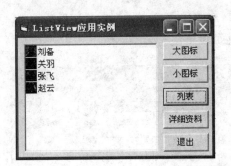
图 8-28　ListView 列表视图

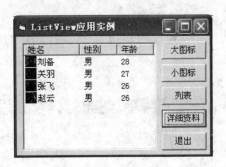
图 8-29　ListView 详细资料视图

4. 理解 ListView 控件中的对象与对象集合

（1）ListItem 对象与 ListItems 集合。

ListView 控件中的每个列表项都是一个 ListItem 对象，列表项可包含文本和图片。控件中的所有 ListItem 对象构成 ListItems 集合，集合中的每个对象具有唯一索引。在程序代码中调用 ListItems 集合的 Add 方法可以在控件中添加列表项，调用格式为：

```
ListView 控件名.ListItems.Add([索引, 关键字, 文本, 大图标, 小图标])
```

（2）ColumnHeader 对象与 ColumnHeaders 集合。

在如图 8-29 所示的详细资料视图中，第一行的标题"姓名"、"性别"和"年龄"即为 ColumnHeader 对象（列标头）。控件中的所有 ColumnHeader 对象构成 ColumnHeaders 集合。在列标头下面，左起第一列是在各种视图中均可显示的列表项，列表项右侧的各列均为列表子项（SubItem）。每个列表项可以有多个子项，它们构成子项数组（SubItems），数组类型为字符串型，下界为 1，上界为列标头总数-1。调用 ColumnHeaders 集合的 Add 方法可以添加列标头，调用格式为：

```
ListView 控件名.ColumnHeaders.Add([索引,关键字,文本,宽度,对齐方式,图标]
```

添加列标头后将自动确定列表子项数组的上界，此时可以为子项数组元素赋值。

5. 在 ListView 控件中使用图片

ListView 控件中所用的图片由 ImageList 控件提供。一个 ListView 控件可以使用三个 ImageList 控件，分别提供大图标、小图标（供小图标、列表和详细资料视图使用）和列标头图标。在设计时可以通过 ListView 控件的属性页指定 ImageList 控件。程序运行时可以通过代码指定要使用的 ImageList 控件，例如：

```
Set ListView1.Icons = Imagelist1 '大图标
Set ListView1.SmallIcons = Imagelist2 '小图标
Set ListView1.ColumnHeaderIcons = Imagelist3'列标头图标
```

下面通过两个实例来说明 ListView 控件的应用。

【例 8.14】设计如图 8-26～图 8-29 所示的 ListView 控件的不同视图。

新建工程，在窗体上添加一个 ListView 控件和两个 ImageList 控件（本例中未使用列标头图标），均采用默认名称。添加五个命令按钮，设 Style 属性均为 1，Cpation 属性分别为"大图标"、"小图标"、"列表"、"详细资料"和"退出"。ImageList 控件和 ListView 控件的属性分别通过图 8-30 和图 8-31 所示的属性页设置。

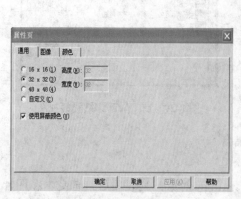

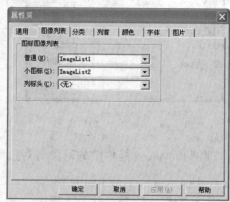

图 8-30　ImageList 属性页　　　　图 8-31　ListView 属性页

右击 ImageList1，在弹出菜单中选择"属性"菜单项，打开如图 8-30 所示的"属性页"对话框，在"通用"选项卡中选择"32 x 32"单选钮（此步骤设置图像大小），然后切换到"图像"选项卡添加 4 个图片。用同样的方法将 ImageList2 的图像大小设为"16 x 16"并添加图片。右击 ListView 控件，在弹出菜单中选择"属性"菜单项，打开如图 8-31 所示的"属性页"对话框，切换到"图像列表"选项卡，在"普通"组合框中选择 ImageList1，在"小图标"组合框中选择 ImageList2。

在窗体的 Load 事件中对 ListView 控件进行初始化：

```
Private Sub Form_Load()
  '添加列标头。数字为宽度(缇)
  ListView1.ColumnHeaders.Add , , "姓名", 1200
  ListView1.ColumnHeaders.Add , , "性别", 800
  ListView1.ColumnHeaders.Add , , "年龄", 800
  Dim itmX As ListItem '声明列表项对象变量
  Set itmX = ListView1.ListItems.Add(, , "刘备", 1, 1) '添加列表项
  '设置子项，供"详细资料"视图使用
  itmX.SubItems(1) = "男"
  itmX.SubItems(2) = 28
  Set itmX = ListView1.ListItems.Add(, , "关羽", 2, 2)
  itmX.SubItems(1) = "男"
  itmX.SubItems(2) = 27
  Set itmX = ListView1.ListItems.Add(, , "张飞", 3, 3)
  itmX.SubItems(1) = "男"
  itmX.SubItems(2) = 26
  Set itmX = ListView1.ListItems.Add(, , "赵云", 4, 4)
  itmX.SubItems(1) = "男"
  itmX.SubItems(2) = 26
End Sub
```

分别为"大图标"、"小图标"、"列表"和"详细资料"按钮编写代码：

```
Private Sub Command1_Click()
ListView1.View = 0
End Sub

Private Sub Command2_Click()
ListView1.View = 1
End Sub

Private Sub Command3_Click()
ListView1.View = 2
End Sub

Private Sub Command4_Click()
ListView1.View = 3
End Sub
```

【例 8.15】编写一个模拟控制面板列举图标的程序。

首先创建一个工程。在窗体中引入 1 个 ImageList 图像列表控件，1 个 ListView 控件，两个单选按钮和一个状态栏控件。

其中，ImageList 控件为 ListView 控件提供图形，状态栏控件显示某一列表项目的有关信息，单选按钮用来选择是否排序。按下面步骤设置各控件属性：

（1）设置窗体属性。

激活窗体的"属性"窗口，设置"名称"属性为 Form14，Caption 属性为"ListVisw 模拟控制面板"，其他属性值采用默认值。

（2）设置状态栏属性。

激活"属性页"窗口，单击"通用"选项卡，设置"样式"属性值为"1-sbrSimple"。这时状态条以简单的形式出现。

（3）设置单选按钮属性。

设置 Option1 的 Caption 属性为"排序"，Option2 的 Caption 属性为"不排序"，其他属性值采用默认值。

（4）设置 ListView 控件属性。

按照以下步骤设置 ListView 控件的属性：

① 激活 ListView 控件的"属性页"对话框。"属性页"对话框的"通用"选项卡选用系统默认设置。

② 单击"图像列表"选项卡，其中的"普通"列表框用来设置导与 ListView 控件相连的 ImageList 控件，这里设置为 ImageList1，其他值采用缺省设置。

③ 单击"分类"选项卡，可以在这个窗口中决定是否排序、排序的关键字、排序的顺序等。这里不做设置。

④ 单击"属性页"对话框的"确定"按钮。

（5）设置 ImageList 控件。

为了使 ListView 控件中能显示图标，还需在 ImageList 控件中引入几个图像。

（6）添加程序代码。

激活代码窗口，在 Form_Load 过程中添加如下代码：

```
Private Sub Form_Load()
   Dim i As Integer
   Dim mylistitem As ListItem
   Set mylistitem = ListView1.ListItems.Add(, "mymouse", "设置鼠标", 1)
   Set mylistitem = ListView1.ListItems.Add(, "mykeys", "设置键盘", 2)
   Set mylistitem = ListView1.ListItems.Add(, "mymonitor", "显示器", 3)
   Set mylistitem = ListView1.ListItems.Add(, "mycdroom", "光驱", 4)
   StatusBar1.SimpleText = "共" & ListView1.ListItems.Count & "对象"
End Sub
```

在上面的程序中，Add()函数省略了第一个参数和最后一个参数。该段程序代码的作用是，当程序运行后，在 ListView 控件中产生 4 个图形列表项，并且在状态栏中显示 ListView 控件中的对象总数。

当用户调整窗体大小时，为了使各控件保持相对位置，需要在 Form_Resize 过程中添加如下代码：

```
Private Sub Form_Resize()
    ListView1.Top = Me.ScaleTop + 50
    ListView1.Left = Me.ScaleLeft + 50
    If Me.ScaleHeight >= 50 + StatusBar1.Height Then    '防止最小化时出错
    ListView1.Height = Me.ScaleHeight - 50 - StatusBar1.Height
    End If
    Option1.Top = Me.ScaleTop + 250
    Option1.Left = Me.ScaleWidth - 100 - Option1.Width
    Option2.Top = Option1.Top + Option1.Height + 200
    Option2.Left = Option1.Left
    If Me.ScaleWidth >= 100 + Option1.Width + 50 Then    '防止最大化时出错
    ListView1.Width = Me.ScaleWidth - 100 - Option1.Width - 50
    End If
End Sub
```

在上面的程序代码中，两个 If 语句的作用是为了防止窗口最小化或最大化时程序出错，这在程序设计过程中是非常重要的。

接下来在 ListView1_Click 过程中添加如下代码。

```
Private Sub ListView1_Click()
Select Case ListView1.SelectedItem.Key
Case "mymouse"
    StatusBar1.SimpleText = "更改鼠标设置"
Case "mymonitor"
    StatusBar1.SimpleText = "更改显示器设置"
Case "mykeys"
    StatusBar1.SimpleText = "配置你的键盘"
Case "mycdroom"
    StatusBar1.SimpleText = "改变光驱设置"
End Select
End Sub
```

上面 Select Case…End select 语句块的作用是，当用鼠标选取某一列表项时，在窗体下面的状态栏出现相应的提示文字。

　　最后在 ListView1_BeforeLabelEdit 过程、Option1_Click 过程和 Option2_Click 过程中添加如下代码：

```
Private Sub ListView1_BeforeLabelEdit(Cancel As Integer)
    Cancel = True
End Sub

Private Sub Option1_Click()
    ListView1.Arrange = lvwAutoTop
End Sub

Private Sub Option2_Click()
    ListView1.Arrange = lvwNone
End Sub
```

　　在上面代码的作用是，Cancel=True 使用户不能编辑列表项中的文本字符；Option1 使列表项按向上的方式排列；Option2 使列表项不排列。

　　程序运行后用户界面如图 8-32 所示，窗体下面的状态栏上显示了对象的个数。当调整窗体的大小时，界面同样整齐美观（无论最大化还是最小化窗口，程序都运行良好）。如果去掉 Form_Resize 过程中的 If 条件判断，最小化时就会出错。

　　当将"排序"按钮设置为真并且选中"显示器"一项时，用户界面如图 8-33 所示。可以看到，列表项的排列方式发生了变化，状态栏的文本内容也发生了变化。

图 8-32　例 8.15 程序运行界面　　　　图 8-33　例 8.15 执行操作后的界面

8.5　多文档界面

　　多文档界面由父窗体和子窗体组成，父窗体或称 MDI 窗体是作为子窗体的容器。子窗体或称文档窗体显示各自文档，所有子窗体具有相同的功能。这在基于 Windows 的 Office 软件中得到了充分使用。

8.5.1　多文档界面特性

　　（1）所有子窗体均显示在 MDI 窗体的工作区中。用户可改变、移动子窗体的大小，但被限制在 MDI 窗体中。

（2） 当最小化子窗体时，它的图标将显示于 MDI 窗体上而不是在任务栏中。当最小化 MDI 窗体时，所有的子窗体也被最小化，只有 MDI 窗体的图标出现在任务栏中。

（3） 当最大化一个子窗体时，它的标题与 MDI 窗体的标题一起显示在 MDI 窗体的标题栏上。

（4） MDI 窗体和子窗体都可以有各自的菜单，当子窗体加载时覆盖 MDI 窗体的菜单。

为了便于介绍和有利于读者的理解，现通过一个实例进行有关内容的叙述。

【例 8.16】编制具有多文档界面的字处理程序，它由一个父窗体和四个子窗体组成，其中两个已最小化，界面如图 8-34 所示。

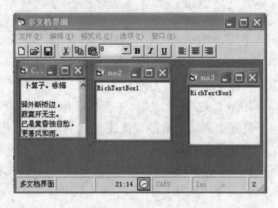

图 8-34 例 8.16 程序运行界面

8.5.2 MDI 窗体及其子窗体

开发多文档界面的一个应用程序至少需要两个窗体：一个（只能一个）MDI 窗体和一个（或若干个）子窗体。在不同窗体中公用的过程，变量应存放在标准模块中。

1. 创建和设计 MDI 窗体

用户要建立一个 MDI 窗体，可以选择"工程"菜单中的"添加 MDI 窗体"命令。MDI 窗体是子窗体的容器，在该窗体中可以有菜单栏、工具栏、状态栏，但不可以有文本框等控件。本例的 MDI 窗体名为"frmMDI"，以文件名为 a.frm 保存，如图 8-35 所示。在本例中，MDI 窗体的菜单栏仅有一个"文件"菜单名，在该菜单名下，有"新建"、"打开"、"保存"和"退出"四个菜单项。

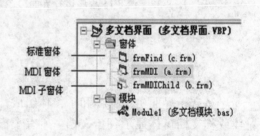

图 8-35 三种形式的窗体

2. 创建和设计 MDI 子窗体

MDI 子窗体主要是显示应用程序的文档，因此，在该窗体上应有文本框，也可以有菜单栏。MDI 子窗体是一个 MDIChild 属性为 True 的普通窗体。因此，要创建一个 MDI 子窗体，应先创建一个新的普通窗体，然后将它的 MDIChild 属性设置为 True 即可。在工程管理器窗口可以看到，子窗体的图标与普通窗体的图标不同，如图 8-35 所示。若要建立多个子窗体，则重复进行上述操作。

显然，创建以文档为中心的应用程序，为了能在运行时提供若干个子窗体以存取不同的文档，若在设计时事先创建好若干个子窗体的方法是不可取的。一般可先创建一个子窗体作为这个应用程序文档的模板，然后通过对象变量来实现。本例中先建立了一个 Name 为"frmMDlChild"的窗体模板，则下面的语句：

```
Dim NewDoc As New frmMDIChild
```

就会为"frmMDIChild"建立一个新的实例 NewDoc，新实例具有与"frmMDIChild"窗体相同的属性、控件和代码。

New 表示隐式地创建对象的关键字，关键字后应是"类名"。实际上，在工程中添加的窗体有着特殊性，它既是窗体类，也是窗体对象，与在窗体上建立的控件具有不同的性质。请比较下面的代码：

```
Dim NewDoc As New Form1        '声明并创建一个 NewDoc 窗体变量
NewDoc.Show                    '新窗体显示在屏幕上
```

假定窗体上有个名为 Text1 的 TextBox，下述语句将产生错误：

```
Dim objText As New Text1       '该语句不能定义文本框对象
```

由于这个特殊性，使得应用程序在运行中可以打开若干个文档窗口。窗体程序运行时建立一个子窗体的程序代码如下：

```
Public Sub FileNewProc()
    Dim NewDoc As New frmMDIChild
    Static No As Integer
    No=No+1
    NewDoc.Caption="no" & No
    NewDoc.Show    '显示子窗体
End Sub
```

每调用 FileNewProc 过程一次，则产生一个"frmMDIChild"的实例。

8.5.3 窗体的交互

当程序运行时建立了一子窗体的许多实例（副本）来存取多个文档时，它们具有相同的属性和代码，如何操作特定的窗体和特定的控件、保持各自的状态信息，这对程序员来说是一个非常重要的问题。

1. 活动子窗体和活动控件

在 VB 中，提供了访问 MDI 窗体的两个属性，即 ActiveForm 和 ActiveControl，前者表示具有焦点的或者最后被激活的子窗体，后者表示活动子窗体上具有焦点的控件。

例如，假设想从窗体的文本框中把所选文本复制到剪贴板上，在应用程序的"编辑"菜单上有一个"复制"菜单项，它的 Click 事件调用 CopyProc 子过程，把选定的文本复制到剪切板上，CopyProc 子过程代码如下：

```
Sub CopyProc()
ClipBoard.SelText=frmMDI. ActiveForm. ActiveControl.SelText
End Sub
```

当访问 ActiveForm 属性时，至少应有一个 MDI 子窗体被加载或可见，否则会返回一个错误。

在代码中指定当前窗体的另一种方法是用 Me 关键字。用 Me 关键字来引用当前其代码正在运行的窗体。当需要把当前窗体实例的引用参数传递给过程时，这个关键字很有用。例如要关闭当前窗口，其代码为：

```
UnLoad  Me
```

2. 显示 MDI 窗体及其子窗体

显示 MDI 窗体及其子窗体的方法是 show，前面已经介绍过了。

加载子窗体时，其父窗体（MDI 窗体）会自动加载并显示。而加载 MDI 窗体时，其子窗体并不会自动加载。

MDI 窗体有 AutoShowChildren 属性，决定是否自动显示子窗体。如果它被设置为 True，则当改变子窗体的属性（如 Caption 等）后，会自动显示该子窗体，不再需要 Show 方法；如果设置 AutoShowChildren 属性为 False，则改变子窗体的属性值后，不会自动显示该子窗体，子窗体处于隐藏状态，直至用 Show 方法把它们显示出来。MDI 子窗体没有 AutoShowChildren 属性。

8.5.4　MDI 程序"窗口"菜单

大多数 MDI 应用程序都有"窗口"菜单，如图 8-36 所示。在"窗口"菜单上显示了所有打开的子窗体标题，另外还有层叠、平铺和排列图标命令。

在 VB 中，如果要在某个菜单上显示所有打开的子窗体标题，只需利用菜单编辑器将该菜单的 WindowList 属性设置为 True，即选中显示窗口列表检查框。

对子窗体或子窗体图标的层叠、平铺和排列图标命令通常也放在"窗口"菜单上，用

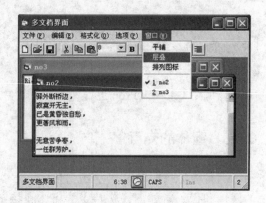

图 8-36　窗口菜单

Arrange 方法来实现。Arrange 方法的语法形式如下：

```
MDI 窗体对象. Arrange 排列方式
```

排列方式取值如下：

0-vbCascade：层叠所有非最小化 MDI 子窗体。

1-vbTileHorizontal：水平平铺所有非最小化 MDI 子窗体。

2-vbTileVertical：垂直平铺所有非最小化 MDI 子窗体。

3-vbArrangeIcons：对任何已经最小化的子窗体排列图标。

本例中排列图标菜单项、平铺和层叠的名称分别为"mnuIcon"、"mnuTile"和"mnuCascade"。程序段如下：

```
Private Sub mnuIcon_Click()
  frmMDI.Arrange vbArrangeIcons'对任何已经最小化的子窗体排列图标
End Sub
Private Sub mnuTile_Click()
  frmMDI.Arrange vbTileHorizontal'平铺子窗体
End Sub

Private Sub mnuCascade_Click()
  frmMDI.Arrange vbCascade'层叠子窗体
End Sub
```

【例 8.17】建立一个具有基本功能的简单书写器。

建立简单书写器的步骤是：

（1）在"工程"菜单下，选择"添加 MDI 窗体"命令，再单击"打开"命令按钮，建立新的 MDI 窗体。这时，添加了一个 MDI 窗体，即 MDI 父窗体。

注意：一个工程文件中只能含有一个 MDI 父窗体。

（2）设置 MDI 窗体的子窗体。子窗体原本就是普通的窗体，这个窗体既可以是已经存在的窗体，也可以是新建立的窗体。在设计阶段子窗体与 MDI 窗体没有关系，能够单独添加控件，设置属性，编写代码。MDI 子窗体与普通窗体的区别在于其 MDIChild 属性能被设置为"真"(True)，也就是说，如果某个窗体的 MDIChild=True，则该窗体作为它所在工程文件中 MDI 窗体的子窗体。

（3）在子窗体中添加一个文本框控件，文本框控件设置为可处理多行文本。从图 8-37 所示的窗体中可查看设置完属性的父窗体和图 8-38 运行中的父窗体和子窗体。

图 8-37　例 8.17 设置完属性的父窗体

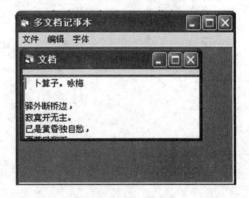

图 8-38　例 8.17 运行中的 MDI 窗体

　　QueryUnload 事件是在关闭窗体或结束应用程序运行的时候发生。当关闭 MDI 窗体时，首先在 MDI 窗体上发生 QueryUnload 事件，然后在所有的子窗体上发生这个事件。如果所有窗体上都没有取消 QueryUnload 事件的操作，则先卸载（Unload）所有子窗体，再卸载 MDI 窗体。

　　由于 QueryUnload 事件在窗体关闭之前被调用，因此在窗体卸载前可以在 QueryUnload 事件过程中编写代码，进行某些保存文件等操作。

第9章 图形操作

内 容 提 要

　　VB 不仅可以用图形控件进行绘图和图形操作，同时也提供了一些绘制图形的方法，可以在窗体、框架、图片框、打印机等容器对象中输出文字和图形，从而创建出许多图形控件中无法达到的可视效果。图形的应用为应用程序提供了可视结构，并丰富了应用程序的界面，增加了应用程序界面的趣味性。

　　VB 提供的图形控件主要有 PictureBox（图形框）、Image（图像工具）、Line（画线工具）和 Shapt（形状）。VB 的图形方法有 Line、Circle、PSet、Point 等。

　　通过本章的学习，可以掌握建立图形坐标系统的方法；掌握 VB 的图形控件和图形方法及其应用。

9.1　图形操作基础

　　在 VB 中，图形操作主要是在窗体和图片框（PictureBox）对象上进行的。在介绍具体的图形操作之前，首先需要了解一些与绘图有关的基础知识，包括对象的坐标系统、颜色的使用以及相关的常用属性和方法。

9.1.1　坐标系统

　　VB 中的各种可视对象都定位于存放它的容器内。例如，在窗体内绘制控件或图形，窗体就是控件或图形的容器。窗体处于屏幕（Screen 对象）内，屏幕则是窗体的容器。如果在图片框内放置控件或绘制图形，该图片框就是控件或图形的容器。对象在容器内的位置由该对象的 Left 和 Top 属性确定。当移动容器时，容器内的对象也随着一起移动，而且与容器的相对位置保持不变。对象可以在容器内移动，如果将对象的一部分（或全部）移出了容器的边界，则移出部分（或全部）不予显示。

　　对象定位使用的是容器的坐标系，每个容器都有一个坐标系。坐标系由三要素构成：坐标原点、坐标度量单位（刻度）、坐标轴的长度与方向。

1. 坐标原点与坐标轴方向

在默认的 VB 坐标系统中，原点（0,0）位于容器内部的左上角，X轴的正向水平向右，Y轴的正向垂直向下。对于窗体和图片框来说，这里所说的"容器内部"是指可以容纳其他控件并且可用于绘图的区域，该区域称为绘图区或工作区。绘图区不包括边框，窗体的绘图区还要将标题栏和菜单栏（若有）除外。因此，窗体中控件的 Left 属性是指控件左上角到窗体绘图区左边的距离，Top 属性是控件左上角到窗体绘图区顶边的距离。

2. 坐标度量单位

坐标刻度即容器内坐标的度量单位。VB 中默认的刻度为缇（1 厘米约为 567 缇，1 英寸约为 1440 缇，20 缇为 1 磅）。这一度量单位规定的是对象打印时的大小，屏幕上的实际物理距离因显示器尺寸而异。刻度由窗体、图片框等容器对象的 ScaleMode 属性决定，该属性的设置值如表 9-1 所示，其中大于 0 的设置值称为标准刻度。

表 9-1　ScaleMode 属性的设置值

常　数	值	常数说明	常　数	值	常数说明
VbUser	0	用户自定义	VbCharacters	4	字符（每单位高 240 缇，宽 120 缇）
VbTwips	1	缇（Twips，默认值）	VbInches	5	英寸（inch）
VbPoints	2	磅（Points，每英寸等于 72 磅）	VbMillimeters	6	毫米（millimeter）
VbPixels	3	像素（Pixel，与显示器分辨率有关）	VbCentimeters	7	厘米（Centimeter）

改变容器对象的 ScaleMode 属性值，不会改变容器的大小和它在屏幕上的位置，也不影响坐标原点。设置该属性后，只是改变容器对象的刻度。容器的刻度改变后，位于该容器内部的控件也不会改变大小和位置，但是控件大小和位置的计量单位会随容器刻度改变。例如，在默认的情况下，窗体的刻度为缇（ScaleMode=1），在窗体上放置一个命令按钮，设置其 Height=1440，Width=1440，即该按钮的高度为 1440 缇（1 英寸），宽度为 1440 缇（1 英寸）。此时如果将窗体的刻度改为英寸（ScaleMode=5），VB 会自动将命令按钮的 Height 和 Width 属性值分别设置为 1，而按钮的实际大小并没有发生改变。

改变 ScaleMode 属性后，VB 将重新定义容器对象的坐标度量属性 ScaleHeight 和 ScaleWidth，以便使它们与新刻度保持一致。这两个属性分别为容器绘图区的高度和宽度。

使用 ScaleX 和 ScaleY 方法可以进行不同刻度的换算，语法格式如下：

```
容器对象.ScaleX(宽度，源刻度，目标刻度)
容器对象.ScaleY(高度，源刻度，目标刻度)
```

例如，以下代码将 200 毫米的宽度换算为以缇为单位的宽度数输出：

```
Print Form1.ScaleX(200, vbMillimeters, vbTwips)
```

输出结果为：11338.57

如果"源刻度"或"目标刻度"为 vbCharacters（字符单位），则 ScaleX 和 ScaleY 方法的返回值不同；其他刻度之间的换算，两种方法的返回值相同。例如：

```
Print Form1.ScaleX(1, vbCharacters, vbTwips)'一个字符单位的宽度为 120 缇
```

输出结果为：120

```
Print Form1.ScaleY(1, vbCharacters, vbTwips)'一个字符单位的高度为 240 缇
```

输出结果为：240

3. 自定义坐标系

在实际应用中，系统默认的坐标系和我们平时所使用的坐标系不是一样的，有时可能需要改变坐标系的原点、坐标轴的方向或刻度，这时就要建立自己的坐标系。创建自定义坐标系可以使用容器对象的属性，亦可使用它的方法。

（1）使用 Scale 属性组定义坐标系。

除 ScaleMode 属性外，VB 还为容器对象提供了四个以 Scale 为前缀的属性，即 ScaleLeft、ScaleTop、ScaleWidth 和 ScaleHeight 属性，合称为 Scale 属性组。用这些属性可以创建自定义坐标系。

ScaleLeft 和 ScaleTop 属性用于控制绘图区左上角的坐标，默认值均为 0，此时坐标原点（0,0）位于绘图区左上角。如果要移动原点的位置，比如像数学中的笛卡尔（直角）坐标系那样，将原点设在窗体或图片框的中心，就需要改变 ScaleLeft 和 ScaleTop 属性值。

ScaleWidth 和 ScaleHeight 属性可用于创建一个自定义的坐标比例尺。例如，执行语句 ScaleHeight = 100 将改变窗体绘图区高度的度量单位，取代当前的标准刻度（如缇、像素、厘米等），即高度将变为 100 个自定义单位。当窗体改变大小时，自定义单位的总数不会发生改变，仍为 100 个单位，但是每个单位代表的实际距离会发生改变。比如，无论窗体窗体的尺寸如何变化，50 个单位的实际距离始终是绘图区高度的一半。此外，如果将这两个属性的值设置为负数，则改变坐标轴的方向。

使用上述四个属性，可以建立一个完整的带有正负坐标的坐标系统。例如，以下程序段可以将窗体绘图区定义为数学中的笛卡尔坐标系，如图 9-1 所示，即原点(0,0)位于绘图区中心，X 轴的正向水平向右，Y 轴的正向垂直向上：

```
'将原点定位于绘图区中心
ScaleLeft = -50
ScaleTop = 50
'改变坐标轴方向
'重新定义宽、高各为 100 单位
ScaleWidth = 100
ScaleHeight = -100
```

上述语句只是改变了坐标系统，要实现图 9-1 所示的界面效果，需要使用后面介绍的绘图方法。

（2）使用 Scale 方法定义坐标系。

建立自定义坐标系更简单的做法是调用容器对象的 Scale 方法，语法格式为：

```
[容器对象.]Scale (x1, y1) - (x2, y2)
```

注意：容器对象是指窗体或图片框，省略时默认为当前窗体。(x1, y1)为左上角的坐标，(x2, y2)为右下角的坐标。注意两对括号之间的 "-" 不代表相减。

调用 Scale 方法后，ScaleLeft 和 ScaleTop 属性分别被设为 x1 和 y1 的值。ScaleWidth 属性被设为 x2 与 x1 之差，ScaleHeight 属性被设为 y2 与 y1 之差。若省略(x1, y1)-(x2, y2)，则恢复默认坐标系统，即以容器对象的左上角为坐标原点。

例如，利用以下语句可在窗体上建立如图 9-1 所示的笛卡尔坐标系：

```
Me.Scale (-50, 50)-(50, -50)
```

若将容器对象改为图片框，则可在图片框中建立同样的坐标系。

建立自定义坐标系后，容器内部控件对象的 Left、Top 属性决定了该控件左上角在容器内的坐标位置，控件的 Width 和 Height 属性决定了该控件的大小，这些属性的计量单位总是与容器的刻度单位相同。

【例 9.1】在 Form_Paint 事件中通过 Scale 方法定义窗体的坐标系。窗体的坐标系界面如图 9-2 所示，代码如下：

```
Private Sub Form_Paint()
    Cls
    Me.Scale (-200, 250)-(300, -150)
    Line (-200, 0)-(300, 0)                    ' 画 X 轴
    Line (0, 250)-(0, -150)                    ' 画 Y 轴
    CurrentX = 0: CurrentY = 0: Print 0        ' 标记坐标原点
    CurrentX = 280: CurrentY = 40: Print "X"   ' 标记 X 轴
    CurrentX = 10: CurrentY = 240: Print "Y"   ' 标记 Y 轴
End Sub
```

图 9-1　Scale 属性组定义坐标系

图 9-2　Scale 方法定义坐标系

任何时候在程序代码中使用 Scale 方法都能有效地和自然地改变坐标系统。当 Scale 方法不带参数时，则取消用户自定义的坐标系，而采用默认坐标系。

此外，前面也介绍了利用对象的 ScaleLeft、ScaleTop、ScaleWidth 和 ScaleHeight 四项属性来定义坐标系。对象左上角坐标为（ScaleTop，ScaleLeft），右下角坐标为（ScaleLeft+ScaleWidth，ScaleTop+ScaleHeight）。其中：ScaleLeft=x1、ScaleTop=y1、ScaleWidth=x2-x1 和 ScaleHeigh=y2-y1。根据左上角和右下角坐标值的大小自动设置坐标轴的正向。X 轴与 Y 轴的度量单位分别为 1/ScaleWidth 和 1/ScaleHeight。例如设置窗体的四项属性为：

```
Me.ScaleHeight = -200
Me.ScaleTop = 250
Me.ScaleWidth = 500
Me.ScaleHeight = -400
```

ScaleLeft+ScaleWidth =300，ScaleTop+ScaleHeight =-150。窗体的左上角坐标为(-200，250)，右下角坐标为(300，-150)。X 轴的正向向右，Y 轴的正向向上。其效果与图 9-2 相同。

9.1.2　图形层

VB 在构造图形时，在三个不同的屏幕层次上放置图形的可视组成部分。就视觉效果而言，最上层离用户最近，而最下一层离用户最远。表 9-2 中列出了三个图形层所放置的对象类型。

表 9-2　图形层放置的对象

层　　次	对象类型
最上层	工具箱中除标签、线条、形状外的控件对象
中间层	工具箱中标签、线条、形状控件对象
最下层	由图形方法所绘制的图形

位于上层的对象会遮盖下层相同位置上的任何对象，即使下层的对象在上层对象后面绘制。位于同一层内的对象在发生层叠时，位于前面的对象会遮盖位于后面的对象。例如，在窗体内放置标签和文本框时，当这两类控件相叠时，不管怎么操作，标签总是出现在文本框的后面，当命令按钮和文本框相叠时，它们叠放的顺序与操作有关。同一图形层内控件对象排列顺序称为 Z 序列。设计时可以通过格式菜单中的顺序命令调整 Z 序列，运行时可使用 Zorder 方法将特定的对象调整到同一图形层内的前面或后面。Zorder 方法的语法为：

```
对象. Zorder [position]
```

其中："对象"可以是窗体和除了菜单和时钟之外的任何控件。Position 指出一个控件相对另一个控件的位置的数值：0 表示该控件被定位于 Z 序列的前面；1 表示该控件被定位于 Z 序列的后面。

利用图形层的特点，可以实现控件对象的悬浮效果。例如，在命令按钮后放置一个表面色彩为黑色的标签即可使命令按钮具有悬浮效果。

【例 9.2】利用控件数组来制作命令按钮的悬浮效果。

首先创建一个窗体，在窗体中添加一个命令按钮 Command1，将 Command1 的 Caption 属性更改为"Command0"，Index 属性设置为 1，然后为程序填写如下代码：

```
Private Sub Command1_Click(Index As Integer)
    Command1(Index).Zorder 0
End Sub
Private Sub Form_Load()
    Dim i
    For i = 1 To 4
    Load Command1(i)
    Command1(i).Caption = "Command" & i
    Command1(i).Left = Command1(i - 1).Left + 250
```

```
    Command1(i).Top = Command1(i - 1).Top + 300
    Command1(i).Visible = True
    Next i
End Sub
```

程序运行后单击不同的按钮可以看到如图 9-3 所示的不同效果。

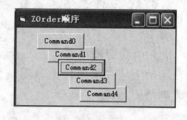

图 9-3 例 9.2 命令按钮的悬浮效果

9.1.3 使用颜色

颜色的使用是绘图操作中的重要部分。在程序运行时，有 4 种方法可以指定颜色值：使用 QBColor 函数、使用 RGB 函数、使用内部常数、直接输入颜色值。下面就对这几种颜色的使用方式依次进行介绍。

1. 使用 QBColor 函数

QBColor 函数能够选择早期版本的 Basic 所规定的 16 种颜色之一。语法格式为：

`QBColor(颜色值)`

颜色值的取值范围为 0～15，如表 9-3 所示。

表 9-3 QBColor 函数颜色值

值	颜　色	值	颜　色	值	颜　色	值	颜　色
0	黑色	4	暗红色	8	灰色	12	亮红色
1	深蓝色	5	洋红色	9	亮蓝色	13	亮洋红色
2	绿色	6	棕黄色	10	亮绿色	14	亮黄色
3	青色	7	浅灰色	11	亮青色	15	白色

例如：

`Picture1.BackColor= QBColor(15)  ' 将图片框的背景色设置为白色`

2. 使用 RGB 函数

使用 RGB 函数能指定任何颜色。语法格式为：

`RGB(红,绿,蓝)`

使用该函数时要对三原色（红、绿、蓝）分别赋予从 0 到 255 之间的数值，0 表示亮度最低，255 表示亮度最高。每一种可见的颜色都是由三原色组合产生。

例如：

```
Me.ForeColor = RGB(0, 0, 255) '设窗体前景色为蓝色
Me.BackColor = RGB(0, 128, 0) '设窗体背景色为绿色，中等亮度
```

3. 使用颜色常数

VB 提供了 8 种颜色常数，分别为：vbBlack、vbRed、vbGreen、vbYellow、vbBlue、

vbMagenta（洋红色）、vbCyan（青色）和 vbWhite。例如：BackColor = vbYellow，这里的 vbYellow 即为内部常数黄色。

4. 使用颜色值

RGB 颜色的有效范围为 0 到 16777215（&HFFFFFF&）。每种颜色的设置值（属性或参数）都是一个 4 字节的整数，其高字节都是 0，而低 3 个字节，即从最低字节向左到第 3 个字节，分别定义了红、绿、蓝三种颜色的值。红、绿、蓝三种成分都是用 0 到 255（&HFF）之间的数表示。因此，可以用十六进制数按照下述语法来指定颜色：

```
&HBBGGRR&
```

其中，BB 表示蓝色值，GG 表示绿色值，RR 表示红色值。每个数段都是两位十六进制数，即从 0～FF。中间值是&H80。因此，下面的数值是这 3 种颜色的中间值，即灰色：

```
&H808080&
```

实际上使用 QBColor 函数、RGB 函数和内部常数所返回的都是 RGB 颜色值。例如：QBColor(9)、RGB(0, 0, 255)和 vbBlue 的值均为&HFF0000&，即蓝色。

【例 9.3】编写程序，演示颜色渐变过程。

要产生颜色的渐变效果，可以多次调用 RGB( )函数，每次对 RGB( )函数的参数值稍微变化一下。下面的程序代码用线段填充矩形区域，通过改变直线的起点坐标和 RGB( )函数中的三个基色的值而产生颜色渐变效果，运行界面如图 9-4 所示。代码如下：

图 9-4　例 9.3 运行界面

```
Private Sub Form_Click()
    Dim j As Integer, x As Single, y As Single
    x = Me.ScaleWidth    '设置直线 X 方向终点坐标
    y = Me.ScaleHeight
    sp = 255 / y              '每次改变 RGB（）函数基色的增量
    For j = 0 To y
        Line (0, j)-(x, j), RGB(j * sp, j * sp, j * sp)    '画线
    Next j
End Sub
```

9.2　绘图操作常用属性

9.2.1　当前坐标

窗体、图形框或打印机的 CurrentX 和 CurrentY 属性给出了这些对象在绘图时的当前坐标。这两个属性在设计阶段不能使用。当坐标系确定后，坐标值(*x*，*y*)表示对象上的绝

对坐标位置。如果坐标值前加上关键字 Step，则坐标值(x, y)表示对象上的相对坐标位置，即从当前坐标分别平移 x、y 个单位，其绝对坐标值为(CurrentX+x，CurrentY+y)。当使用 CLS 方法后，CurrentX 和 CurrentY 属性值为 0。

【例 9.4】编程实现用 Print 方法在窗体上随机打印 100 个 "☆"，如图 9-5 所示。

利用 CurrentX、CurrentY 属性可指定 Print 方法在窗体上的输出位置。根据窗体的 Width 和 Heigtht 属性，用 Rnd 函数产生 CurrentX、CurrentY 的值。程序代码如下：

图 9-5　例 9.4 运行界面

```vb
Private Sub Form_Click()
    Randomize '设置随机种子
    Dim i As Integer
    For i = 1 To 100
        CurrentX = Me.Width * Rnd
        CurrentY = Me.Height * Rnd
        Print "☆"
    Next i
End Sub
```

9.2.2　线宽与线型

窗体、图形框或打印机的 DrawWidth 属性给出这些对象上所画线的宽度或点的大小。DrawWidth 属性以像素为单位来度量，最小值为 1。

窗体、图形框或打印机的 DrawStyle 属性给出这些对象上所画线的形状。属性设置含义见表 9-4 所示。

表 9-4　DrawStyle 属性设置

设 置 值	线　　型	设 置 值	线　　型
0	实线（默认）	4	点点画线
1	长画线	5	透明线
2	点线	6	内实线
3	点画线		

以上线型仅当 DrawWidth 属性值为 1 时才能产生。当 DrawWidth 的值大于 1 且 DrawStyle 属性值为 1~4 时，都只能产生实线效果。当 DrawWidth 的值大于 1，而 DrawStyle 属性值为 6 时，所画的内实线仅当是封闭线时起作用。

如果使用控件，则通过 BorderWidth 属性定义线的宽度或点的大小，通过 BorderStyle 属性给出所画线的形状。

【例 9.5】在本例中通过改变 DrawStyle 属性值在窗体上画出不同的线形，通过改变

DrawWidth 属性值画一系列宽度递增的直线。

　　程序运行后界面如图 9-6 所示，如果将下面的程序代码中的 DrawWidth = 1 改为大于 1 的值后，只能产生实线效果，界面如图 9-7 所示。

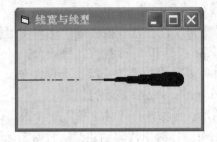 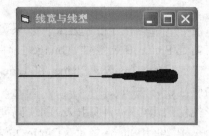

图 9-6　例 9.5 运行界面 DrawWidth = 1　　　图 9-7　例 9.5 运行界面 DrawWidth 大于 1

　　程序代码如下：

```
Private Sub Form_Click()
    Dim j As Integer
    CurrentX = 0                          ' 设置开始位置
    CurrentY = ScaleHeight / 2
    ForeColor = QBColor(0)                ' 设置颜色
    DrawWidth = 1                         ' 定义线的宽度为1
    For j = 0 To 6
        DrawStyle = j                     ' 定义线的形状
        Line -Step(ScaleWidth / 15, 0)    ' 画线
    Next j
    For j = 1 To 6
        DrawWidth = j * 3                 ' 定义线的宽度
        Line -Step(ScaleWidth / 15, 0)    ' 画线
    Next j
End Sub
```

9.2.3　填充方式与色彩

　　图形的填充方式由 FillStyle 和 FillColor 这两个属性决定。FillColor 指定填充图案的颜色，默认颜色与 ForeColor 颜色相同，如果要进行填充颜色设置，可以利用前面讲过的 RGB( ) 函数或 QBColor( ) 函数等方式。FillStyle 属性指定填充的图案，共有 8 种内部图案，属性设置填充图案如图 9-8 所示。

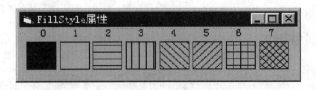

图 9-8　FillStyle 属性指定填充的图案

9.3　图形控件

为了能够在应用程序中创建图形效果，VB 提供了四个基本控件以简化与图形相关的操作，它们是 PictureBox 控件、Image 控件、Shape 控件和 Line 控件。每一个控件都适用于一个特定的目的。Image、Shape 和 Line 控件需要较少的系统资源，且包含 PictureBox 中可用的属性、方法和事件的子集，因此，比 PictureBox 控件显示得快。

图形控件的优点是可使用较少的代码创建图形。例如，在窗体上放置一个圆，既可用 Circle 方法，也可用 Shape 控件。Circle 方法要求在运行时用代码创建圆，而用 Shape 控件创建圆只需在设计时简单地把它拖动到窗体上，并通过设置特定的属性即可完成。

VB 提供的图形框和图像框可以显示位图、图标、图元文件中的图形。也可处理 GIF 和 JPEG 格式的图形文件。

位图是将图像定义为像素的图案。位图文件扩展名是.bmp 或.dib。位图可使用多种颜色深度，包括 2、4、8、16、24 和 32 位的颜色深度，但是只有当显示设备支持位图使用的颜色深度时才能正确显示位图。例如，每像素 8 比特（256 色）的位图在每像素 4 比特（16 色）的设备上只能显示出 16 种颜色。

图标是特殊类型的位图。图标的最大尺寸为 32 像素×32 像素，但在 Windows 9x 下，图标也可为 16×16 像素大小。图标文件的扩展名为.ico。

图元文件将图形定义为编码的线段和图形。普通图元文件扩展名为.wmf。增强型图元文件扩展名为.emf。VB 只能加载与 Windows 兼容的图元文件。

GIF 是最初由 CompuServe 开发的一种压缩位图格式。该格式可支持多达 256 种的颜色，它是 Internet 上一种流行的文件格式。

JPEG 是一种支持 8 位和 24 位颜色的压缩位图格式。
也是 Internet 上经常使用的一种流行的文件格式。

9.3.1　Line 画线工具

Line 控件可以用来画线。在设计时 Line 控件主要属性是 BorderWidth、BorderStyle 和 BorderColor 属性，以及 x1、y1 和 x2、y2 属性。BorderWidth 属性确定线的宽度，BorderStyle 属性确定线的形状，BorderColor 属性确定线的颜色。x1、y1 和 x2、y2 属性控制线的两个端点的位置。

9.3.2　Shape 形状控件

Shape 控件可以用来画矩形、正方形、椭圆、圆、圆角矩形及圆角正方形。将 Shape 控件添加到窗体时默认为矩形，通过 Shape 属性可确定所需要的几何形状。FillStyle 属性为形状控件指定填充的图案，FillColor 属性用于为形状控件着色。该控件也具有 BorderWidth、BorderStyle 和 BorderColor 属性，分别为边线的宽度、样式和颜色。

【例 9.6】用 Shape 控件数组通过 Shape 属性显示该控件的 6 种形状，并通过 FillStyle 属性为其填充不同的图案，如图 9-9 所示。在图 9-9 中，上面的数字为 Shape 属性设置值，下面的数字为 FillStyle 属性的设置值。

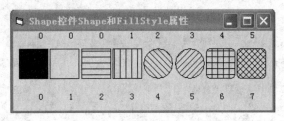

图 9-9　例 9.6Shape 控件运行界面

新建一个窗体，在窗体上添加一个 Shape 控件，设置其 Index 属性为 0。设窗体的背景色为白色。为窗体的 Activate 事件过程编写以下代码：

```
Private Sub Form_Activate()
  Dim i As Integer, j As Integer
  Print "     0     0     0     1     2     3     4     5"
  CurrentY = 1240
  Print "     0     1     2     3     4     5     6     7"
  Shape1(0).Shape = 0
  Shape1(0).FillStyle = 0
  For i = 1 To 7 '通过循环添加控件数组元素并设置属性
    Load Shape1(i)
    Shape1(i).Left = Shape1(i - 1).Left + 650
    If i > 2 Then j = i - 2 Else j = 0
    Shape1(i).Shape = j
    Shape1(i).FillStyle = i
    Shape1(i).Visible = True
  Next i
End Sub
```

【例 9.7】用 Shape 控件制作如图 9-10 所示的奥林匹克五环旗。

直接通过更改 Shape 控件的属性来设置：在窗体上放置 5 个 Shape 控件，设 Shape 属性均为 3，BroderWidth 均为 7。通过 BorderColor（注意不是 BackColor）属性设置颜色。在五环下面添加一个标签，设 Caption 属性为"2008 北京奥运会"。

图 9-10　例 9.7Shape 控件奥运五环

也可以利用 Shape 控件数组的方法来完成，在窗体上放置一个 Shape 控件，设置其 Index 属性为 0，BroderWidth 属性为 5。使用两重循环按照行和列的顺序产生 2×2 个 Shape 控件数组对象，排列成五环（可以将控件对象的 BackColor 属性设置成不同的颜色），程序代码如下：

```
Private Sub Form_Load()
 Dim mtop As Integer, mleft As Integer, i As Integer, j As Integer, k As Integer
 Dim mc As Integer
    mtop = Shape1(0).Top
    mleft = Shape1(0).Left + Shape1(0).Width
    For i = 1 To 2
        For j = 1 To 2
            k = (i - 1) * 2 + j
            Load Shape1(k)
            Select Case k          ' 设置颜色
            Case 1
            mc = 0  ' 黑色
            Case 2
            mc = 12 ' 亮红色
            Case 3
            mc = 14 ' 亮黄色
            Case 4
            mc = 10 ' 亮绿色
            End Select
            Shape1(k).BorderColor = QBColor(mc)
            Shape1(k).Visible = True
            Shape1(k).Top = mtop
            Shape1(k).Left = mleft
            mleft = mleft + Shape1(0).Width     ' 下一列位置
        Next j
        mtop = mtop + Shape1(0).Width / 2       ' 下一行位置
        mleft = Shape1(0).Left + Shape1(0).Width / 2
    Next i
End Sub
```

9.3.3　PictureBox 图形框

图形框 PictureBox 控件的主要作用是为用户显示图片，也可作为其他控件的容器，起到类似于框架及窗体的作用。它可以使用多种类型的图形文件：位图（bitmap，扩展名为.bmp）、图标（icon，扩展名为.ico）、Windows 元文件（metafile，扩展名为.wmf）以及 JPEG 和 GIF 文件。图片框还和以前介绍的窗体一样，支持各种绘图方法。

1.　常用属性

（1）　Picture 属性。

实际显示的图片由 Picture 属性决定。支持 bmp、jpg、ico、wmf 等文件类型。图形文件可以在设计阶段装入，也可以在运行期间装入。在设计状态下，可以通过属性窗口中的

Picture 属性指定图形文件。在运行时，Picture 属性和 LoadPicture 函数配合，将图形加载到控件上。LoadPicture 函数格式如下：

```
图形框对象.LoadPicture([包含路径的图形文件名])
```

若省略文件名，则清除图形控件中的图形。

为了在运行时从图形框中删除一个图形，可用 LoadPicture()，将一个空白图形装入图形框控件的 Picture 属性。

例如，若图形框控件的名称为 Pict，则在程序中装载和清除图形的方法如下：

```
装入图形到控件：Pict.Picture = LoadPicture("d:\picture\dog.jpg")
删除控件中图形：Pict.Picture = Nothing
或：Set Pict.Picture = Nothing
或：Pict.Picture = LoadPicture()
```

向图形框控件装入图形，还可以通过剪贴板进行。首先通过 Window 常规操作向剪贴板放入图像；然后在 VB 的设计状态下选中图形框控件，执行“编辑”|“粘贴”命令。

（2）Autosize 属性。

PictureBox 控件不提供滚动条，也不能伸展被装入的图形以适应控件尺寸，但可以用图形框的 Autosize 属性调整图形框大小以适应图形尺寸。该属性设置图形框是否会根据装入图形的大小作自动调整。默认值为 False，表示图形框不能自动改变大小来适应其中的图形，加载到图形框中的图形保持其原始尺寸，这意味着如果图形比控件大，则超过的部分将被剪裁掉；当值为 True 时，表示图形框能自动调整大小与显示的图形匹配，以适应图形的大小。

（3）AutoRedraw 属性。

AutoRedraw 属性设置图形框控件中的图形是否允许重画。若该属性值为 True 时，当使用绘图方法绘制的图形或用 Print 方法输出的文字被其他窗口覆盖后又重新显示，图形或文字能够自动重画。该属性的默认值为 False，自动重画无效。

2.　常用方法与事件

（1）Print 和 Cls 方法。

这两个方法的使用与窗体相同，这里不再叙述。

（2）绘图方法。

绘图方法包括 Line、Circle、Pset 和 Point 方法。这些方法可用于图形框和窗体。

（3）TextHeight 和 TextWidth 方法。

用于返回指定字符串输出时的高度和宽度，常与 Print 方法配合使用。窗体也具有这两个方法。

图形框支持常用的鼠标事件、键盘事件和焦点事件等。

【例 9.8】用图形框显示文字。程序运行时先在文本框中输入内容，单击“转换”按钮后将文本框中的内容显示在图形框中。运行结果如图 9-11 所示。

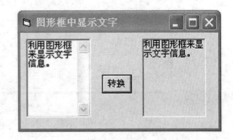

图 9-11　例 9.8 运行界面

在窗体上添加一个文本框 Text1，设 MultiLine 属性为 True，Text 属性为空。添加一个图片框 Picture1，设 AutoRedraw 属性为 True，背景色为白色。添加一个命令按钮 Command1，Caption 属性为"转换"。

用 Print 方法在图形框中显示文字时，若内容较多，超出图形框宽度的部分将被截掉。为了能够像多行文本框那样自动换行，可以利用图形框的 CurrentX 属性和 TextWidth 方法。具体做法是利用循环结构，一次只输出一个字符，每次输出前先作检查，如果下一字符的输出位置将超过图形框的宽度时则换行。程序代码如下：

```
Private Sub Command1_Click()
Dim strS As String, tmp As String
  Dim intW As Integer, i As Integer
  strS = Text1.Text          '取文本框中的内容存入变量
  Picture1.Cls
  For i = 1 To Len(strS)     '通过循环每次输出一个字符
    tmp = Mid(strS, i, 1)            '取第 i 个字符
    intW = Picture1.TextWidth(tmp)  '取第 i 个字符的宽度
  '如果第 i 字符的宽度+当前输出位置 CurrentX 超过图片框的宽度则换行
  If intW + Picture1.CurrentX > Picture1.Width Then
    Picture1.Print
  End If
  Picture1.Print tmp;        '输出第 i 个字符。注意分号
    Next
End Sub
```

【例 9.9】利用 Picture 控件建立一个图片浏览框。

按照如下步骤进行设计：

（1） 启动 VB，建立一个工程，并对工程文件和窗体文件进行保存。

（2） 在窗体上添加三个命令按钮控件、一个水平滚动条控件、一个垂直滚动条控件和两个图形框控件，如图 9-12 所示，运行界面如图 9-13 所示。

（3） 窗体中各个控件的属性设置如表 9-5 所示。

图 9-12　例 9.9 编辑时窗体界面

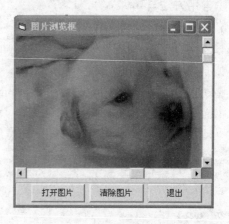

图 9-13　例 9.9 运行界面

表 9-5　窗体中各个控件的属性设置

对象和控件	属　　性	属性设置值
HScroll1	水平滚动条	默认值
VScroll1	垂直滚动条	默认值
Command1	Caption	打开图片
Command2	Caption	清除图片
Command3	Caption	退出
Picture1	图形框控件 1（外框）	默认值
Picture2	Appearance	0

（4）程序代码如下：

```
Private Sub Form_Load()
    Picture1.AutoSize = False
    Picture2.Width = Picture1.Width
    Picture2.Height = Picture1.Height
End Sub

Private Sub Command1_Click()
    Picture2.Picture = LoadPicture(App.Path & "\" & "dog1.jpg")
    HScroll1.LargeChange = HScroll1.Max / 10
    HScroll1.SmallChange = HScroll1.Max / 100
    VScroll1.LargeChange = VScroll1.Max / 10
    VScroll1.SmallChange = VScroll1.Max / 100
End Sub

Private Sub Command2_Click()
    Picture2.Picture = LoadPicture()
    Picture2.Width = Picture1.Width
    Picture2.Height = Picture1.Height
End Sub

Private Sub Command3_Click()
    End
End Sub

Private Sub HScroll1_Change()
    Picture2.Left = -HScroll1.Value
End Sub

Private Sub VScroll1_Change()
    Picture2.Top = -VScroll1.Value
End Sub
```

9.3.4　Image 图像框

在窗体上使用图像框控件（Image）的步骤与图形框控件（PictureBox）的方法类似。

但图像框只能用来显示图像,不能完成复杂的图像操作。图像框比图形框占用更少的内存,描绘得更快。与图形框不同的是图像框内不能存放其他控件, 也就是说图形框是容器, 而图像框不是容器。由于两个的中文名称相近, 为了避免造成混乱, 以下分别以 Image 控件和 PictureBox 控件来称呼。

Image 控件的属性主要是 Picture 属性和 Stretch 属性。其 Picture 属性的意义和用法与 PictureBox 控件相同。Stretch 属性可以决定所加载的图片是否缩放,默认值为 False,表示图片不缩放,控件的大小由图片决定,即控件自动适应图片的大小;当 Stretch 属性为 True 时控件的大小不变,图片自动伸缩(放大或缩小)以便适合控件。

Image 控件与 PictureBox 控件的比较如下:

(1) 两者都可加载图片,都支持相同的图片格式,加载图片的方法也一样。但 PictureBox 控件的图形功能更强,而 Image 控件由于属性少,使用的系统资源比 PictureBox 控件少,装载图形的速度快。

(2) Image 控件中,通过设置 Stretch 属性为 True 可以实现图片缩放以适合控件的大小,但图片可能变形失真;在 PictureBox 控件中,仅可通过 Autosize 属性调整控件的大小以适合图形,图形本身并不缩放。

(3) PictureBox 控件可以作为其他控件的容器,其内允许包括其他控件,起到类似于框架的作用,还支持各种绘图方法和 Print 方法;而 Image 控件则不能。

9.4 绘图方法

9.4.1 Line 方法

Line 方法用于画直线或矩形,语法格式如下:

```
[对象.]Line[[Step](x1,y1)]-[Step](x2,y2)[, 颜色][, B[F]]
```

参数说明:

(1) 对象:可以是窗体或图片框,若省略则默认为当前窗体。

(2) (x1,y1):线段的起点坐标或矩形的左上角坐标。

(3) (x2,y2):线段的终点坐标或矩形的右下角坐标。

(4) Step:表示采用当前作图位置的相对值。

(5) 颜色:线段或矩形边线的颜色。若省略,则使用对象的 ForeColor 属性值。

(6) B:表示画矩形。

(7) F:表示用画矩形的颜色来填充矩形,F 必须与关键字 B 一起使用。如果只用 B 不用 F,则矩形的填充由对象当前的 FillColor 和 FillStyle 属性决定。

画直线时,省略[B][F]参数;画矩形时,参数 B 为空心矩形,BF 为实心矩形。

用 Line 方法在窗体上绘制图形时,如果将绘制过程放在 Form_Load 事件内,必须将窗体的 AutoRedraw 属性设置为 True,当窗体的 Form_Load 事件完成后,窗体将产生重画过程，否则所绘制的图形无法在窗体上显示。AutoRedraw 属性设置为 True 时，将使用更多的内存。

例如，以下语句可画出如图 9-14 所示的三角形：

```
Line (100, 100)-Step(0, 500)    '终点采用相对坐标
Line -Step(500, 0)              '以上次画线的终点为本次画线起点
Line -(100, 100)                '返回最初的起点
```

【例 9.10】用 Line 方法在一个窗体上画坐标轴与坐标刻度。如图 9-15 所示。

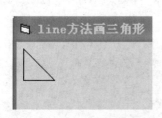

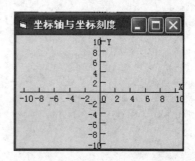

图 9-14　用 Line 方法绘制三角形　　　　图 9-15　例 9.10 运行界面

分析：要在窗体上绘制坐标轴与坐标刻度，必须先定义坐标系，确定坐标原点。X 轴上坐标刻度线两端点的坐标满足 $(i, 0)$ - $(i, y0)$，其中 $y0$ 为一定值。Y 轴上标记坐标刻度线两端点的坐标满足 $(0, i)$ - $(x0, i)$，其中 $x0$ 也是一定值。坐标轴上刻度线的数字标识，可通过 CurrentX、CurrentY 属性设定当前位置，然后用 Print 输出对应的数字。程序如下：

```
Private Sub Form_Click()
    Cls
    Me.Scale (-110, 110)-(110, -110)        ' 定义坐标系
    Line (-105, 0)-(105, 0): Line (0, 105)-(0, -105) ' 画 X 轴与 Y 轴
    CurrentX = 105: CurrentY = 20: Print "X"
    CurrentX = 10: CurrentY = 105: Print "Y"
    For i = -100 To 100 Step 20                      ' 在 X 轴上标记坐标刻度
        If i <> 0 Then
            CurrentX = i: CurrentY = 7: Line -(i, 0)
            CurrentX = i - 5: CurrentY = -5: Print i / 10
        Else
            CurrentX = -3: CurrentY = -5: Print 0
        End If
    Next i
    For i = -100 To 100 Step 20                      ' 在 Y 轴上标记坐标刻度
        If i <> 0 Then
            CurrentX = -15: CurrentY = i + 5: Print i / 10
            CurrentX = 7: CurrentY = i: Line -(0, i)
        End If
    Next i
End Sub
```

【例 9.11】用 Line 方法在窗体上画出如图 9-16 所示的随机射线。

使用随机函数 Rnd 产生两个随机点的坐标，即可连接成一根随机线段。由于随机函数 Rnd 产生的值分布在[0，1]之间，如果直接用这些值绘制线段，它们只能出现在第一象限内。为了能在其他三个象限内也能绘制出线段，可利用随机函数 Rnd 产生的值在[0，0.5]与[0.5，1]之间分布相等的原理，当 Rnd()小于 0.5（或大于 0.5）取当前随机值相反的数，即可产生其他三个象限的坐标点。程序代码如下：

```
Private Sub Form_Click()
    Dim i As Integer, x As Single, y As Single
    Scale (-320, 240)-(320, -240)
    For i = 1 To 100
        x = 320 * Rnd                        '产生 x 坐标
        If Rnd < 0.5 Then x = -x
        y = 240 * Rnd                        '产生 y 坐标
        If Rnd < 0.5 Then y = -y
        colorcode = 15 * Rnd                 '产生色彩代码
        Line (0, 0)-(x, y), QBColor(colorcode)
    Next i
End Sub
```

【例 9.12】用 Line 方法实现网格图像显示效果，如图 9-17 所示。

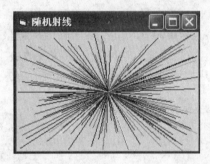

图 9-16　例 9.11Line 方法画随机射线　　　　图 9-17　例 9.12 网格效果运行界面

程序代码如下：

```
Private Sub Form_Activate()
Picture1.ForeColor = vbWhite    '设置网格的颜色
Picture1.Move 0, 0 '将图片移动到左上角
End Sub


Private Sub Form_Load()
Picture1.AutoSize = True
Picture1.Picture = LoadPicture(App.Path & "\" & "dog4.jpg")
End Sub


Private Sub Option1_Click()
Dim m, n As Intege '定义变量
Dim x, y As Integer
Dim i, j As Integer
m = Val(Text1.Text) '转换为数值型
```

```
    n = Val(Text2.Text)
    Picture1.Refresh
    Picture1.AutoRedraw = False
    x = Int(Picture1.ScaleWidth / n)
    y = Int(Picture1.ScaleHeight / m)
    For i = 1 To m + 1
        Picture1.Line (0, y * i)-(Picture1.ScaleWidth - 1, y * i)
    Next i
    For j = 1 To n + 1
        Picture1.Line (x * j, 0)-(x * j, Picture1.ScaleHeight - 1)
    Next j
    End Sub

    Private Sub Option2_Click()
    Picture1.AutoRedraw = False
    Picture1.Refresh
    End Sub
```

9.4.2　PSet 方法

Pset 方法用于在窗体、图片框或打印机指定位置上绘制一个指定颜色的点，其语法格式如下：

```
[对象.]Pset [Step] (x,y) [, 颜色]
```

参数说明：

（1）　参数（x, y）为所画点的坐标。

（2）　Step 表示采用当前作图位置的相对值。

（3）　采用背景颜色可清除某个位置上的点。

利用 Pset 方法可画任意曲线。

【例 9.13】用 Pset 方法绘制正弦曲线和余弦曲线。程序的运行界面如图 9-18 所示。

在本例用 PictureBox 控件的 Line 方法绘制坐标轴，使用其 Pset 方法描绘曲线。在窗体加载过程中调用图片框的 Scale 方法建立新坐标系。

左上角坐标为(-360, 1.5)，右下角坐标为(360, -1.5)；坐标原点位于矩形的中心，X 轴的正向水平向右，Y 轴的正向垂直向上。

窗体中除了图片框 Picture1 外，还需要四个命令按钮：画坐标轴的按钮 command1，画余弦曲线的按钮 command2，画正弦曲线的按钮 command3，清除图形框中的内容的按钮 command4。程序代码如下：

```
Dim startangle As Integer '存放起始角
Dim endangle As Integer '存放结束角
Dim i As Single
Dim rate As Single '存放弧度与角度转换的系数
Dim pi As Single '定义变量存放圆周率
```

```
Private Sub Command1_Click() '建立坐标系
Picture1.Line (-360, 0)-(360, 0) '画 X 轴
Picture1.Line (0, 1.5)-(0, -1.5) '画 Y 轴
End Sub

Private Sub Command2_Click() '画余弦曲线
For i = startangle To endangle
    Picture1.PSet (i, Cos(i * rate))
Next i
End Sub

Private Sub Command3_Click() '画正弦曲线
For i = startangle To endangle
    Picture1.PSet (i, Sin(i * rate))
Next i
End Sub

Private Sub Command4_Click() '清除图形框中的内容
Picture1.Cls
End Sub

Private Sub Form_Load()
pi = 4 * Atn(1)  '计算圆周率
Picture1.Scale (-360, 1.5)-(360, -1.5)  '在 picture1 中创建坐标系
startangle = -360
endangle = 360
Picture1.CurrentX = -360
Picture1.CurrentY = 0
rate = pi / 180
End Sub
```

【例 9.14】用 Pset 方法绘制阿基米德螺线。程序运行界面如图 9-19 所示。

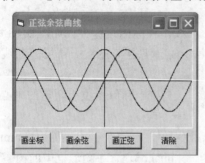

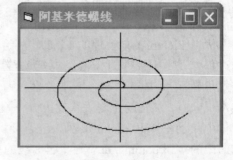

图 9-18　例 9.13Pset 画正弦余弦曲线　　　图 9-19　例 9.14Pset 画阿基米德螺线

程序代码如下：

```
Private Sub Form_Click()
    Dim x As Single, y As Single, I As Single
    Scale (-15, 15)-(15, -15)
    Line (0, 14)-(0, -14)
    Line (14.5, 0)-(-14.5, 0)
```

```
    For I = 0 To 12 Step 0.01
        y = I * Sin(I)   ' 阿基米德螺线参数方程
        x = I * Cos(I)   ' 阿基米德螺线参数方程
        PSet (x, y)
    Next I
End Sub
```

思考：前面两个例子都是非常直观地看到程序的运行结果，那么我们能不能即看到要绘制曲线的最终结果又看到曲线的绘制过程呢？实际上是可以实现的，只要引入时钟控件（计时器控件）就可以实现曲线的绘制过程。请读者自己试一试。

9.4.3　Circle 方法

Circle 方法用于画圆、椭圆、圆弧和扇形，其语法格式如下：

[对象.]Circle [Step] (x,y),半径 [, 颜色, 起始角, 终止角, 纵横比]

参数说明：

（1）对象：可以是窗体、图片框或打印机，省略时默认为当前窗体。

（2）（x, y）：为圆心坐标。

（3）Step：表示采用当前作图位置的相对值。

（4）颜色：指定圆周边线的颜色。若省略，则使用 ForeColor 属性值。可以使用所属对象的 FillColor 和 FillStyle 属性填充封闭的图形。

（5）起始角和终止角：圆弧和扇形通过参数起始角、终止角控制。当起始角、终止角取值在 0～2π 时为圆弧。当在起始角、终止角的取值前加一负号时，画出扇形，负号表示从圆心到圆弧端点画径向线。

（6）纵横比：控制画椭圆，默认值为 1，画标准圆。

请读者注意：在 VB 坐标系中，采用逆时针方向画圆。Circle 方法中参数前出现的负号，并不能够改变坐标系中旋转的方向。

使用 Circle 方法时，如果想省掉中间的参数，其中的逗号不能省略。例如：画椭圆省掉了颜色、起始角、终止角三个参数，则必须加上四个连续的逗号，它表明这三个参数被省掉了。

下面介绍几种常用的格式：

```
画圆：对象名.Circle(X,Y),半径[,颜色]
例如：Me.Circle(450, 450), 450, RGB(0, 255, 0)
画椭圆：对象名.Circle(X,Y),半径[,颜色], , , 纵横比
例如：Me.Circle(450, 450), 450, RGB(0, 255, 0), , , 0.5
画弧线：对象名.Circle(X,Y),半径[,颜色], 起始角, 终止角[,纵横比]
例如：Me.Circle(450, 450), 450, RGB(0,255,0),1/4 *3.14, 3/4*3.14, 1.5
画扇形：对象名.Circle(X,Y),半径[,颜色], -起始角, -终止角[,纵横比]
例如：Me.Circle(450, 450), 450, RGB(0,255,0), -1/4 *3.14, -3/4*3.14
```

【例 9.15】用 Circle 方法绘制如图 9-20 所示的圆、椭圆、圆弧和扇形。

程序代码如下：

```
Private Sub Form_Click()
  Dim pi As Integer
  pi = 4 * Atn(1)
  Circle (1000, 600), 400    '画圆
  Circle (2000, 600), 400, , , , 0.5 '画椭圆
  Circle (3200, 600), 400, , , , 1.5
  Circle (1000, 2000), 800, , pi / 6, pi '弧
  '空心扇形，始角、终角均为负值
  Circle (1300, 2600), 800, , -pi / 3, -pi
  FillColor = vbBlack    '填充颜色
  FillStyle = 0
  Circle (2800, 1800), 800, vbRed, -pi / 5, -pi * 2 '扇形
  FillColor = vbGreen
  Circle Step(180, -30), 800, vbBlue, -pi * 2, -pi / 5
End Sub
```

【例 9.16】用 Circle 方法绘制如图 9-21 所示的随机艺术图案。

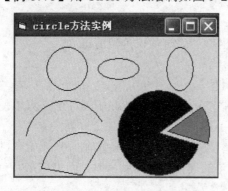

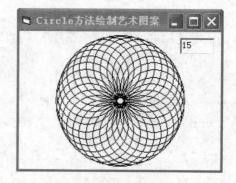

图 9-20   例 9.15 运行界面   图 9-21   例 9.16Circle 实现艺术图案

构造艺术图案的算法为：将一个半径为 r 的圆周等分为 n 份，以这 n 个等分点为圆心，以半径为 r 绘制 n 个圆。这里用一个文本框来实现 n 的值。程序代码如下：

```
Private Sub Form_Click()
    Dim r, x, y, x0, y0, pi As Single
    Cls
    n = Val(Text1.Text)
    If n <= 0 Then n = 10
    r = Me.ScaleHeight / 4
    x0 = Me.ScaleWidth / 2
    y0 = Me.ScaleHeight / 2
    pi = 4 * Atn(1)
    st = pi / n         ' 等分圆周为20份
    For i = 0 To 2 * pi Step st ' 循环绘制圆
        x = r * Cos(i) + x0
        y = r * Sin(i) + y0
        Circle (x, y), r * 0.9
    Next i
End Sub
```

9.4.4　Point 方法

Point 方法用于返回窗体或图形框上指定点的 RGB 颜色，其语法格式如下：

```
[对象.]Point(x, Y)
```

如果由(X，Y)坐标指定的点在对象外面，Point 方法返回-1(True)。

【例 9.17】用 Point 方法获取一个区域的信息并使用 Pset 方法进行仿真。

在窗体上放置一个 Picture 控件，在程序中设置窗体和 Picture 控件各自的坐标系。用 Print 方法在 Picture 控件上输出字符串或图形，然后用 Point 方法扫描 Picture 控件上的信息，根据返回值在窗体对应坐标位置上用 Pset 方法输出信息，达到仿真的目的。程序代码如下：

```
Private Sub Form_Click()
    Dim i, j As Integer, mcolor As Long
    Me.Scale (0, 0)-(100, 100)
    Picture1.Scale (0, 0)-(100, 100)
    Picture1.Cls
    Picture1.Print "2008 年北京奥运会！"
    For i = 1 To 100
        For j = 1 To 100
            mcolor = Picture1.Point(i, j)
            If mcolor = False Then PSet (i, j), mcolor
        Next j
    Next i
End Sub
```

本例中窗体与图形框的坐标设置值相同，但窗体的实际宽度和高度比图形框大，故仿真输出时放大了原来的字符，运行结果如图 9-22 所示。如果读者改变目标位置坐标的算法，可以旋转输出结果。结合 DrawWidth 属性，可以改变输出点的大小，如图 9-23 所示为窗体的 DrawWidth 属性为 3 时的效果。

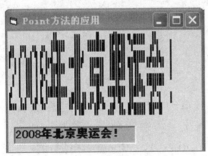

图 9-22　例 9.17 运行界面

图 9-23　例 9.17 修改后运行界面

9.4.5　PaintPicture 方法

PaintPicture 方法用于在窗体、图片框或打印机上绘制图形。格式如下：

> ［对象.］PaintPicture 图形，x1，y1，［目标宽度，目标高度，x2，y2，源宽度，源高度，位操作参数］

参数说明：

（1）图形：将要绘制的图形。对于窗体或图片框必须是 Picture 属性。

（2）x1，y1 指定在对象上绘制图形的目标坐标（x 轴和 y 轴）。为单精度浮点参数。

（3）目标宽度和目标高度：指定图形的目标宽度和高度。如果目标宽度（或高度）比源宽度（或高度）大或小，将适当地拉伸或压缩图形。若该参数省略，则使用源宽度（或源高度）。若该参数使用负值，则可以水平或垂直翻转图片。

（4）x2，y2：图形内剪贴区左上角的坐标（x 轴和 y 轴），默认为 0。

（5）源宽度和源高度：图形内剪贴区的源宽度和源高度，默认为整个源宽度（或源高度）。

（6）位操作参数：定义在将图形绘制到对象上时对图形的位操作。

（7）在可选参数中，如果指定后面的参数而想省掉前面的参数，逗号不能省略。

【例 9.18】使用 PaintPicture 方法翻转放大位图。

在窗体内放置 1 个图形框，4 个命令按钮，分别用于控制位图复制、水平翻转、上下翻转放大和旋转，如图 9-24 所示。

在 Form 窗体的通用部分声明 2 个全局变量 sw、sh，用于保存图片的宽和高。并在 Form Initialize 事件内对 sw、sh 设置初值。程序代码如下：

```
Private Sub Form_Initialize()
    sw = Picture1.ScaleWidth
    sh = Picture1.ScaleHeight
End Sub
```

命令按钮 Command1_Click 事件用于复制 Picture1 中的位图到 Form。要实现复制功能，只要设置目标矩形区域和要传送的图形矩形区域具有相同的参数即可。程序代码如下：

```
Private Sub Command1_Click()          '复制
    Cls
    Me.PaintPicture Picture1, 0, 0
    '以下为完整语句格式
    'me.PaintPicture Picture1, 0, 0, sw, sh, 0, 0, sw, sh, vbSrcCopy
End Sub
```

在复制时要翻转图形只需改变传送源或目标区域的定位坐标系。如果设置图形宽为负数，则水平翻转图形；如果设置图形高度为负数，则上下翻转图形；若宽度和高度都为负数，则两个方向同时翻转图形。例如，目标宽度为负数，PaintPicture 将像素复制到垂直坐标的左边，如果目标矩形区域的水平和垂直坐标在目标图形对象的左上角，被复制的图形就产生在目标图形对象控件以外。为使目标图形能复制到控件中，必须将图形起始位置水平和垂直坐标设置到另一角。实现时可以任意选定源或目标的坐标系。

命令"me.PaintPicture Picture1，0，0，sw，sh，sw，0，-sw，sh"将 Picture1 的右上角设置为传送源的坐标原点，x 轴的正向向右，取传送的图形宽为负数，即自右向左从 Picture1 读出图形，自左向右复制到 Form 中，实现位图的水平翻转，如图 9-25 所示。

图 9-24　例 9.18 程序编辑时界面

图 9-25　例 9.18 水平翻转

上述效果也可以通过改变目标的坐标系来实现，命令如下：

```
Me.PaintPicture Picture1, sw, 0, -sw, sh, 0, 0, sw, sh 或 PaintPicture Picture1,
sW, O, -sw, sh
```

改变目标图形的宽度和高度可放大图形。命令"Me.Paint.Picture Picturel，0，0，1.5*sw，1.5*sw，0，sh，sw，-sh"用于复制时上下翻转并放大 Picture1 中的位图到 Form（将传送源的水平和垂直坐标设置到 picture1 的左下角），如图 9-26 所示。

要旋转图形需要对原始图片按行和列的顺序或按列和行的顺序扫描像素点，然后在目标图形区颠倒行和列的顺序复制像素点。由于要对整个图形进行逐个的像素操作，需要花费一点时间。

运行结果如图 9-27 所示。下面的 Command4_Click 事件用于说明将 Picturel 图形框中的位图逆时针旋转 90 度存入到 Form 的原理。在这里应该注意：坐标度量单位 ScaleMode 需要设置成像素点，如果坐标度量单位采用默认的 twip，则扫描单位取值范围为 8～15。当采用 twip 时，PaintPicture 要求的图形大小至少为 8×8，如果扫描单位过大会造成目标图形的失真。

图 9-26　例 9.18 上下翻转并放大

图 9-27　例 9.18 图形旋转

```
Private Sub Command4_Click()          '旋转
    Dim i, j
    Cls
    For i = 1 To sw Step 15
      For j = 1 To sh Step 15
```

```
        Me.PaintPicture Picture1, j, i, 15, 15, i, j, 15, 15
        ' PaintPicture Picture1, sw - j, i, -15, 15, i, j, 8, 15 '顺时针旋转
90°的效果
      Next j
    Next i
End Sub
```

【例 9.19】利用 PaintPicture 方法绘制正弦波形。

首先创建工程，在窗体上添加两个命令按钮、一个图形框（PictureBox）控件，程序运行界面如图 9-28 所示。

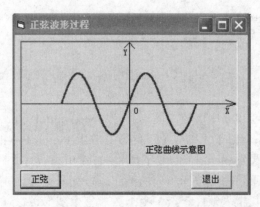

图 9-28　例 9.19 运行界面

程序代码如下：

```
Dim pi As Single
Dim a As Single
Private Sub Command1_Click()
    pi = 4 * Atn(1)
    Picture1.Cls
    'scale 方法设定用户坐标系。坐标原点在 picture1 中心
    Picture1.ScaleMode = 0
    Picture1.ScaleMode = 3
    Picture1.Scale (-10, 10)-(10, -10)
    '设置绘线宽度
    Picture1.DrawWidth = 1
    '绘坐标系的 x 轴及箭头线
    Picture1.Line (-10, 0)-(10, 0), vbBlue
    Picture1.Line (9, 0.5)-(10, 0), vbBlue
    Picture1.Line -(9, -0.5), vbBlue
    Picture1.ForeColor = vbBlue
    Picture1.Print "X"
    '绘坐标系的 Y 轴及箭头线
    Picture1.Line (0, 10)-(0, -10), vbBlue
    Picture1.Line (0.5, 9)-(0, 10), vbBlue
    Picture1.Line -(-0.5, 9), vbBlue
    Picture1.Print "Y"
    '指定位置显示原点 0
```

```
    Picture1.CurrentX = 0.5
    Picture1.CurrentY = -0.5
    Picture1.Print "0"
    '重设绘线宽度
    Picture1.DrawWidth = 2
    '用 for 循环绘点，使其按正弦规律变化。步长值很小，使其形成动画效果
    For a = -2 * pi To 2 * pi Step pi / 6000
        Picture1.PSet (a, Sin(a) * 5), vbRed
    Next a
    '指定位置显示描述文字
    Picture1.CurrentX = pi / 2
    Picture1.CurrentY = -7
    Picture1.ForeColor = vbBlack
    Picture1.Print "正弦曲线示意图"
End Sub
```

第10章 文件操作

内 容 提 要

文件是指永久存储在磁盘等某种介质上的数据集合。计算机操作系统对数据操作及存储是以文件为单位进行管理的。文件在存储介质上的位置是依赖于驱动器名称、目录（文件夹）名及文件名来定位的，因此对驱动器、文件夹和文件的管理是编程中经常遇到的问题。这些管理包括创建与编辑数据文件；创建、移动、修改和删除文件夹及文件；以及对驱动器的操作和文件系统对象的应用等。

本章讨论与文件操作相关的内容，通过本章的学习，主要掌握文件管理控件在文件管理上的应用和对不同类型的文件进行读写等操作。

10.1　文件的结构与类型

数据文件一般是由记录集合构成的，包括定长记录和不定长记录。在 VB 中根据数据文件的结构和访问方式，可将文件分为三类：顺序存取文件、随机存取文件和二进制存取文件。下面分别予以介绍。

10.1.1　文件的结构

数据文件是由记录组成的集合，记录是由一个或多个数据项组成的集合，是文件中可存取的数据的基本单位。数据项是最基本的不可分的数据单位，也是文件中可使用数据的最小单位。

文件还可按记录的另一特性分成定长记录文件和不定长记录文件。若文件中每个记录含有的信息长度相同，则称这类记录为定长记录，由这类记录组成的文件称做定长记录文件，稍后介绍的随机顺序文件就是定长记录文件；若文件中含有信息长度不等的不定长记录，则称不定长记录文件，稍后介绍的顺序文件就是不定长记录文件。

通常，记录的逻辑结构着眼在用户使用方便，而记录的物理结构则应考虑提高存储空间的利用率和减少存取记录的时间,它根据不同的需要及设备本身的特性可以有多种方式。这里不再细述。

对文件信息的读写，一般都有一个共同的要求：首先，采取某种方法使用户程序告诉操作系统要操作哪一个文件；其次，内存中要有一块区域用来存放读写数据；最后，打开文件，同时告知操作系统对文件进行读操作还是写操作，读写完成后必须将文件关闭。通过关闭文件，操作系统明确此文件存放在磁盘的何处，如果未关闭文件会导致文件信息的丢失。

10.1.2　文件类型

1.　顺序文件

顺序文件即通常所说的文本文件或 ASCII 码文件，文件中每个字节存放一个 ASCII 码，代表一个字符。顺序文件按行组织信息，每行由若干项组成，行的长度不一定，每行由回车换行符号结束。顺序文件只能按照顺序方式进行处理，且文件占用的空间较大，通常用于文件内容较少或者不必修改、只在文件末尾添加信息的情况。顺序文件存储格式如图 10-1 所示。

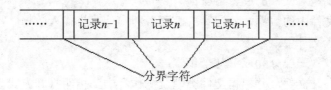

图 10-1　顺序文件存储格式

通常记录与记录之间的分界字符为回车符，记录中字段与字段之间的分界字符为逗号。

在顺序文件中查找某个记录必须从文件头开始找起，逐个比较，直到找到目标为止。若要修改某个记录，则需将整个文件读出来，修改后再将整个文件写回磁盘，因此很不灵活。但由于顺序文件是按行存储，所以它们对需要处理文本文件的应用程序来说就是非常理想的了。例如，一般的程序文件（如.C 程序文件）都是顺序文件。

顺序文件的优点是操作简单，缺点是无法任意取出某一个记录来修改，一定得将全部数据读入，在数据量很大时或只想修改某一条记录时，显得非常不方便。

2.　随机文件

以随机存取方式存取的文件称为随机文件。随机文件很像一个数据库，它由大小相同的记录组成，每个记录又由字段组成，字段中存放着数据。其存储结构如图 10-2 所示。

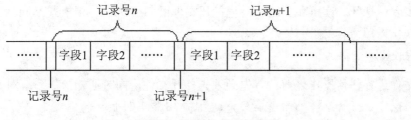

图 10-2　随机文件存储格式

随机文件中的记录的长度是固定的，每一个记录都有一个记录号，记录号表示此记录开始。在读取文件时，只要给出记录号，就可迅速找到该记录，并将该记录读出；若对该记录做了修改，需要写到文件中时，也只要指出记录号，新记录将自动覆盖原有记录。所以，随机文件的访问速度快，读、写、修改灵活方便，但由于在每个记录前增加了记录号，从而使其占用的存储空间增大。其中字符型数据以 ASCII 码字符形式保存，数值型数据以二进制方式保存。

3. 二进制文件

二进制文件的数据以二进制方式存储，存储单位是字节（随机文件按记录存取，顺序文件按行存取)，能用来存储任何希望的数据。在读写文件时，只要指出了读写文件的位置，并给出了读写变量，就可以根据变量的长度在指定的文件位置进行读写操作，并且读写操作可以同步进行，它允许程序按所需的的任何方式阻止和访问数据，这种文件的灵活性最大，但是程序的工作量也最大。

事实上，任何文件都可以利用二进制模式进行访问。二进制文件与随机文件很相似，如果把二进制文件中的每一个字节看作是一条记录的话，则二进制文件就成了随机文件了。

文件访问主要是对文件的读、写操作。

读文件是将文件中的数据读入计算机内存。即向计算机输入数据。写文件是将计算机内存中的数据写入文件中。

访问文件的过程一般分为以下几个步骤：

（1） 首先打开文件，并根据文件类型及操作目的，指明打开方式。文件的打开方式主要有顺序读、顺序写、随机访问、二进制访问等。

（2） 将数据或变量的值写入文件或将文件中的数据读入变量。

（3） 可以使用或修改这些变量的数据。

（4） 操作完成后，关闭文件。

10.2　文件访问模式

10.2.1　顺序访问模式

由于顺序文件按行存储，通常它是一个文本文件，数字和字符均以 ASCII 码形式存储。将数据写入顺序文件，通常有三个步骤：打开、写入和关闭。从顺序文件读数据到内存具有相似的步骤：打开、读出和关闭，只是打开文件语句（Open）中模式不同。下面讨论顺序文件的操作语句。

1. 打开文件操作

在对文件进行任何操作之前，首先必须先打开文件，同时通知操作系统对文件进行读操作还是写操作。打开文件的命令是 Open，其常用形式如下：

```
Open 文件名 For 模式 As[#]文件号[Len=记录长度]
```

参数说明:

（1）文件名可以是字符串常量，也可以是字符串变量,但必须指明文件所在具体位置和名称。

（2）"模式"为下列三种形式之一：

Output（输出）：对文件进行写操作，相当于写文件。

Input（输入）：对文件进行读操作，相当于读文件。

Append（添加）：在文件末尾追加记录，相当于将数据添加在文件尾部。

（3）文件号通常用 FileNumber 表示，是一个介于 1～511 之间的整数。当打开一个文件并为它指定一个文件号后，该文件号就代表该文件，直到文件被关闭后，此文件号才可以再被其他文件使用。在复杂的应用程序中，可以利用 FreeFile 函数获得可利用的文件号。

例如，如果要打开 C：\VBFile 目录下一个文件名为 StudentInfo.txt 的文件，供写入数据，指定文件号为#1，则命令应为：

```
Open "c:\VBFile\StudentInfo.txt" For Output As #1
```

如果要打开 C：\VBFile 目录下一个文件名为 StudentInfo.txt 的文件，要读入文件中的数据，指定文件号为#1，则命令应该修改为：

```
Open "c:\VBFile\StudentInfo.txt" For Input As #1
```

在这里要特别注意，文件名可以为字符串常量，也可以是字符变量（用来指定要打开的文件）。

2. 写文件操作

要建立一个顺序文件或打开一个顺序文件，把数据写入文件，应该以 Output 或 Append 方式打开文件；若文件不存在，Open 语句会先创建该文件，然后再打开该文件；若文件存在，Output 方式先清除文件内容，使之成为一个空文件，Append 方式则保留原内容。

写文件的输出命令有如下两种方式，分别为 Print 和 Write。

（1）Print 写操作。

格式为：

```
Print  #filenumber, outputlist
```

其中 Filenumber 是指定的文件号；outputlist 是要写入文件的表达式，并可以含有 Spc(n)、Tab(n)等函数，如果是多个表达式，则用逗号将这些表达式分隔开，若该参数为空，则将在文件中写入一空行。

【例 10.1】利用 Print#语句把数据写人文件。示例程序如下：

```
Private Sub Command1_Click()
Open App.Path & "\Print1.txt" For Output As #1 '利用相对路径打开文件供输出
Print #1, "this is a my first book" '输出一行内容
Print #1,                          '输出一个空行
Print #1, "book1"; Tab; "book2"       '在两个打印区中输出
Print #1, "hello"; " "; "china"       '用空格分隔字符串
```

```
Print #1, Spc(5); "5 leading spaces" '先输出 5 个前导空格，再输出字符串
Print #1, Tab(10); "hello" '在第 10 列上输出字符串
Close #1                    '关闭文件
End Sub
```

在实际应用中，经常要把一个文本框的内容以文件的形式保存在磁盘上，有下列两种方法。这里假定文本框的名称为 Textl，文件名为 Print1.txt：

第一种方法，把整个文本框的内容一次性地写入文件。程序代码如下：

```
Open App.Path & "\Print1.txt" For Output As #1
    Print #1, Text1.Text
Close #1
```

第二种方法，把整个文本框的内容一个字符一个字符地写入文件。程序代码如下：

```
Open App.Path & "\Print1.txt" For Output As #1
For i = 1 To Len(Text1.Text)
    Print #1, Mid(Text1.Text, i, 1)
Next i
Close #1
```

（2）Write 写操作。

格式为：

```
Write  #filenumber, outputlist
```

Write 写的功能基本上与 Print 写语句相同，区别在于使用 Print 语句时，必须显式地写分隔符逗号，以区分每个字段，而 write 是以紧凑格式存放，即在数据项之间插入 "," ，并给字符串加上双引号。例如语句：

```
Open App.Path & "\Print1.txt" For Output As #1
Print #1, "one", "two", "three", 123
Write #1, "one", "two", "three", 123
Close #1
```

就把以字符 "One"，"Two"，"Three" 和数值 123 写入到文件中。写入文件后，我们可以明显的看出两种写入数据的区别，结果分别如下：

```
one         two         three       123
"one","two","three",123
```

3. 关闭文件操作

当结束各种读写操作以后，还必须要将文件关闭，否则会造成数据丢失等现象。因为实际上 Print 或 write 语句是将数据送到缓冲区，关闭文件时才将缓冲区中数据全部写入文件。关闭文件所用的语句是 close，其形式如下：

```
close[[#]文件号][, [#]文件号]……
```

例如，Close#1，#2，#3 命令是关闭 1 号、2 号和 3 号文件。如果省略了文件号，Close

命令将会关闭所有已经打开的文件。

4. 读文件操作

读顺序文件的语句和函数有下列三种：

（1） Input#文件号，变量列表。

使用该语句将从文件中读出数据，并将读出的数据分别赋给指定的变量。为了能够用 Input 语句将文件中的数据正确地读出，在将数据写入文件时，要使用 write 语句而不是使用 Print 语句。因为 write 语句能够将各个数据项正确地区分开。

（2） Line Input#文件号，字符串变量。

使用该语句可以从文件中读出一行数据，并将读出的数据赋给指定的字符串变量。读出的数据中不包含回车符及换行符。

（3） Input（读取的字符数，#文件号）。

调用该函数可以读取指定数目的字符。

其他的与文件（包括随机文件，二进制文件）操作有关的重要函数和语句有四个：LOF() 函数、EOF()函数、Seek()函数和 Seek 语句。

LOF()函数将返回文件的字节数。例如，LOF(1)返回#1 文件的长度，如果返回 0，则表示该文件是一个空文件。

EOF()函数将返回一个表示文件指针是否到达文件末尾的值。当到文件末尾时，EOF() 函数返回 True，否则返回 False。对于顺序文件用 EOF()函数可以测试是否到文件末尾。对于随机文件和二进制文件，当最近一个执行的 Get 语句无法读到一个完整记录时返回 True，否则返回附 false。

seek()函数返回当前的读/写位置，返回值的类型是 Long。其使用形式如下：

```
Seek(文件号)
```

seek 语句设置下一个读/写操作的位置。其使用形式如下：

```
seek[#]文件号，位置
```

对于随机文件来说，"位置"是指记录号。

通过上面的介绍，将一个文本文件的内容读入文本框有下列三种方法（这里假定文本框名称为 Text2，文本文件名为 print2.txt）：三种方法分别如下：

第一种方法：把文本文件的内容一行一行地读人文本框。程序代码如下：

```
Text2.Text = ""
Open App.Path & "\print2.txt" For Input As #1
Do While Not EOF(1)
   Line Input #1, inputdata
   Text2.Text = Text2.Text + inputdata + vbCrLf
Loop
Close #1
```

第二种方法：把文本文件的内容一个字符一个字符地读入文本框。程序代码如下：

```
Dim inputdata As String * 1
```

```
Text2.Text = ""
Open App.Path & "\print2.txt" For Input As #1
Do While Not EOF(1)
  inputdata = Input(1, #1)
  Text2.Text = Text2.Text + inputdata
Loop
Close #1
```

第三种方法：把文本文件的内容一次性地读入文本框（这里仅仅限于只包含西文字符的文本文件。程序代码如下：

```
Text2.Text = ""
Open App.Path & "\print2.txt" For Input As #1
Text2.Text = Input(LOF(1), 1)
Close #1
```

第三种方法不用读取含有汉字的文本文件，因为 LOF()函数返回的是以字节为单位的文件大小，而 Input()是按字符数读取数据。假定一个文本文件的内容为"2008 年北京奥林匹克运动会"，LOF()函数的返回值是 24，而文件内容实际上只有 14 个字符，所以在运行时会显示"输入超出文件尾"的错误信息。

【例 10.2】利用顺序文件编写学生成绩录入程序。可以在输入一个学生的姓名和成绩后，将其保存在 C:\stucj.txt 中（或者利用相对路径进行存放），也可读出文件中保存的数据并显示出来。

用两个文本框 Text1 和 Text2 进行姓名和成绩的输入；用命令按钮 command1 执行"写数据"操作；用命令按钮 command2 执行"读数据"操作；用列表框 List1 显示读出的数据。运行情况如图 10-3 所示。

图 10-3　例 10.2 运行界面

程序代码如下：

```
Private Sub Command1_Click()
' 无姓名或无成绩时的输入无效
  If Text1.Text = "" Or Text2.Text = "" Then
    Exit Sub
  End If
  Open App.Path & "\stucj.txt" For Append As #1'按追加方式打开文件，定为 1 号
  Write #1, Text1.Text, Text2.Text '将文本框内容成对地写到 1 号文件中
  Close #1
End Sub
Private Sub Command2_Click()
' 定义存放姓名和成绩的变量
  Dim name As String, score As String
  Open App.Path & "\stucj.txt" For Input As #1'按读方式打开文件，定为 1 号
  List1.Clear                '清空列表框
    Do While Not EOF(1)      ' 若 1 号文件还有数据则循环
    Input #1, name, score  ' 成对地读出数据（字符串）
    List1.AddItem name & "---" & score ' 将读出数据添加到列表框中
```

```
      Loop
      Close #1
    End Sub
```

在这里有两点需要注意：一是录入的数据被成对地写到文件中，所以也相应的成对地读出，使得数据带有明显的含义。二是数据一经写入到顺序文件，便被转换为 ASCII 码字符，所以，从顺序文件中读出的数据也都是字符或字符串；对于读出的成绩字符串，应该使用函数 Val( )将其转换为数值，以便进行数值运算。本例只是将其加入的 List1 的列表中，故没有进行数据类型的转换。

10.2.2　随机访问模式

在随机访问模式中，文件的存取是按记录进行操作的，每个记录都有记录号并且长度全部相同。那么无论是从内存向磁盘写数据，或从磁盘读数据，都需要事先定义内存空间。而内存空间的分配是靠变量说明来进行的，所以不管是读操作还是写操作都必须事先在程序中定义变量，变量要定义成随机文件中一条记录的类型，一条记录又是由多个数据项组成的，每个数据项有不同的类型和长度。因此在程序的变量说明部分采用用户自定义类型说明语句，首先，定义记录的类型结构，然后，再将变量说明成该类型，这样就为这个变量申请了内存空间用于存放随机文件中的记录。在随机文件中的每个记录都有一个记录号，只要指出记录号，就可以对文件进行读写操作。如果随机文件太大，通常还会建立一个附加的索引文件。

1.　记录变量的声明

在存取随机文件的记录数据之前，首先应声明用来处理该文件数据所需的变量。通常是声明成用户自定义类型（称为记录类型）的变量，它对应着该文件中的记录。

注意：可以在标准模块中用 Type 语句声明公共的记录类型，如果在窗体的通用段定义记录类型，一定要使用带有 Private 关键字的 Type 语句，即声明成私有的记录类型。

例如，利用随机文件存放若干用户的编号、姓名、密码，则可以在窗体的通用段定义如下的记录类型 Record，并声明 Record 类型的变量 MyRecord：

```
Private Type Record           ' 定义记录类型
    stuid As Integer              ' 编号
    stuname As String * 10      ' 姓名
    password As String * 10    ' 密码
End Type
Dim MyRecord As Record      ' 声明变量
```

2.　随机访问模式中文件的打开和关闭

打开文件仍然使用 Open 语句。其形式如下：

```
Open 文件名  For Random As  #文件号  [Len=记录长度]
```

文件名可以是字符串常量，也可以是字符串变量。其中的关键字 For Random 表示随机访问方式，因为它是默认的访问类型，所以 For Random 关键字可以省略。文件以随机访问模式打开后，可以同时进行写入与读出操作。在 Open 语句中要指明记录的长度，表达式"Len=记录长度"指定了每个记录的长度（字节数），记录长度的默认值是 128 个字节，可以用 Len 函数获得。例如。

```
Open App.Path & "\stu.txt" For Random As #1 Len = Len(MyRecord)
```

关闭文件仍然使用 close 语句。

3. 随机访问模式中文件的读写

打开随机文件以后，就可以进行读写操作。

随机访问模式中文件的写操作使用 Put 命令，其形式如下：

```
Put[#]文件号，[记录号位置]，变量名
```

参数说明：

（1） Put 命令是将一个记录变量的内容，写入所打开的磁盘文件中指定的记录位置处。

（2） 记录号位置是大于 1 的整数，表示写入的是第几条记录。如果忽略记录号，则表示在当前记录后插入一条记录。

随机访问模式中文件的读操作使用 Get 命令，其形式如下：

```
Get[#]文件号，[记录号位置]，变量名
```

参数说明：

（1） Get 命令是从磁盘文件将一条由记录号指定的记录内容读入记录变量中。

（2） 记录号位置是大于 1 的整数，表示对第几条记录进行操作。如果忽略记录号，则表示读出当前记录后的那一条记录。

例如：读入 1 号文件中的第 4 个记录数据，存放到 MyRecord 变量中：

```
Get #1, 4, MyRecord
```

将 MyRecord 变量中的数据写入到 1 号文件的第 1 个记录上：

```
Put #1, 1, MyRecord
```

添加新记录时，写入记录变量的位置 Position 应设置为文件中的记录数加 1。例如，要在一个包含五个记录的文件中的添加一个记录，则把 Position 设置为 6。

修改记录时，先按记录号把记录读出到记录变量中，然后改变记录变量成员的值，最后，把变量以相同的记录号写回该文件。

删除一个记录，可按照以下步骤执行：创建一个新文件；把所有需保留的记录从原文件中读出，并写入到新文件；关闭原文件并用 Kill 语句删除它；使用 Name 语句把新文件以原文件的名字重新命名。

【例 10.3】使用前面已经定义的记录类型 Record，编写用户密码管理程序，用户信息

保存到 c:\stu.txt 文件中。

　　用户信息包括用户的编号、姓名、密码，用三个文本框 Text1、Text2、Text3 完成用户信息的输入；用列表框 List1 进行文件记录的浏览。四个命令按钮分别是："添加记录"按钮 command1、"浏览记录"按钮 command2、"修改记录"按钮 command3、"保存修改"按钮 command4。

　　程序运行后，当单击"添加记录"按钮时，将三个文本框中的用户信息追加到文件中保存；当单击"浏览记录"按钮时，从随机文件 c:\stu.txt 中读出所有记录，并依次添加到列表框 List1 中；当单击"修改记录"按钮时，首先要求输入记录号，然后将对应的记录读到文本框中，使用户可以通过文本框修改信息；修改完成后，单击"保存修改"按钮，将信息保存到文件的原来位置上，从而更新了随机文件 c:\stu.txt 中的一条指定记录。

　　在程序代码中使用了 FileLen 返回指定文件的长度，单位是字节，程序运行界面如图 10-4 所示，程序代码如下：

图 10-4　例 10.3 运行界面

　　程序代码如下：

```
Private Type Record          ' 定义记录类型
    stuid As Integer             ' 编号
    stuname As String * 10    ' 姓名
    password As String * 10   ' 密码
End Type
Dim MyRecord As Record       ' 声明变量
Dim pos As Integer
Dim num As Integer
Private Sub Command1_Click() '添加记录
MyRecord.stuid = Val(Text1.Text)
MyRecord.stuname = RTrim(Text2.Text)
MyRecord.password = RTrim(Text3.Text)
Open App.Path & "\stu.txt" For Random As #1 Len = Len(MyRecord)
num = FileLen(App.Path & "\stu.txt") / Len(MyRecord) '取得当前记录数
Put #1, num + 1, MyRecord '添加记录
Close #1
End Sub
Private Sub Command2_Click() '浏览记录
List1.Clear
Open App.Path & "\stu.txt" For Random As #1 Len = Len(MyRecord)
num = FileLen(App.Path & "\stu.txt") / Len(MyRecord) '取得当前记录数
For i = 1 To num
    Get #1, i, MyRecord
    mystr = Str(MyRecord.stuid) & " " & MyRecord.stuname & MyRecord.password
    List1.AddItem mystr
Next i
Close #1
End Sub
```

```
Private Sub Command3_Click()  '修改记录
Open App.Path & "\stu.txt" For Random As #1 Len = Len(MyRecord)
num = FileLen(App.Path & "\stu.txt") / Len(MyRecord) '取得当前记录数
pos = InputBox("请输入记录号，最大是" & num, "修改数据", num)
pos = Val(pos)
If pos > 0 And pos <= num Then
    Get #1, pos, MyRecord
    Close #1
    Text1.Text = Str(MyRecord.stuid)
    Text2.Text = MyRecord.stuname:Text3.Text = MyRecord.password
    Command4.Enabled = True '保存按钮:Command1.Enabled = False '添加按钮
    Command3.Enabled = False '修改按钮:Command2.Enabled = False '浏览按钮
End If
Close #1
End Sub
Private Sub Command4_Click()  '保存修改
MyRecord.stuid = Val(Text1.Text)
MyRecord.stuname = RTrim(Text2.Text):MyRecord.password = RTrim(Text3.Text)
Open App.Path & "\stu.txt" For Random As #1 Len = Len(MyRecord)
Put #1, pos, MyRecord
Close #1
Command4.Enabled = False '保存按钮:Command1.Enabled = True '添加按钮
Command3.Enabled = True '修改按钮:Command2.Enabled = True '浏览按钮
Command2_Click
End Sub
Private Sub Form_Load()
Command4.Enabled = False
End Sub
```

10.2.3　二进制访问模式

二进制文件可以看作是按照字节顺序排列的。由于对二进制文件的读写操作是以字节为单位进行的，所以能够对文件进行完全的控制。如果知道文件中数据的组织结构，则任何文件都可以当作二进制文件来处理。

1.　打开与关闭二进制文件

打开二进制文件也是使用 Open 语句。其格式为：

Open pathname For Binary As # Filenumber

其中，参数 pathname 和 Filenumber 分别表示文件名或文件号，关键字 Binary 表示打开的是二进制文件。例如：

```
Open "students.txt" For Binary As #1
```

该语句用二进制方式打开 students.txt 文件。

关闭二进制文件仍使用 Close 语句。

对于二进制文件，不能指定字节长度。每个打开的二进制文件都有一个自己的文件指针，文件指针是一个数字值，指向下一次读写操作的文件中的位置，每个"位置"对应一个数据字节，因此，有 n 个字节的文件，就有 1 到 n 个位置。

可以用 Seek()函数返回当前的文件指针位置（即下一个要读写的字节）；用 Loc()函数返回上一次读写的字节位置，除非用 Seek 语句移动了文件指针，Loc()返回值总比 Seek()的小 1。

2．读写二进制文件

读写二进制文件的方法和读写随机文件的方法基本相同，用 Get 语句读二进制文件，用 Put 语句写二进制文件。它们的格式如下：

```
Get  # FileNumber ,[Pos], Var
Put  # FileNumber ,[Pos], Var
```

其中，参数 FileNumber 是以二进制方式打开的文件号；Pos 用来指定读写操作发生时的字节位置，若省略，则使用当前的文件指针位置。

Get 语句从文件的中指定的位置开始读取数据，并将读取的数据存放在变量 Var 中，所读取的数据的长度由 Var 变量包含的字节长度决定。

Put 语句从二进制文件的中指定的位置开始写入数据，Var 是用来存放被写入的数据的变量，所写入的数据的长度由 Var 变量的字节长度决定。

对于二进制文件长度的判断，可以使用 LOF()函数和 EOF()函数检查文件的结尾位置，LOF()函数返回文件的长度，EOF()函数判断是否到达文件的结尾。

【例 10.4】利用二进制文件的读写操作，编写一个复制文件的程序。

程序代码如下：

```
Private Sub Command1_Click()
Dim char As Byte
Dim filenum1, filenum2 As Integer
filenum1 = FreeFile
'打开源文件
Open App.Path & "\a.txt" For Binary As #filenum1
filenum2 = FreeFile
'打开目标文件
Open App.Path & "\b.txt" For Binary As #filenum2
Do While Not EOF(filenum1)
    Get #filenum1, , char '从源文件读出一个字节
    Put #filenum2, , char '将一个字节写入目标文件
Loop
Close #filenum1
Close #filenum2
End Sub
```

上面的这个例子使用语句来实现复制的，能够利用过程来实现文件的复制呢，请看下面的例子。

【例 10.5】编制一个通用过程，实现复制指定文件的功能。

所谓文件复制，就是将源文件按二进制打开，逐字节地读出数据，并依次写入给定的

目标文件中。

```
Sub MyCopy(str1 As String, str2 As String)
Dim ar As Byte, i As Integer
Open str1 For Binary As #1
Open str2 For Binary As #2
For i = 1 To LOF(1)
    Get #1, , ar
    Put #2, , ar
    Next i
Close #1, #2
End Sub
```

上述通用过程 MyCopy 中的字符串参数 str1 代表源文件名称，str2 代表目标文件名称。例如，将文件 dog1.jpg 复制到 dog2.jpg 中，则调用格式如下：

```
MyCopy App.Path & "\dog1.jpg", App.Path & "\dog2.jpg"
```

10.3　文件操作语句和函数

VB 提供了许多与文件操作有关的语句和函数，因而用户可以方便地对文件或目录进行复制、删除等维护工作，下面对几个常用的语句和函数进行简单介绍。

10.3.1　文件操作语句

1．FileCopy 语句

格式：FileCopy <源文件名> <目标文件名>

功能：复制一个文件。

说明：FileCopy 语句不能复制一个已打开的文件。

2．Kill 语句

格式：Kill <文件名>

功能：删除文件。

说明：文件名中可以使用通配符*，？等。

例如：下列语句将删除当前目录下所有扩展名为 jpg 的文件全部删除。

```
Kill "*.jpg"
```

3．Name 语句

格式：Name <旧文件名>　<新文件名>

功能：重新命名一个文件或目录。

说明：文件名中不能使用通配符；具有移动文件功能；不能对已打开的文件进行重命

名操作。

4. ChDrive 语句

格式：ChDrive 驱动器

功能： 改变当前驱动器。

说明：如果驱动器为空，则不变；如果驱动器中有多个字符，则只会使用首字母。

5. MkDir 语句

格式：MkDir <文件夹名>

功能：创建一个新的目录。

6. ChDir 语句

格式：ChDir <文件夹名>

功能：改变当前目录。

说明：改变默认目录，但不改变默认驱动器。

7. RmDir 语句

格式：RmDir <文件夹名>

功能：删除一个存在的目录。

说明：不能删除一个含有文件的目录。如果要删除，则应该先使用 Kill 语句删除该目录的所有文件，然后再删除目录。

10.3.2 文件操作函数

1. FreeFile 函数

用 FreeFile 函数可以得到一个在程序中没有使用的文件号。格式为：

```
FreeFile[(rangenumber)]
```

例如：使用 FreeFile 函数获得文件号。

```
Private Sub Command1_Click()
filenum = FreeFile
Open "print1.txt" For Output As filenum
Print "print1.txt"; "opended as file"; filenum
Close #filenum
End Sub
```

程序输出：

```
print1.txt opened as file 1
```

2. EOF()函数

用于确定在读文件过程中是否到了文件尾，若到文件尾，则返回值为：true，否则返回值为：false，其使用格式为：

EOF（文件号）

3. LOF()函数

返回已打开文件的大小，类型为 long，单位为字节。例如：

```
Open "D:\txl.txt" For Input As #1
X% = LOF(1)
```

执行后，X%的值为 110。

4. FileLen()函数

返回一个未打开文件的大小，类型为 long，单位为字节。例如：

```
dim Mysize as long
Mysize=FileLen("C:\Program Files\WinRAR\rar.txt")
```

5. INPUT()函数

INPUT（读取的字符数，#〈文件号〉）

例：设文件 mydata.txt 文件内容为："哈尔滨工业大学出版社"
那么：以下语句：

```
Open "mydata.txt" For Input #1
mystr$=Input(6,#1)
Close #1
```

执行后：mystr$的值为"哈尔滨"。

6. Dir 函数

Dir 函数用来测试一个指定的路径下是否有指定的文件和文件夹（目录），被测试的文件或文件夹可以包含通配符"*"和"?"。除了文件和文件夹外，还可以指定其属性。具体语法格式为：

```
Dir (PathName[ ,Attibutes])
```

其中 PathName 是用来指定路径与文件名的字符串表达式。参数 Attibutes 用来指定文件和文件夹的属性。

【例 10.6】请在窗体适当位置增加以下控件：

文本框 1（名称为 Text1，Multiline 属性为 True，ScrollBars 属性为 3）、文本框 2（名称为 Text2）和三个命令按钮，名称分别为 Cmd1、Cmd2 和 Cmd3，标题分别为"读入数据"、"显示结果"和"保存"，如图 10-5 所示。

要求程序运行后，如果单击"读入数据"按钮，则读入"INI.TXT"文件中的内容，同时在文本框 text1 中把内容显示出来；如果单击"显示结果"按钮，则统计出所有大写字母出现的次数，并把统计的结果在文本框 Text2 中显示出来，在确定正确之后把该结果存入文件"INIkssjg.dat"中。

程序代码如下：

```
Dim myStr As String, youStr As String
Dim sum As Integer
Private Sub Cmd1_Click()
 Open "ini.txt" For Input As #1
 Do While Not EOF(1)
   Line Input #1, myStr
   youStr = youStr + myStr + Chr(13) + Chr(10)
 Loop
 Text1.Text = youStr
 Close #1
End Sub
Private Sub Cmd2_Click()
 Dim i As Integer
 Dim s As Integer
 sum = 0
 s = Len(youStr)
 For i = 1 To s
 temp = Mid$(youStr, i, 1)
 If Asc(temp) >= 65 And Asc(temp) <= 90 Then
 sum = sum + 1
 End If
 Next i
 Text2.Text = sum
End Sub
Private Sub Cmd3_Click()
   Open "inikssjg.dat" For Output As #1
   Write #1, sum
   Close #1
End Sub
```

程序运行后，用户可以分别单击按钮"读入数据"和"显示结果"，则应用程序的运行界面和结果如图 10-6 所示。单击"保存"按钮，则在当前文件夹下生成 inikssjg.dat，其内容为 177。

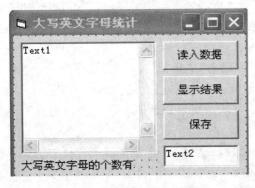

图 10-5 例 10.6 应用程序界面

图 10-6 例 10.6 运行结果

10.4   文件系统控件

文件系统控件的作用是显示关于驱动器、目录和文件的信息，并从中选择以便进行进一步的操作。VB 中提供了三种文件系统控件：驱动器列表框（DriveListBox）、目录列表框（DirListBox）和文件列表框（FileListBox）。

10.4.1   驱动器列表框

驱动器列表框（DriveListBox）控件的外观与组合框比较相似，它提供一个下拉式驱动器清单，作用是可以显示当前系统中所有有效磁盘驱动器的功能。在图 10-7 所示的示意图中，左边是驱动器列表框的原始状态，右边是展开后的状态。

驱动器列表框 DriveListBox 跟其他控件一样具有许多标准属性，最重要的属性是 Drive 属性。该属性用于设置或返回要操作的驱动器，Drive 属性只能用程序代码设置，不能通过属性窗口设置。使用格式为：

```
<驱动列表框名称>.Drive[=驱动器名]
```

例如：将驱动器列表框 Drive1 中所选择的驱动器显示在文本框 Text1 中：

```
Text1.Text = Drive1.Drive
```

将驱动器列表框 Drive1 中的驱动器设置为 "d:\"：

```
Drive1.Drive = "d:\"
```

这里的驱动器名是指定的驱动器，如果省略，则 Drive 属性为当前驱动器，使用 ChDrive 语句可以将用户选定的驱动器设置为当前驱动器，比如：

```
ChDrive  Drive1.Drive
ChDrive "D"  '将 D 盘设置为当前驱动器
```

访问驱动器列表框中的列表项目时，其方式与普通列表框控件类似，即可以使用 List 属性数组访问；ListCount 表示列表项目的个数；ListIndex 表示当前选中的项目在列表中的索引位置。

驱动器列表框的主要事件是 Change 事件。在程序的运行阶段，如果选择了一个驱动器列表项目，或者通过代码改变了 Drive 属性的值，均将引发控件的 Change 事件。

驱动器列表框的常用方法主要是 Refresh 方法，用于刷新驱动器列表，另外也支持 SetFocus 方法和 Move 方法

【例 10.7】将系统的驱动器信息收集到一个列表框中，若在驱动器列表框中选择了一个驱动器，则列表框中的相应驱动器也要被选中。

在窗体上添加一个驱动器列表框 Drive1。添加一个普通列表框 List1，设其 Style 属性为 1（带有复选框）。设窗体的 Caption 为 "驱动器列表框"。

运行结果如图 10-8 所示，程序代码如下：

```
Private Sub Drive1_Change()
    List1.Selected(Drive1.ListIndex) = True
End Sub
Private Sub Form_Load()
    Dim i As Integer
    For i = 0 To Drive1.ListCount - 1
        List1.AddItem Drive1.List(i)
    Next i
End Sub
```

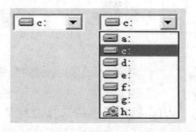

图 10-7　驱动器列表框示意图

图 10-8　例 10.7 运行结果

10.4.2　目录列表框

目录列表框（DirListBox）控件用于显示当前或指定的驱动器的全部目录结构，其显示方式是分层的文件夹（目录）列表，类似于 Windows 的"资源管理器"。目录列表框默认显示的是与当前目录相关的目录结构，通过双击列表中的一个目录项，就可以打开该目录项的第一级子目录，从而浏览到全部的目录结构。

DirListBox 控件的 Path 属性用来返回或设置当前的目录路径，其值是一个指示路径的字符串。比如，将目录列表框控件 Dir1 中的当前目录路径设置为"e:\VB.NET"，语句为 Dir1.Path = "e:\VB.NET"。在设计模式下不可用的 Path 属性，用来读取或指定当前工作目录。当改变驱动器列表框的 Drive 属性时，将产生 Change 事件，因此只要把 Drive.Drive 属性值赋给 Dir1.Path，就可产生同步效果。如：

```
Private Sub Drive1_Change()
Dir1.Path = Drive1.Drive
End Sub
```

这样，每当改变驱动器列表框的 Drive 属性时，将产生 Change 事件，目录列表框中的目录改变成该驱动器目录。

使用 ChDir 语句可以改变当前的目录或文件。例如，下面语句的作用是把用户在目录列表框中选取的目录设为当前目录：

ChDir Dir1.Path

目录列表框的 List 属性数组中包含了所有的目录列表项目，访问该数组的方式与普通列表框控件类似，也是通过索引值 ListIndex 进行。

目录列表框的索引值有以下特殊规定：

（1）Path 属性所指定的目录的索引值总是为-1，因此，通过 Dir1.Path 或 Dir1.List(-1)都可以获得当前目录。

（2）紧邻当前目录之上的目录，其索引是-2，再上一个为-3，依次类推。

（3）紧邻当前目录下的第一个子目录，其索引是 0；若有多个一级子目录，则每个子目录的索引分别是 0、1、2、…，直到 ListCount-1。因此 ListCount 属性表示当前目录下的一级子目录个数，而不是目录列表框中列出的所有项目。

例如，一个目录列表框 Dir1 的索引值情况如图 10-9 所示，其中当前目录是"VB"，其下的一级子目录有 3 个，故 Dir1.ListCount 的值为 3。

图 10-9　目录列表框的索引值

目录列表框的事件主要是 Change 事件和 Click 事件。单击目录列表框中的某个项目时，系统自动修改 ListIndex 属性值，同时触发 Click 事件。双击目录列表框中的某个项目时，自动设置 Path 属性为当前选择的目录，并修改 ListIndex 属性值为-1，同时触发 Change 事件。如果在代码中直接修改了 Path 属性的值，也会触发 Change 事件。

目录列表框的 Change 事件和 Click 事件之间没有冲突，但通常情况下，我们只对 Change 事件编程。

10.4.3　文件列表框

文件列表框（FileListBox）控件根据指定的目录，在程序运行时自动显示该目录下所有文件的文件名。文件列表框的外观与普通列表框相似，与文件列表框有关的属性较多，下面分别介绍。

1．Path 属性

Path 属性用来指定文件列表框中被显示的文件目录，通过 Path 属性的改变引发 Change 事件，可以实现目录列表框与文件列表框的同步操作，例如：

```
Private Sub Dir1_Change()
    File1.Path = Dir1.Path
End Sub
```

目录列表框 Path 属性的改变将激发 Change 事件，把 Dir1.Path 赋值给 File.Path，就产生了同步效果。

2．Pattern 属性

Pattern 属性用来限定文件列表框中显示的文件类型，默认情况下，Pattern 的属性值为"*.*"，即所有文件，在程序中设置格式为：

```
<文件列表框名>.Pattern [=属性值]
```

如语句：File1.Pattern = "*.Doc ；*.Txt"将限定文件列表框 File1 中将只显示扩展名为"Doc"和"Txt"的文件。在这里要注意一下，多个扩展名字符之间用符号";"分开。Pattern属性改变将产生 PatternChangge 事件。

3. FileName 属性

FileName 属性的值是用户在文件列表框中选定的文件名，这里的文件名可以带路径和通配符，因此可以用来设置 Drive、Pattern 和 Path 属性。

4. MultiSelect 属性

该属性用于设定文件列表框中是否允许选择多个文件以及文件的选择方式。

5. ListCount 属性

用于返回文件列表框中所显示的文件总数。例如语句：Num = File1.ListCount 返回文件列表框 File1 中显示的文件总数。

文件列表框的事件主要是 Click 事件和 DblClick 事件。这两个事件以及 List 属性、ListIndex 属性和 ListCount 属性的用法及作用与普通列表框相同。

10.4.4　文件系统控件同步操作

将上述三个文件系统控件组合起来，就可以查看整个驱动器文件系统，但要实现它们之间的同步显示，就需要编写特定的程序。下面我们通过一个例题说明如何实现三者之间的同步操作。

【例 10.8】使用文件系统控件获得文件名及其路径，并能够通过双击文件名打开可执行文件。程序界面如图 10-10 所示。

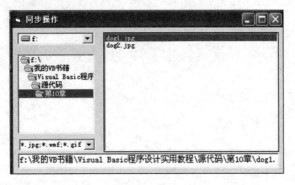

图 10-10　例 10.8 控件同步操作运行界面

在窗体上添加一个 DriveListBox 控件 Drive1、DirListBox 控件 Dir1 和 FileListBox 控件 File1；添加以个组合框控件 Combo1 用来设置筛选的文件扩展名，添加一个文本框控件 Text1 用来显示选定文件的路径和文件名。

设计的关键是，必须保证三个文件系统控件的相互协调联动。在程序的运行阶段，改变驱动器时，就会触发 Drive1 控件的 Change 事件，通过 Dir1.Path = Drive1.Drive 来改变 Dir1 的目录。当 Dir1 改变目录时，就会激活 Dir1 控件的 Change 事件，然后通过 File1.Path

= Dir1.Path 来使 File1 控件显示改变目录后的文件列表。

另一个要注意的问题是 File1 的 Path 属性。按我们通常的想法，File1.Path 与 File1.FileName 进行字符串连接后应该得到完整的文件路径和文件名，但实际上并非如此。

如果选中的一个文件 telinfo.txt 位于 C：根目录下，File1 的 Path 属性所取得的目录路径是"C:\"，File1.Path 与 File1.FileName 进行字符串连接后的结果是"C:\telinfo.txt"；然而，如果 telinfo.txt 文件位于 C：根目录下的"电话号码"子目录下，则 Path 属性所取得的目录路径是"C:\ 电话号码"，File1.Path 与 File1.FileName 连接后的结果是"C:\电话号码telinfo.txt"，显然出错。所以，人为地在后一种情况下的路径后面加上"\"符号，既能够统一形式，也符合我们通常的习惯，避免出错。在本例中采用语句进行判断，检查文件是否在根目录，如果不在根目录，则在 File1.Path 后加上"\"符号，然后，再获得文件真正的路径。

程序代码如下：

```
Dim fname As String
Private Sub Combo1_Click()
    File1.Pattern = Combo1.Text '用来设置文件列表框过滤的文件类型
End Sub

Private Sub Dir1_Change()
    File1.Path = Dir1.Path
End Sub
Private Sub Drive1_Change()
    Dir1.Path = Drive1.Drive
End Sub

Private Sub File1_Click()
'Text1.Text = File1.Path '只能显示文件所在的具体位置
'以下语句用来判断文件是否在根目录，以获得文件真正的路径
If Right(File1.Path, 1) = "\" Then
   fname = File1.Path + File1.FileName
Else
   fname = File1.Path + "\" + File1.FileName
End If
    Text1.Text = fname
End Sub

Private Sub File1_DblClick()
a = Shell(fname, 1)  '调用可执行文件
End Sub

Private Sub Form_Load()
    Combo1.AddItem "*.txt":Combo1.AddItem "*.doc"
    Combo1.AddItem "*.jpg;*.wmf;*.gif"
    Combo1.AddItem "*.exe":Combo1.AddItem "*.*"
    Combo1.Text = "*.txt":File1.Pattern = "*.txt"
End Sub
```

【例 10.9】设计一图片浏览器，界面如图 10-11 所示。要求编写代码使驱动器列表框 Drive1、目录列表框 Dir1 和文件列表框 File1 同步操作；文件列表框中只显示扩展名为 Bmp 和 Jpg 的图片文件；用鼠标单击文件列表框中的某个图片文件时，窗体上的图像框 Image1 同时显示该图片。其中将图像框 Image1 的 Stretch 属性设定为 True，BorderStyle 属性设定 为 1，以使图像框能够完全显示所有图像，同时具有边框。

图 10-11　例 10.9 图片浏览器运行界面

在窗体的加载事件中添加代码，使文件列表框中只显示扩展名为"Bmp"和"Jpg"的 图形文件。程序代码编写如下：

```
Private Sub Form_Load()
    File1.Pattern = "*.Bmp;*.Jpg"
End Sub
```

编写驱动器列表框 Drive1 的 Change 事件过程代码，使驱动器列表框 Drive1 与目录列 表框 Dir1 同步：

```
Private Sub Drive1_Change()
    Dir1.Path = Drive1.Drive
End Sub
```

编写目录列表框 Dir1 的 Change 事件过程代码，使目录列表框 Dir1 与文件列表框 File1 操作同步：

```
Private Sub Dir1_Change()
    File1.Path = Dir1.Path
End Sub
```

编写文件列表框的单击事件过程，在图像框中显示指定的图片：

```
Private Sub File1_Click()
    Image1.Picture = LoadPicture(File1.Path + "\" + File1.FileName)
End Sub
```

10.5　文件系统对象

前面介绍的文件操作，通过使用 Open、Write 以及其他一些相关的语句和函数来实现，是一种传统意义上的文件操作。随着软件技术的不断发展，加上面向对象编程概念的逐渐成熟，从 5.0 版本开始，VB 提出了一个全新的文件操作方式，即文件系统对象。

文件系统对象 FSO 的英文全称是 File System Object，这种对象模型提出了有别于传统的文件操作方法，它采用"对象、方法"这种在面向对象编程中广泛使用的语法，将一系列对文件和文件夹的操作通过调用对象本身的属性和方法直接实现。使用 FSO 对象模型不仅可以完成文件的创建、改变、移动和删除等常规操作，而且可以完成某些本来需要调用 Windows API 函数才能实现的操作。本节将简单介绍文件系统对象 FSO 的使用方法。

10.5.1　文件系统对象的种类

FSO 对象模型包含 Drive、Folder、File、TextStream 和 FileSystemObject 五个对象。

1.　Drive 对象

驱动器对象。用来收集驱动器信息，如可用磁盘空间或驱动器的类型。

2.　Folder 对象

文件夹对象。用于创建、删除或移动文件夹，同时可以进行向系统查询文件夹的路径等操作。

3.　File 对象

文件对象。用于创建、删除或移动文件，同时可以进行向系统查询文件的路径等操作。它的操作和 Folder 基本相同，所不同的是针对磁盘上的文件进行的。

4.　TextStream 对象

用来完成对文本文件的读写操作。

5.　FileSystemObject 对象

是 FSO 对象模型中的主对象，它提供了一套完整的可用于创建、删除文件和文件夹，收集驱动器、文件夹和文件相关信息的方法

FSO 对象模型提供的方法是有冗余的。也就是说，FileSystemObject 对象的某些方法与其他对象的某些方法执行的是同样的操作。例如，使用 FileSystemObject 对象的 CopyFile 方法或者使用 File 对象的 Copy 方法，均可以完成文件复制操作。

FSO 对象模型包含在 Scripting 类型库（Scrrun.Dll）中，所以在使用前需要在工程中引用这个文件：选择"工程"菜单"引用"命令，然后在"引用"对话框中选中"Microsoft Scripting Runtime"前的复选框，然后单击"确定"按钮。 在工程中引用了 FSO 对象模型后，便可以创建 FileSystemObject 对象，这是使用 FSO 对象模型的第一步。创建 FileSystemObject

对象可以采用两种方法，一种是将一个变量声明为 FSO 对象类型：

```
Dim fsoTest As New FileSystemObject
```

或者

```
Dim fsoTest As FileSystemObject
```

另一种是通过 CreateObject 方法创建一个 FSO 对象：

```
Set fsoTest = New FileSystemObject
Set fsoTest = CreateObject("Scripting.FileSystemObject")
```

上述语句均创建了 FileSystemObject 对象 fsoTest。在实际使用中具体采用哪种声明方法，可根据个人的使用习惯而定。

完成了 FSO 对象模型的创建之后，就可以使用 FileSystemObject 对象的方法，或者使用某个具体对象的方法及属性来获取所需信息或进行相关操作了。

在下面的叙述中，假定已经创建了 FileSystemObject 对象 fsoTest。

10.5.2　使用文件系统对象

1. 访问驱动器

有两种访问驱动器的方式：通过 Drive 对象和通过 FileSystemObject 对象访问驱动器。

（1）通过 FileSystemObject 对象访问驱动器。

Drives 属性：该属性是一个 Drive 对象的集合，它包含了所有有效的驱动器。若要取得每个驱动器信息，需使用 For Each ……Next 循环语句，并将循环变量定义为 Variant 类型。例如，下列程序段显示出系统中的所有驱动器：

```
Dim fsoTest As New FileSystemObject
Dim drv As Variant
For Each drv In fsoTest.Drives
Print drv
Next
```

DriveExists 方法：判断一个指定的驱动器是否存在，如果存在返回 Ture，否则返回 False。

GetDrive 方法：返回一个与指定的驱动器相对应的 Drive 对象。

GetDriveName 方法：从指定的路径中返回驱动器名称。

例如：

```
Dim fsoTest As New FileSystemObject
Dim drv As Drive, str As String
str = fsoTest.GetDriveName("e:\telinfo.txt")
Print str                    ' 显示字符串"e:"
If fsoTest.DriveExists("D") Then
  Print "驱动器 E 存在"
End If
Set drv = fsoTest.GetDrive("D")' 获得一个 Drive 对象
```

（2）通过 Drive 对象访问驱动器。

通过 Drive 对象可以访问一个具体驱动器的详细信息。取得一个 Drive 对象的通常做法如下：

```
Dim drv1 As Drive
Set drv1 = fsoTest.GetDrive("C:\")
```

Drive 对象没有方法，其应用都是通过属性表现出来的，如表 10-1 所示，这些属性基本上包含了日常操作所需的全部信息，因此在使用中非常方便。

表 10-1　Drive 对象的属性

属　　性	说　　明
AvailableSpace	返回在指定的驱动器或网络共享上的用户可用的空间容量
DriveLetter	返回某个指定本地驱动器或网络驱动器的字母，这个属性是只读的
DriveType	返回指定驱动器的磁盘类型
FileSystem	返回指定驱动器使用的文件系统类型
FreeSpace	返回驱动器可用的磁盘空间，该属性一般与 AvailableSpace 属性相同
IsReady	确定指定的驱动器是否准备好
Path	返回指定文件、文件夹或驱动器的路径
RootFolder	返回一个 Folder 对象，该对象表示一个指定驱动器的根文件夹，只读属性
SerialNumber	返回用于唯一标识磁盘卷标的十进制序列号
ShareName	返回指定驱动器的网络共享名
TotalSize	以字节为单位，返回驱动器或网络共享的总空间大小
VolumeName	设置或返回指定驱动器的卷标名

【例 10.10】使用 Drive 对象显示 C 盘驱动器的有关信息。

首先，在 VB 中建立一个工程，然后，添加一个命令按钮，将其 Caption 设置为"显示 C 盘驱动器信息"，最后，在按钮的 Click 事件中加入如下代码：

```
Dim fsoTest As New FileSystemObject
Dim drv1 As Drive, sReturn As String
Set drv1 = fsoTest.GetDrive("C:\")
sReturn = "磁盘驱动器: " & "C:\" & vbCrLf
sReturn = sReturn & "卷标名: " & drv1.VolumeName & vbCrLf
sReturn = sReturn & "总空间: " & FormatNumber(drv1.TotalSize / 1024, 0)
sReturn = sReturn & "Kb" & vbCrLf
sReturn = sReturn & "可用的磁盘空间: " & FormatNumber(drv1.FreeSpace / 1024, 0)
sReturn = sReturn & "Kb" & vbCrLf
sReturn = sReturn & "文件系统类型: " & drv1.FileSystem & vbCrLf
MsgBox sReturn
```

程序运行时，单击"显示 C 盘驱动器信息"按钮就会弹出一个消息框显示 C 盘的信息，如图 10-12 所示。

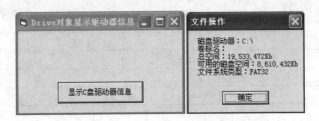

图 10-12　例 10.10 显示驱动器信息运行界面

2.　访问文件夹

（1）　通过 FileSystemObject 对象访问文件夹。

FileSystemObject 对象中提供的有关文件夹的主要方法如下：

CreateFolder 方法：创建一个文件夹。

DeleteFolder 方法：删除文件夹。可使用通配符。

MoveFolder 方法：移动文件夹。可使用通配符。

CopyFolder 方法：复制文件夹。可使用通配符。

FolderExists 方法：查找一个文件夹是否存在。

GetFolder 方法：获得一个 Folder 对象。

GetParentFolderName 方法：获得一个文件夹的父文件夹的名称。

（2）　通过 Folder 对象访问文件夹。

通过 Folder 对象也可以访问一个文件夹，下列语句获得一个 Folder 对象：

```
Dim fld As Folder
Set fld = fsoTest.GetFolder("F:\我的 VB 书籍")
```

　　Folder 对象常用的方法和属性如表 10-2 所示。注意 FSO 对象模型包含的方法是冗余的，表中 FileSystemObject 对象的 DeleteFolder、MoveFolder、CopyFolder 方法和 Folder 对象的 Create、Move、Copy 方法，在功能上是分别对应的，可以任选其中的一种使用。

表 10-2　Folder 对象常用的方法和属性

属性和方法	说　明
Create 方法	创建一个文件夹
Move 方法	移动一个文件夹
Copy 方法	复制一个文件夹
Attributes 属性	设置或返回文件夹的属性（只读属性、隐藏属性、系统属性等）
DateCreated 属性	返回文件夹的创建日期和时间，只读
DateLastAccessed 属性	返回最近访问文件夹的时间
DateLastModified 属性	返回最后修改文件夹的时间
Drive 属性	返回文件夹所在的驱动器盘符，只读
Files 属性	返回文件夹下所有 File 对象组成的 Files 集合
IsRootFolder 属性	指定的文件夹是否是根文件夹
Name 属性	设置或返回文件夹的名称，若重新设置该属性则可以为文件夹改名
ParentFolder 属性	返回指定文件夹的父文件夹对象（Folder 对象）
Path 属性	返回指定文件夹的路径

（续表）

属性和方法	说　　明
Size 属性	返回文件夹的空间大小，单位是字节
Type 属性	返回文件夹的类型
SubFolders 属性	返回文件夹下所有子文件夹组成的 Folders 集合

【例 10.11】Folder 对象应用实例。

新建一个工程，在窗体的"通用-声明"部分加入以下代码：

```
Option Explicit
Dim fsoTest As New FileSystemObject
Dim folder1 As Folder
```

在窗体上添加三个命令按钮，分别是"建立文件夹"按钮 Command1、"删除文件夹"按钮 Command2、"显示文件夹信息"按钮 command3，它们的功能分别是建立文件夹 C:\Test、删除文件夹 C:\Test、显示文件夹 C:\Windows 的部分信息。

三个命令按钮的 Click 事件代码如下：

```
Private Sub Command1_Click() '创建文件夹 c:\test
If fsoTest.FolderExists("c:\test") Then
   MsgBox "文件夹 c:\test 已经存在"
   Exit Sub
Else
   Set folder1 = fsoTest.GetFolder("c:\")
   fsoTest.CreateFolder ("c:\test") '创建文件夹
   MsgBox "文件夹 c:\test 已经被建立"
End If
End Sub


Private Sub Command2_Click() '删除文件夹 c:\test
If Not fsoTest.FolderExists("c:\test") Then
   MsgBox "文件夹 c:\test 不存在"
   Exit Sub
Else
   Set folder1 = fsoTest.GetFolder("C:")
   fsoTest.DeleteFolder ("C:\Test") '删除文件夹
   MsgBox "文件夹 c:\test 已经被删除"
End If
End Sub


Private Sub Command3_Click() '获取文件夹的有关信息
Dim sReturn As String
Set folder1 = fsoTest.GetFolder("C:\Windows")
sReturn = "文件夹属性" & folder1.Attributes & vbCrLf
'获取最近一次访问的时间
sReturn = sReturn & "最近访问的时间" & folder1.DateLastAccessed & vbCrLf
'获取最后一次修改的时间
sReturn = sReturn & "最后访问的时间 " & folder1.DateLastModified & vbCrLf
'获取文件夹的大小
```

```
sReturn = sReturn & "文件夹空间大小 " & FormatNumber(folder1.Size / 1024, 0)
sReturn = sReturn & "Kb" & vbCrLf
'判断文件或文件夹类型
sReturn = sReturn & "C:\Windows 的类型 " & folder1.Type & vbCrLf
MsgBox sReturn
End Sub
```

程序运行后，当单击"显示文件夹信息"按钮时的状态如图 10-13 所示。

图 10-13 例 10.11 Folder 对象应用实例运行界面

3. 访问文件

（1） 通过 FileSystemObject 对象访问文件。

FileSystemObject 对象中提供的有关文件操作的主要方法如下：

DeleteFile 方法：删除文件。可使用通配符。

MoveFile 方法：移动文件。可使用通配符。

CopyFile 方法：复制文件。可使用通配符。

FileExists 方法：查找一个文件是否存在。

GetFile 方法：获得一个现有 File 对象。

通过以下是几个应用示例来说明常用方法的使用：

删除一个文件：

```
fsoTest.DeleteFile "c:\test\t1.txt"
```

删除多个文件：

```
fsoTest.DeleteFile "c:\test\*.txt"
```

同名移动一个文件：

```
fsoTe2. 访问文件夹 st.MoveFile "c:\t2.txt", "c:\"
```

改名移动一个文件：

```
fsoTest.MoveFile "c:\t2.txt", "c:\test\t3.txt"
```

复制一个文件：

```
fsoTest.CopyFile "c:\test\t3.txt", "e:\"
```

复制多个文件：

```
fsoTest.CopyFile "c:\test\*.txt", "e:\"
```

判断文件是否存在：

```
If fsoTest.FileExists("c:\test\t3.txt") Then
    Print "文件存在"
Else
    Print "文件不存在"
End If
```

（2） 通过 File 对象访问文件。

下列语句获得一个 File 对象：

```
Dim f As File
Set f= fsoTest.GetFile ("C:\Test\教研室工作计划.doc")
```

有关 File 对象的属性以及复制、删除、移动等操作均与 Folder 对象类似，可以见表 10-3 所示。

表 10-3 Folder 对象常用的方法和属性

属性和方法	说　　明
Create 方法	创建一个文件
Move 方法	移动一个文件
Copy 方法	复制一个文件
Attributes 属性	设置或返回文件的属性
DateCreated 属性	返回文件的创建日期和时间
DateLastAccessed 属性	返回最近访问文件的时间
DateLastModified 属性	返回最后修改文件的时间
Drive 属性	返回文件所在的驱动器盘符
Name 属性	设置或返回文件的名称，若重新设置该属性则意味着为文件改名
ParentFolder 属性	返回指定文件的所在的文件夹对象（Folder 对象）
Path 属性	返回指定文件的路径
Size 属性	返回文件的空间大小，单位是字节
Type	返回文件的类型

【例 10.12】设计一个通用过程，接收以字符串表示的文件名（包含路径）后，显示指定文件的相关信息。

在窗体的通用段建立 GetFileInfo 过程，并在窗体的 Click 事件中调用该过程，可显示指定文件的相关信息，如图 10-14 所示。

图 10-14　例 10.12 File 对象应用实例运行界面

程序代码如下：

```
Dim fsoTest As New FileSystemObject
Sub GetFileInfo(str As String)
    Set file1 = fsoTest.GetFile(str)
    Print "文件的属性: " & file1.Attributes
    Print "文件的建立时间: " & file1.DateLastAccessed
    Print "最近访问的时间: " & file1.DateLastModified
    Print "文件所在的磁盘驱动器: " & file1.Drive
    Print "文件的名称: " & file1.name
    Print "文件所在的文件夹: " & file1.ParentFolder
    Print "文件所在的路径: " & file1.Path
    Print "文件的大小: " & file1.Size
    Print "文件的类型: " & file1.Type
End Sub
Private Sub Form_Click()
    GetFileInfo "c:\test\教研室工作计划.doc"
End Sub
```

4．文件读写

FSO 对象模型尚不支持随机文件和二进制文件的读写操作，仅支持文本文件。对随机文件和二进制文件的读写仍然需要使用传统的 Open 等语句完成，对文本文件则可以使用 FSO 对象模型提供的 TextStream 对象（文本流）进行读写操作。

下面仍然假定已经创建了 FileSystemObject 对象 fsoTest。

（1）建立 TextStream 对象。

可以使用三种方法之一建立 TextStream 对象。

第一种方法：使用 FileSystemObject 对象的 CreateTextFile 方法。该方法新创建一个空文本文件，并返回相应的一个 TextStream 对象。语法格式：

```
object.CreateTextFile(filename [, overwrite [, unicode]])
```

其中，参数 filename 是一个字符串，指明文件的名称。参数 overwrite 表示如果指定的文件已经存在，是否允许覆盖，为 True 则覆盖，为 False 则不能覆盖，它的默认值是 False。参数 unicode 表示文件是否作为 Unicode 文件创建，为 True 则创建一个 Unicode 文件，为 False 则创建一个普通 ASCII 文件，默认值是 False。

例如，在 C:\test 目录下创建文本文件 win2000.txt：

```
Dim txtf As TextStream
Set txtf = fsoTest.CreateTextFile("c:\test\win2000.txt")
```

第二种方法：使用 FileSystemObject 对象的 OpenTextFile 方法。该方法打开一个现有的文本文件，并返回相应的一个 TextStream 对象。语法格式：

```
object.CreateTextFile(filename [, iomode [, create]])
```

其中，参数 filename 指明文件的名称。参数 iomode 表示文件的打开方式，取值 ForReading 代表用于读操作，ForWriting 用于写操作，ForAppend 用于追加数据。参数 create

表示如果指定的文件不存在，是否创建新文件，为 True 则创建，为 False 则不创建，默认值是 False。例如，以读方式打开 c:\test 目录下的文本文件 win2000.txt：

```
Dim txtf As TextStream
Set txtf =fsoTest.OpenTextFile("e:\test\win2000.txt", ForReading, False)
```

若需产生一个临时文件，可以使用 FileSystemObject 对象的 GetTempName 方法生成临时文件的名称，进而使用上述两种方法之一，打开一个临时文件。比如：

```
Dim txtf As TextStream
Dim strFileName As String
strFileName = fsoTest.GetTempName()'获取随机产生的临时文件名
Print strFileName
Set txtf = fsoTest.CreateTextFile(strFileName) '建立临时文件
```

第三种方法：使用 File 对象的 OpenAsTextStream 方法。通过 File 对象的 OpenAsTextStream 方法也可以获得 TextStream 对象，语法格式：

```
object.OpenAsTextStream([iomode])
```

其中，参数 iomode 表示文件的打开方式，取值 ForReading 代表用于读操作（默认值），ForWriting 用于写操作，ForAppend 用于追加数据。

在下面的程序段中，首先创建了 File 对象，然后使用 OpenAsTextStream 方法建立 TextStream 对象：

```
Dim txtf As TextStream
Dim str As String
Dim f As File
Set f = fsoTest.GetFile("c:\test\win2000.txt")
Set txtf = f.OpenAsTextStream
```

（2） 使用 TextStream 对象。

对于文本文件，一旦建立了相应的 TextStream 对象，就可以使用如表 10-4 所列，该对象的方法及属性进行文件读写操作。

表 10-4　TextStream 对象的方法和属性

方法或属性	说　明	方法或属性	说　明
Close 方法	关闭文件	WriteBlankLines 方法	向文件写入若干个空白行
Read 方法	读取指定字节数的数据	WriteLine 方法	向文件写入一行数据
ReadAll 方法	读取文件的全部数据	AtEndOfLine 属性	返回是否到达行尾
ReadLine 方法	读取文件的一行	AtEndOfStream 属性	返回是否到达文件的结尾
Skip 方法	读取文件时跳过指定的字节数	Line 属性	返回当前行号
SkipLine 方法	读取文件时跳过一行	Column 属性	返回当前字符位置的列号
Write 方法	将字符串数据写入文件		

假定有如下声明和赋值语句：

```
Dim fsoTest As New FileSystemObject  '声明 FSO 对象
Dim txtf1 As TextStream, txtf2 As TextStream'声明文本流对象
Dim str As String
Dim f1 As File, f2 As File  '声明文件对象
Set f1 = fsoTest.GetFile("e:\test\win2000.txt")'获取文件对象
Set f2 = fsoTest.GetFile("e:\test\winxp.txt")
Set txtf1 = f1.OpenAsTextStream(ForReading)  '读方式打开文件
Set txtf2 = f2.OpenAsTextStream(ForAppending)  '追加方式打开文件
```

　　上面的程序段执行后，txtf1 是以读方式打开的 TextStream 对象，对应文件 "c:\test\win2000.txt"；txtf2 是以写方式打开的 TextStream 对象，对应文件 "c:\test\winxp.txt"，以下是几个用法示例：

　　从 txtf1 中读出 5 个字符存入 str 中：str = txtf1.Read(5)

　　从 txtf1 中读出一行存入 str 中：str = txtf1.ReadLine

　　从 txtf1 中读出全部数据存入 str 中：str = txtf1.ReadAll

　　跳过 txtf1 中的 5 个字符：txtf1.Skip(5)

　　跳过 txtf1 中的一行：txtf1.SkipLine

　　关闭 txtf1：txtf1. Close 将字符串 "hello" 写入到 txtf2 中：txtf2.Write "hello"

　　向 txtf2 中写入 2 个空行：txtf2.WriteBlankLines(2)

　　将字符串 "sky" 写入到 txtf2 中并占一行：txtf2.WriteLine "sky"

　　关闭 txtf2：txtf2.Close

第 11 章 数据库编程技术

内容提要

　　数据库是用于存储大量数据的区域，它通常包括一个或多个表。数据库应用成为当今计算机应用的主要领域之一。VB 提供了功能强大的数据库管理功能，能够方便、灵活地完成数据库应用中涉及的诸如建立数据库、查询和更新等各种基本操作。

　　本章讨论数据库的基本概念、VB 中提供的 Data 控件、DBGrid 控件、ADO Data 控件的使用方法和 SQL 语言。同时介绍数据库记录的基本操作。

11.1　数据库基础知识概述

　　数据库用于存储结构化数据。数据组织有多种数据模型，目前主要的数据模型是关系数据模型，以关系模型为基础的数据库就是关系数据库。本节主要讨论关系数据库的相关概念。

11.1.1　数据库概述

　　什么是数据库（DB）？简单的说，数据库就是一组排列成易于处理和读取的相关信息的集合，通过数据库管理系统（DBMS）实现对数据库内数据的管理，使用户可以方便的使用和维护数据库，而不必像使用文件那样需要考虑数据的具体操作和数据之间的关系。当前，几乎所有的应用程序都需要存取大量的数据，这种要求通常采用数据库管理系统来实现。

　　数据库的优越性只有在组织和管理的信息很庞大或很复杂，用手工处理比较繁重时才能显示出来。当然，每天处理数百万个业务的大公司需要数据库，而即使只涉及个人信息的单一人员维护的小公司也会需要数据库。

1.　数据库

　　所谓数据库（DataBase，DB）就是长期存放在计算机内，以一定组织方式动态存储的、相互关联的、可共享的数据集合，它不仅包括数据本身，还包括相关数据之间的联系。数据库最大特点是通过联系减少了不必要的数据冗余。同时，不同用户可以使用同一数据库中自己所需的子集，从而实现了数据共享。

2. 数据库管理系统

数据库管理系统（DataBase Management System，DBMS）是帮助人们处理大量信息，实现管理现代化、科学化的强有力的工具。程序员使用数据库管理数据时，就是通过 DBMS 完成的，无需自己维护文件（这是与使用文件管理数据的显著区别），从而减轻了程序员管理数据的负担，大大提高了编程效率。

目前比较流行的 DBMS 有 Oracle、Sybase、Informix、MS SQL Server 等，它们属于大中型 DBMS。在 Windows 环境下，Visual FoxPro 和 Microsoft Access 是应用较为广泛的小型 DBMS，本章将以 Microsoft Access 为主进行介绍。

3. 数据库系统

数据库系统对所有的数据实行统一的、集中的、独立的管理，使数据存储独立于使用数据的程序，实现数据共享。一个完整的数据库系统（DataBase System，DBS）是由数据库、数据库管理系统、数据库应用系统（DBAS）、数据库管理员（DataBase Administrator，DBA）以及用户组成的。

11.1.2 数据模型

数据模型是数据库系统（DBS）的一个关键概念，数据模型的不同，相应的数据库系统就完全不同，任何一个数据库管理系统都是基于某种数据模型的。数据库管理系统所支持的数据模型分为 4 种：层次模型、网状模型、关系模型和关系对象模型。

1. 层次模型（Hierarctlical Model）

用树状结构表示数据与数据之间联系的模型称为层次模型，也叫树状模型。在这种模型中，数据被组织成由"根"开始的"树"。每个实体由根开始，沿着不同的分支放在不同的层次上。如果不再向下分支，那么此分支序列中最后的节点称为"叶子"。上级节点与下级节点之间为一对一或一对多的联系。层次模型有两个限制：

（1） 只有一个根节点。

（2） 根以外的其他节点有且只有一个父节点。

2. 网状模型（NetWork Model）

用网状结构来表示数据与数据之间联系的模型称为网状模型，也叫网络模型。网状模型取消了层次模型的两个限制，即可以允许节点无父节点，也允许节点有多个父节点。因此网状模型可以方便地表示各种类型的联系。

3. 关系模型（Relational Model）

用二维表结构表示数据与数据之间联系的模型称为关系模型。关系模型是以关系数学理论为基础的，在关系模型中，操作的对象和结构都是二维表。支持关系模型的数据库管理系统称为关系型数据库管理系统，在这种系统中建立的数据库是关系数据库。目前，大多数应用广泛的数据库管理系统采用的数据模型是关系模型，如 Microsoft Access，Microsoft SQL Server2000，Oracle 9i，DB2 等。

4. 关系对象模型

自 20 世纪 90 年代中期以来，人们提出关系对象模型。关系对象模型一方面对数据结构方面的关系结构进行改良；另一方面，人们对数据操作引入了对象操作的概念和手段。当前流行的大型数据库都具备了这方面的功能。

11.1.3 关系数据库的基本结构

关系数据库以表的形式（即关系）组织数据。关系数据库以关系的数学理论为基础。在关系数据库中，用户可以不必关心数据的存储结构，同时，关系数据库的查询可用高级语言来描述，这大大提高了查询效率。

目前，关系模型已经成为数据库设计事实上的标准。这不仅因为关系模型自身的强大功能，而且还由于它提供了叫做结构化查询语言（SQL）的标准接口，该接口允许以一致的和可理解的方法来共享许多数据库工具和产品。

VB 本身使用的数据库是 Access 数据库，可以在 VB 中直接创建，库文件的扩展名为.MDB。下面，介绍一些关系数据库中最常见的概念和术语。

1. 表（Table）

表用于存储数据，它以行列方式组织，可以使用 SQL 从中获取、修改和删除数据。表是关系数据库的基本元素。表在我们生活中随处可见，如职工表、学生表和统计表等。表具有直观、方便和简单的特点。表 11-1 所示是一个学生基本情况表。

表 11-1　学生基本情况表

学　　号	姓　　名	性　　别	班　　级	专　　业
99080101	李华	男	99 计算机应用 1	计算机应用
99080102	李才	女	99 计算机应用 1	计算机应用
99080103	诸葛祥龙	男	99 计算机应用 1	计算机应用
99080104	孙丽	女	99 计算机软件 2	计算机软件
99080105	张军	男	99 计算机软件 2	计算机软件
99080106	马棋	男	99 计算机软件 1	计算机软件

表是一个二维结构，行和列的顺序并不影响表的内容。

2. 记录（Record）

记录是描述一个个体的数据集合，是字段的有序集合。在关系模型中，记录称为元组，即关系中的一行，概念模型中称为实体。记录指表中的一行，一般情况下，记录和行的意思是相同的。在表 11-1 中，每个学生所占据的一行是一个记录，描述了一个学生的情况。

3. 字段（Field）

信息世界中实体的属性在数据世界中用数据项来表示。从数据库的角度讲，数据项就是字段；从关系的角度讲，字段就是关系中的一列。字段有名称、类型、约束等特征。例如：学生的"出生日期"就是字段名，该字段是日期型的，取值应该是当前日期以前的日期。字段是表中的一列，在一般情况下，字段和列所指的内容是相同的。在表 11-1 中，如"学号"一列就是一个字段。

4.　关系

关系是一个从数学中来的概念，在关系代数中，关系是指二维表，表既可以用来表示数据，也可以用来表示数据之间的联系。

在数据库中，关系是建立在两个表之间的链接，以表的形式表示其间的链接，使数据的处理和表达有更大的灵活性。有 3 种关系，即一对一关系、一对多关系和多对多关系。

5.　关键字（Key）

为了确定表中的一条具体的记录，通常使用关键字来描述。所谓的关键字是指能够唯一确定一条记录的字段或字段的组合。有了关键字就可以很方便地操作指定的记录。例如学生信息表中，学号可以作为关键字。

6.　索引（Index）

索引是建立在表上的单独的物理数据库结构，基于索引的查询使数据获取更为快捷，加快访问数据库的速度并提高访问效率，特别是赋予数据库表中的某一个字段的性质，使得数据表中的记录按照字段的某种方式排列。索引是表中的一个或多个字段，索引可以是唯一的，也可以是不唯一的，主要是看这些字段是否允许重复。主索引是表中的一列和多列的组合，作为表中记录的唯一标识。外部索引是相关联的表的一列或多列的组合，通过这种方式来建立多个表之间的联系。

7.　域（Domain）

字段的取值范围称为域。即不同记录对同一字段的取值所限定的范围。如"性别"字段只能是"男"或"女"，"年龄"字段只能是正整数。

8.　视图

视图是一个与真实表相同的虚拟表，用于限制用户可以看到和修改的数据量，从而简化数据的表达。

9.　存储过程

存储过程是一个编译过的 SQL 程序。在该过程中可以嵌入条件逻辑、传递参数、定义变量和执行其他编程任务。

10.　存储过程关系数据库

所谓关系数据库就是由若干个表组成的集合。也就是说，关系数据库中至少有一个表。关系数据库由若干个表有机地组合在一起，以满足系统的需要。

11.1.4　数据访问对象模型

在 VB 中，可用的数据访问接口有 3 种：ActiveX 数据对象（ADO）、远程数据对象（RDO）

和数据访问对象（DAO）。数据访问接口是一个对象模型，它代表了访问数据的各个方面。可以在任何应用程序中通过编程控制连接、语句生成器和供使用的返回数据。

为什么在 VB 中有 3 种数据访问接口呢？因为数据访问技术总是不断进步，而这 3 种接口的每一种都分别代表了该技术的不同发展阶段。最新的是 ADO，它比 RDO 和 DAO 更加简单，而且是更加灵活的对象模型。对于新工程，应该使用 ADO 作为数据访问接口。

11.1.5 结构化查询语言（SQL）

对于 VB 中的关系数据库，一旦数据存入数据库之后，就可以用 SQL（Structured Query Language，结构化查询语言）同数据库"对话"。通常都是用户用 SQL 来发问，数据库则以符合发问条件的记录来"回答"。查询的语法中通常都包含表名、域名和一些条件等。

11.1.6 数据库的分类

VB 可以访问以下 3 类数据库：

（1）Jet 数据库：数据库由 Jet 引擎直接生成和操作，不仅灵活而且速度快，Microsoft Access 和 VB 使用相同的 Jet 数据库引擎。

（2）ISAM 数据库：索引顺序访问方法（ISAM）数据库有几种不同的形式，如 Dbase，FoxPro，Text Files 和 Paradox。在 VB 中可以生成和操作这些数据库。

（3）ODBC 数据库：开放式数据库连接，这些数据库包括遵守 ODBC 标准的客户/服务器数据库，如 Microsoft SQL Server，Oracle，Sybase 等，VB 可以使用任何支持 ODBC 标准的数据库。

11.1.7 ODBC 和数据源

ODBC 的全称为 Open Database Connection，即开放式数据库连接，是 Microsoft 公司在 1989 年推出的连接外部数据库的标准。

1. ODBC 的优点

（1）ODBC 提供了一个能访问大量数据库的单一接口。

（2）ODBC 使客户应用程序的开发可以独立于后端服务器。

（3）ODBC 提供了一个能访问大量数据库的单一接口。

（4）ODBC 使客户应用程序的开发可以独立于后端服务器。

2. ODBC 的组成

ODBC 的组成如图 11-1 所示，说明如下。

（1）应用程序：是为了访问数据库而开发的前端，它通过 ODBC 的 API 来建立与数据库的连接，并使用 SQL 命令操纵数据库。

（2）数据源：用于描述数据库管理系统、远程操纵系统和网络之间的组合方式，其中远程操作系统和网络并不是必需的。

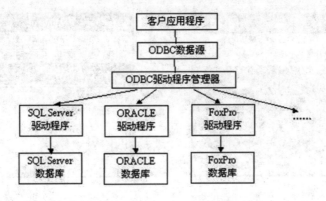

图 11-1　ODBC 体系结构

（3）　驱动程序管理器：是应用程序和用户访问一个特定数据库所必需的驱动程序之间的一个中介。

（4）　驱动程序：为迁移一个特定的数据库管理系统真正实现 ODBC API。它建立与服务器的连接，提交 SQL 查询，然后向应用程序返回结果集或出错信息。

一旦有了 ODBC 驱动程序，就可以创建应用程序需要的数据源。数据源的信息包括用于访问的驱动程序和数据库的名字，还要为数据源提供一个名字，以便在应用程序中引用它。数据源的创建过程，后面的内容会介绍。

11.2　建立数据库

VB 所支持的不同类型的数据库可以通过相关的数据库管理系统来建立，例如，在 FoxPro 数据库管理系统中可以建立 DBF 结构的数据库。也可以使用 VB 的数据库管理器来管理数据库。

11.2.1　数据管理器 VisData

下面以第一节表 11-1 中的数据为例使用 VB 内置的"可视化数据管理器"来建立 Access 数据库。

1．启动数据管理器

在 VB 环境中执行"外接程序"菜单中的"可视化数据管理器"命令，打开可视化数据管理器（VisData），如图 11-2 所示。

2．建立数据库

在 VisData 窗口执行菜单命令"文件"|"新建"|Microsoft Access Ver 7.0 MDB，打开"选择要创建的 Microsoft Access 数据库"对话框，在对话框中输入数据库文件名（如"Stu.mdb"）并保存后，VisData 窗口的工作区将出现如图 11-3 所示的"数据库窗口"（此时为空库，无表，因为用户还没有为数据库建立表）。

图 11-2　可视化数据管理器　　　　　　　　图 11-3　数据库窗口

3. 建立数据表

右击"数据库窗口"空白处，在弹出菜单中选择"新建表"菜单项，打开如图 11-4 所示的"表结构"对话框，输入表名称（如"学生基本情况表"）后，单击"添加字段"按钮，打开如图 11-5 所示的"添加字段"对话框，输入字段名称，设置类型和大小（仅 Text 类型可设置大小）。添加了所有字段后，单击图 11-4 中的"生成表"按钮即可建立数据表。在一个库中可建立多个不同名称的表。

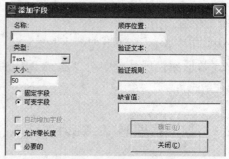

图 11-4　表结构　　　　　　　　　　　图 11-5　添加字段

4. 添加索引

为数据表添加索引可以提高数据检索的速度。在图 11-4 所示的"表结构"对话框中单击"添加索引"按钮，打开如图 11-6 所示的"添加索引到学生基本表"对话框。在"名称"文本框中输入索引名称（如"sNo"），在"可用字段"列表框中选择需要为其设置索引的字段（如"学号"），并设置是否为主索引或唯一索引（无重复）。

5. 输入记录

双击"数据库窗口"中数据表名称左侧的图标，打开如图 11-7 所示的记录操作窗口，可以对记录进行添加、删除、修改等操作。

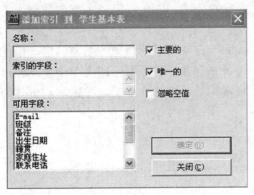

图 11-6　添加索引

图 11-7　记录操作界面

11.2.2　使用 MS Access 建立数据库

下面以 MS Access 2000 为例简介数据库的创建。

1．建立数据库

启动 MS Access，在对话框中选定"空 Access 数据库"单选按钮。单击"确定"按钮后，在"文件新建数据库"对话框中选择保存位置并输入文件名，然后单击"创建"按钮。

2．建立数据表

新建一个空白数据库后，在 MS Access 主窗口中将会出现如图 11-8 所示的数据库窗口。在此窗口中可以管理 Access 数据库的各组成部分。

在数据库窗口中双击"使用设计器创建表"图标，打开如图 11-9 所示的表设计器窗口"表 1：表"，输入字段名称，设置字段的数据类型、字段大小及其他属性。

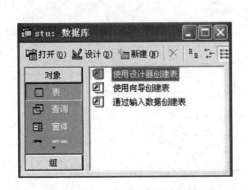

图 11-8　创建数据表

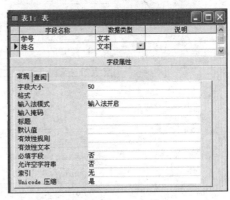

图 11-9　设计表结构

若需设置主键，可选定拟设为主键的字段，然后单击 MS Access 主窗口工具栏中的"主键"图标，此时，被设为主键的字段名左侧会出现钥匙状的图标，同时，"字段属性"中的"索引"属性将自动设为"有（无重复）"。

全部字段设置结束后，关闭表设计器窗口，系统将显示"是否保存对表的设计的更改"

的对话框，可根据提示保存新建的数据表并设置表的名称，即表名。若需修改数据表的结构定义（如添加、删除或修改字段），可在数据库窗口选定数据表（如"学生基本信息表"），然后单击该窗口工具栏中的"设计"按钮，打开前面图 11-9 所示的表设计器窗口进行操作。

如果要添加一个新表，可再次双击"使用设计器创建表"图标，或者单击工具栏"新建"按钮，在"新建表"对话框中选择"设计视图"后，单击"确定"按钮，均可打开如图 11-9 所示的表设计器窗口。

3. 输入记录

在数据库窗口中双击数据表,或者选定表后单击工具栏中的"打开"按钮，打开数据表窗口，向表中输入数据。输入结束后关闭该窗口，根据系统提示保存数据表。

11.2.3 建立表间关联关系

在一个数据库中，一般需要用多个表存放不同类别而又相互关联的信息。例如，在学生信息数据库中用"学生基本情况表"存放学生的学号、姓名、性别等基本情况，用"成绩"表存放学生的各科成绩，用"课程"表存放已开的课程。假设这三个表中含有如表 11-2～表 11-4 所示的信息，当需要查询某位学生的一门或几门课程的成绩时，就要从上述三个表中获取数据。假如某位学生的学号在最初输入时有误，需要修改，则必须确保"学生基本情况表"和"成绩"表中的"学号"字段进行同步更改。因此，应当为三个表建立必要的关联关系。注：* 为主键。

表 11-2 学生基本情况表

学 号*	姓 名	性 别
99080101	李华	男
99080102	李才	女
99080103	诸葛祥龙	男
99080104	孙丽	女
99080105	张军	男
99080106	马棋	男

表 11-3 成绩

学 号	课 号	成 绩
99080101	001	85
99080101	003	78
99080102	002	95
99080102	004	84
99080103	001	67
99080103	003	75

表 11-4　课程

课　号*	课　程　名
001	计算机网络
002	操作系统
003	数据结构
004	VB 程序
005	数据库
006	计算机英语

建立表间关联关系的前提是两个表各含有一个关联字段（属性必须相同），其中一个表的关联字段必须被设为主键或具有唯一索引，该表称为"主表"，另一个表称为"从表"。下面以表 11-2～表 11-4 为例，简介建立数据表之间关联关系的一般步骤。

（1）单击 Microsoft Access 主窗口工具栏"关系"按钮，若数据库中尚未定义任何关系，则在打开"关系"窗口的同时弹出"显示表"对话框。如图 11-10 所示。

（2）在"显示表"对话框中选定需要建立关系的表，单击"添加"按钮，然后单击"关闭"按钮，屏幕显示"关系"窗口。如图 11-11 所示。

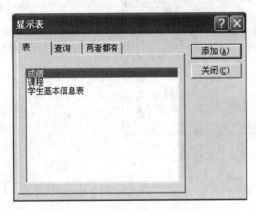 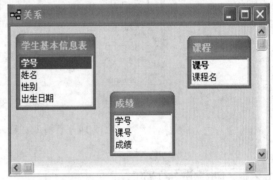

图 11-10　选择要建立关系的表　　　　图 11-11　"关系"窗口

（3）在"关系"窗口将"基本信息"表中的"学号"字段拖放到"成绩"表中的"学号"字段，弹出"编辑关系"对话框。如图 11-12 所示。

（4）在"编辑关系"对话框中，将"实施参照完整性"、"级联更新相关字段"和"级联删除相关记录"三个复选框全部选中，单击"创建"按钮。

（5）重复第（3）、第（4）步的操作，建立"成绩"表中的"课号"字段与"课程"表中的"课号"字段的关联。

建立表间的关系效果图如图 11-13 所示。

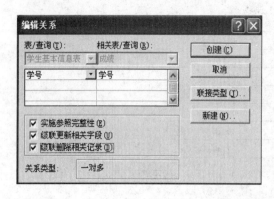

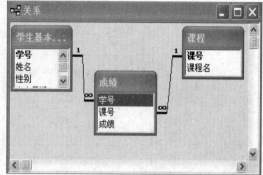

图 11-12　编辑表间的关系　　　　　　　图 11-13　表之间的关系

建立表间关联关系后，打开主表（如"学生基本情况"表），可以看到每条记录的左端增加了子表开关按钮（+、-），单击该按钮可以展开或折叠子表。此时可以很方便地查看或输入每条记录的子表数据（如学生各科成绩）。如图 11-14 所示。

图 11-14　查看或者输入子表的数据信息

11.2.4　创建选择查询

查询是对数据库内的数据进行检索、创建、修改或删除的特定请求。在 MS Access 中可以创建多种类型的查询，如选择查询、参数查询、交叉表查询和动作查询等，其中最常用的是选择查询。

选择查询主要用于检索数据库中的数据，其结果是一个虚拟表，它的结构与真正的数据表相似，也是由行和列组成。但是，查询并不是以一组数据的形式存储在数据库中，数据库中仅存放查询的定义（SQL 语句）。查询结果中的数据来自一个或多个真正的基本表，是在使用（执行）查询时动态生成的。

以表 11-2～表 11-4 为例，通过对学生各科成绩的查询，介绍创建选择查询的一般步骤。

（1）在如图 11-15 所示的数据库窗口"对象"栏中选择"查询"对象，然后双击"在设计视图中创建查询"图标，或者选定该图标后单击工具栏"设计"按钮，系统将同时弹出"查询 1：选择查询"和"显示表"两个窗口，如图 11-16 所示。

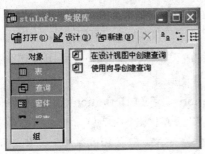

图 11-15　创建查询

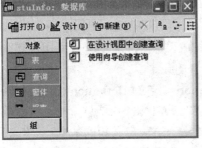

图 11-16　选择查询所用到的表

（2）　在"显示表"对话框中选定创建查询所需要的数据表，单击"添加"按钮，然后单击"关闭"按钮，屏幕显示如图 11-17 所示的查询设计器窗口"查询 1：选择查询"。由于此前已经为数据表之间建立了关联关系，因此系统自动为各数据表的关联字段之间添加了一对多关系连线。

（3）　在"查询 1：选择查询"窗口内的"字段"下拉列表中选择需要查询的字段，如图 11-18 所示。

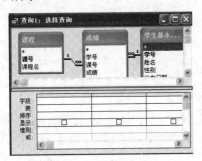

图 11-17　查询设计器窗口

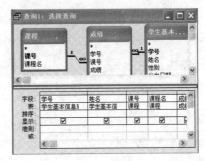

图 11-18　选择要查询的字段

（4）　字段设置结束后，关闭查询设计器窗口，系统将显示"是否保存对查询设计"的对话框，可根据提示保存新建的查询并设置查询的名称。

保存查询后，可以在数据库窗口看到新建的查询。如果需修改查询的定义，可以在数据库窗口中选定该查询，然后再单击工具栏中的"设计"按钮，打开查询设计器窗口进行操作。

在数据库窗口中双击某一查询的图标，即可查看该查询的结果。

11.3　结构化查询语言（SQL）

SQL（结构化查询语言，Structure Query Language）是现代各种关系数据库系统广泛采用的数据库语言，许多数据库和软件系统都支持 SQL 或提供 SQL 语言接口。本节我们将向大家介绍 SQL 的常用语句，特别是 SELECT 语句，在以后的数据库编程中会经常用到，复杂 SQL 语句的语法可以查阅相关书籍。

11.3.1 SQL 语言的组成

SQL 语言由命令、子句、运算符和统计函数构成。这些元素结合起来组成语句，用来创建、更新和操作数据库。下面简单介绍 SQL 语言的元素。

SQL 的功能包括查询（Query）、操作（Manipulation）、定义（Definition）和控制（Control）四个方面，其中最常用的是查询功能（SQL 使用 SELECT 语句实现查询），其次为数据定义功能（SQL 使用其 DDL—Data Definition Language 一语言定义新的数据库、字段和索引）。

SOL 语言简洁、易学易用，完成其核心功能的命令动词只有 8 个，如表 11-5 所示。

表 11-5　SQL 基本命令动词

SQL 功能	命令动词
数据查询	SELECT
数据定义	CREATE，DROP
数据操纵	INSERT，UPDATE，DELETE
数据控制	GRANT，REVOKE

本节我们只对其数据定义、数据查询和数据操纵功能作简单介绍，SOL 语言的其他有关功能，有兴趣的读者可查阅相关专业书籍。

1. CREATE 语句

CREATE 语句可以用来创建数据表，语法格式：

```
CREATE TABLE<表名>(<字段名><数据类型>[约束条件] [，<字段名，<数据类型>……])
```

例如：要建立一个名为 jbxx 的表，学号不能为空。

```
CREATE TABLE jbxx(学号 CHAR(5) NOT NuLL, 姓名 CHAR(10),性别 CHAR(2),民族 CHAR(12),班号 CHAR(5));
```

2. SELECT 语句

SELECT 语句可以从一个或多个表中选取特定的行和列。因为查询和检索数据是数据库管理中最重要的功能，所以 SELECT 语句在 SQL 中是最常用的语句，是 SQL 语言的核心语句。基本语法格式：

```
SELECT [DISTINCT]字段列表 FORM 表名或视图名 WHERE 查询条件表达式 GROUP BY 分组字段 HAVING 分组条件 ORDER BY 字段[ASC|DESC]
```

SELECT：SELECT 语句关键字，表示要选择的字段名称。

<字段列表名>：指出要检索的目标字段名，字段与字段之间用逗号分隔开，如果要选择全部字段，则用"*"号表示。例如：

```
select * from jbxx
```

则会将 jbxx 表的所有字段都显示出来。如果用户只想选择"学号"和"姓名"字段，则可以用下面的格式：

```
select 学号,姓名 from jbxx '只显示学号和姓名两个字段
```

[DISTINCT]：可选关键字，使用 DISTINCT 关键字，就能够从返回的结果数据集合中删除重复的行。例如：jbxx 表中有多学生来自同一个班级，所以会有重复的班级名字出现，使用 DISTINCT 关键字以后，可以过滤掉重复的班级名：

```
select distinct 班级 from jbxx
```

如果省略 DISTINCT，则查询将返回两条班级为"04 计算机网络"的记录。

FROM：用于指定要查询的表或者视图，当有两个以上的表时，用逗号隔开。

WHERE 子句给出查询条件；<条件表达式>给出查询结果应满足的条件，它由常量、字段名、逻辑运算符、关系运算符等组成。

例如：要查询每个学生所对应的辅导员的姓名，这些信息分布在两个表：jbxx 和 teacher 中，因此需要对两个表进行查询，此时表名称之间要用逗号隔开：

```
select jbxx.*,teacher.姓名 from jbxx,teacher where jbxx.班级=teacher.班级
```

GROUP BY：把选定的记录分成特定的组。

HAVING：说明每个组需要满足的条件。

ORDER BY<字段>[ASC 或 DESC]]：可以根据某个字段或者多个字段来对查询结果排序。ASC（默认）表示升序排列，DESC 表示降序排列。例如：对 jbxx 表中计算机英语及格的学生，按计算机网络成绩降序排列。

```
select * from jbxx where 计算机英语>=60 order by 计算机网络 desc
```

3. SQL 合计函数

在使用 SELECT 语句进行查询时，"字段列表名"内可使用合计函数对记录进行合计，它返回一组记录的单一值，可以使用的合计函数如表 11-6 所列。

表 11-6　SQL 的合计函数

合计函数	函数说明
AVG	返回特定字段中值的平均数
COUNT	返回选定记录的个数
SUM	返回特定字段中所有值的总和
MAX	返回特定字段中的最大值
MIN	返回特定字段中的最小值

AVG：算数平均数，计算包含在特定查询字段中的一组数值的算术平均值。例如：计算全体学生计算机成绩超过 60 分的平均分数。

```
select avg(计算机) as 平均分数 from jbxx where 计算机>=60
```

COUNT：计算从查询返回的记录数。例如：统计 03 计算机网络班级的总人数。

```
select count(8) as 总人数 from jbxx where 班级='03 计算机网络'
```

MAX 与 MIN：返回某字段的最大值与最小值。例如：查询全体学生的计算机成绩的最高分和最低分。

```
select max(计算机) as 最高分,min(计算机) as 最低分 from jbxx
```

SUM：返回某字段的总和。例如：计算全体学生的计算机和计算机英语的总分。

```
select sum(计算机) as 计算机总分,sum(计算机英语) as 计算机英语总分 From  jbxx
```

4. UPDATE 语句

UPDATE 语句允许用户在表中对满足一定条件的记录中的某些字段内容进行修改，其语法格式为：

```
UPDATE<表名>SET<字段 1>=表达式[, <字段 2>：表达式] [……]WHERE<条件>
```

例如：要修改学号为"99080101"的学生的计算机和计算机英语成绩分别为 67、89。

```
UPDATE  jbxx  SET 计算机=67,计算机英语=89  WHERE  学号='99080101'
```

上面的例子只对满足 WHERE 条件的记录的计算机和计算机英语字段进行了更新。如果忽略 WHERE 子句，表中所有学生的计算机成绩都被更新为 67 分，计算机英语成绩被更新为 89 分。

5. DELETE 语句

DELETE 语句用来删除表中的记录。如同 UPDATE 语句中一样，所有满足 WHERE 子句中条件的记录都将被删除，由于 SQL 中没有 UNDO 语句或是"你确认删除吗？"之类的警告方式，执行 DELETE 语句后数据经被永久删除，不能恢复，所以在执行这条语句时要特别小心。语法格式：

```
Delete  From<表名> [where  <条件>]
```

例如：删除所有计算机英语成绩低于 60 分的记录。

```
DELETE  From jbxx  WHERE  计算机英语<60
```

如同 UPDATE 语句一样，省略 WHERE 子句将使得操作是针对表中所有的记录。

6. INSERT 语句

INSERT 语句用来将一行记录插入到指定的一个表中。语法格式：

```
INSERT INTO<表名>[(<字段 1>[, <字段 2>……])]VALUES  (<常量 1>[, <常量 2>]……);
```

例如：要将新调来的辅导员"李永超"的记录插入到辅导员表中。

```
insert  into  teacher  values('03 计算机网络','李永超','男','本科','1978-03-08','13836505377')
```

INSERT 语句在执行时，系统将试着将这些值填入到相应的字段中，这些字段按照创建表时定义的顺序排列。在本例中，第一个值"03 计算机网络"将填到第一个字段班级中；

第二个值"李永超"将填到第二个字段辅导员姓名中……以此类推。

有时，可能希望对某一些而不是全部的字段进行赋值。还可以采用另外一种 INSERT 语句：

```
insert into teacher('辅导员姓名','性别','出生日期','学历','电话') values('李永超','男','1978-03-08','本科','13836505377')
```

在这个语句中，我们先在表名之后列出一些字段名，未列出的字段中将自动添加默认值，如果没有设置默认值则填入 NuLL。请注意我们改变了字段顺序，而值的顺序要对应新的字段顺序。

要注意：所有的整形十进制数都不需要用单引号引起来，而字符串和日期类型的值都要使用单引号来区别。对于日期类型，我们必须使用 SQL 标准日期格式(YYYY-MM-DD)，但是在系统中可以进行定义，以接受其他的格式。最好使用四位数来表示年份。

11.3.2　SQL 语句的调试方法

选择 VB 菜单选项"外接程序"|"可视化数据管理器"，启动 VisData 窗口，在右边的"SQL 语句"窗口可以输入 SQL 语句。

输入完毕后，单击"执行"按钮，弹出一个"这是 SQL 传递查询吗？"对话框，单击"否"按钮，将显示查询结果。如果要保存创建的查询，单击"查询生成器"对话框的"保存"命令按钮，在弹出的保存对话框中输入查询名，将查询保存到数据库。

11.4　DATA 数据控件及应用

VB6.0 工具箱中的 Data 数据控件提供了一种访问数据库中数据的方法。数据控件只是负责数据库和工程之间的数据交换，本身并不显示数据，要借助 Visual Basic 控件中的绑定控件来显示数据表中的数据。数据控件使得用户可以不编写任何代码就能完成对数据库的大部分操作。Data 数据控件可以操作如 Microsoft Access，Microsoft FoxPro 和 dBase 等数据库。也可用 Data 控件来访问 Microsoft Excel，Lotust 和标准 ASCII 文本文件等数据源。此外，Data 控件还可访问和操作远程的开放式数据库互连（ODBC）数据库，如 Microsoft SQL 服务器和 Oracle。 VB 提供的 Data 数据控件是访问数据库的一种方便的工具，它能够利用三种 Recorset 对象来访问数据库中的数据，数据控件提供有限的不需编程而能访问现存数据库的功能，允许将 V B 的窗体与数据库方便地进行连接。要利用数据控件返回数据库中记录的集合，应先在窗体上画出控件，再通过它的三个基本属性 Connect、DataBaseName 和 RecordSource 设置要访问的数据资源。

11.4.1　Data 控件功能及常用属性

Data 控件不用编程就能完成下列操作：
① 与本地或远程数据库连接。

② 基于该数据库里各种表的 SQL 查询，打开指定的数据库表或定义记录集。

③ 传送数据字段到各种绑定控件，在其中可显示或改变数据字段的值。

④ 根据显示绑定控件里的数据变化，添加新记录或更新数据库操作。

⑤ 捕获访问数据时出现的错误。

⑥ 关闭数据库。

VB 工具箱中的数据控件（Data）提供了一种访问数据库中数据的方法。通过设置属性，可以将数据控件与一个特定的数据库及其中的表联系起来，并可进入到数据库中的任一记录，同时还可通过加入窗体中的文本框等绑定控件来显示该记录。数据控件只是负责数据库和工程之间的数据交换，本身并不显示数据，必须使用 VB 控件中的绑定控件，与数据控件一起来完成访问数据库的任务。在 VB 标准控件中，对数据敏感的绑定控件有文本框、标签、复选框、图像框、列表框、组合框、0LE 客户和图片框。在客户控件中，对数据敏感的绑定控件有 DBList、DBCombo、DataGrid、MSFlexGrid、RichTextBox 等。

绑定控件必须与数据控件在同一窗体中。数据控件使用户可不编写任何代码就能对数据库进行大部分操作，与数据控件相关联的绑定自动显示当前的记录和特定字段。如果数据控件的记录指针移动，相关联的绑定控件会自动改为显示当前的记录；如果数据被改变或从绑定控件向数据控件输入新值，这些变化会自动存入数据库。

1. Data 数据控件常用属性

（1） Connect。

设置或返回数据数据库类型。VB 提供了 7 种可访问的数据库类型，其中比较常用的有 Microsoft Access、FoxPro 等。Connect 的值通常是数据文件类型的名称，可通过"属性"窗口设置 Connect 属性，也可以在运行时通过代码来设置。例如：

```
Data1.Connect="Excel 9.0"
```

如果处理的是 Access 格式的数据库，则不需要设置此属性。

（2） DatabaseName。

指具体使用的数据库的名称，包括所有数据库的具体路径。如果在"属性"窗口中单击 DatabaseName 属性右边的按钮，会出现一个公用对话框用于选择相应的数据库。可以在设计时用"属性"窗口设置该属性，也可以在运行时通过代码来设置。例如：

```
Data1.DatabaseName= App.Path + "\student .mdb "
```

App.Path：表示当前路径。

如果未写数据库文件的扩展名，则默认情况下使用 Access 格式的数据库。

（3） RecordSource。

设置或返回数据库中表或查询的名称。通常情况下直接在属性窗口中进行设置，也可以在运行时通过代码来设置。例如：

```
Data1.RecordSource ="jbxx "
```

（4） RecordsetType。

在通过代码或其他数据控件建立记录集时设置这个属性，但必须确保绑定的数据控件的 DataField 属性与记录集中的域匹配。

（5）ReadOnly。

在对数据库只查看不修改时，通常将此属性设置为 True；而在运行时根据一定的条件，响应一定的指令后，才将它设置为 False。

（6）Exclusive。

当这个属性值设置为 True 时，则在通过关闭数据库撤消这个设置前，其他任何用户都不能对数据库进行访问（独占模式）。这个属性的默认值为 False。

（7）RecordType。

确定记录集类型，指定记录集的 Table、DynaSet、SnapShot 三种类型中的一种。

2.　Data 数据控件常用事件

（1）Reposition。

当用户单击 Data 控件两端的移动按钮来改变当前记录时，触发该事件，即只要记录集中的指针发生移动时便会产生该事件过程。通常用该事件显示记录集中当前记录的位置。例如在 Data1_Reposition()事件中加入代码：

```
Data1.Caption = "当前记录为" & (Data1.Recordset.AbsolutePosition + 1)
```

这里，Recordset 为 Data1 控件所控制的记录集对象，AbsolutePosition 属性是指记录集当前指针（从 0 开始）。

（2）Validate。

Validate 事件事件是在移动到一条不同记录之前出现。此外，当修改与删除数据表中的记录前或者卸载含有数据控件的窗体时都触发 Validate 事件。Validate 事件能检查被数据控件绑定的控件内的数据是否发生变化。它通过 Save 参数（True 或 False）判断是否有数据发生变化，Action 判断哪一种操作触发了 Validate 事件。Action 参数可以为表 11-7 中的值。

表 11-7　Validate 事件的 Action 参数

Action 值	描　　述	Action 值	描　　述	Action 值	描　　述
0	取消对数据控件的操作	1	MoveFirst	2	MovePrevious
3	MoveNext	4	MoveLast	5	AddNew
6	Update	7	Delete	8	Find
9	设置 BookMark	10	Close	11	卸载窗体

一般可用数据控件的 Validate 事件来检查数据的有效性。例如，如果不允许用户在数据浏览时清空某字段的数据，可使用下列代码：

```
If Save And Len(Trim(Text3.Text)) = 0 Then Action = 0
```

此代码检查被数据控件绑定的控件 Text3 内的数据是否被清空。如果 Text3 内的数据发生变化，则 Save 参数返回 True，若某字段对应的文本框 Text3 被置空，则通过 Action=0 取消对数据控件的操作。

3. 数据绑定控件常用属性

要使文本框、标签和表格等控件与数据控件绑定在一起，成为数据控件的绑定控件，必须设置如下属性：

（1） DataSource。

该属性用来设置与文本框等控件绑定在一起的数据控件名称。可通过"属性"窗口设置；也可以在运行时通过代码来设置；例如：

```
Text1.DataSource="data1"
```

（2） DataField。

该属性返回或设置将当前控件绑定到数据表的字段名称。可以在"属性"窗口中选择要显示的字段；也可以在运行时通过代码来设置；例如：

```
Text1.DataField="姓名"
```

Data 数据控件包含一个重要的对象 Recordset，代表当前数据库中用户正在使用的数据表内记录的集合。用户可以用 Recordset 对象的属性和方法来寻找、排序、增加和删除记录。具体应用在下面的例题中介绍。

【例 11.1】使用数据控件捆绑网格浏览数据库。

将网格控件与数据控件捆绑在一起，能够达到浏览数据库表的目的。操作如下：

① 在工具箱中单击右键，选择"部件"菜单项，然后选择"控件"选项卡中的 Microsoft FlexGrid Control 6.0 复选框，将网格控件加入工具箱。

② 建立一个工程，在窗体中加入 data 控件、网格控件和一个命令按钮。

③ 打开"属性"窗口，将数据控件的 DatabaseName 属性设置为 student；RecordSource 属性设置为 jbxx，Caption 属性设置为"学生基本信息"。

④ 将网格控件的 DataSource 属性设置为"data1"。

⑤ 设计完成后，运行结果如图 11-19 所示。

利用数据控件捆绑文本框能够进行数据库浏览。在下面的例子中利用 VB 提供的标准文本框控件来显示数据库中的数据，同时利用标签控件显示数据字段的名字。

【例 11.2】设计如图 11-20 所示的界面，浏览 student 数据库中的学生基本信息表(jbxx)的信息，学生的照片存放在当前路径下的 BMP 文件夹下。操作步骤如下：

图 11-19　例 11.1 表格控件的使用　　　　图 11-20　例 11.2 学生基本信息窗口

① 将学生的照片复制到当前路径下的 BMP 文件夹中，打开数据库，在数据表中的照片字段中输入每个学生所对应的照片文件名。

② 新建一个工程，将数据控件添加到窗体上。打开"属性"窗口，将数据控件的 DatabaseName 属性设置为 Student；RecordSource 属性设置为 jbxx（jbxx 为数据库 student.mdb 中的一个表），Caption 属性设置为"学生基本信息"。用户为数据控件所设置的其他属性如表 11-8 所示。

表 11-8　数据控件属性设置表

属　　性	属性设置值
Caption	学生基本信息
Connect	Access
DatabaseName	C:\Student.mdb
Name	Data1
RecordsetType	0-Dynaset
RecordSource	jbxx

③ 添加 6 个文本框、7 个标签、一个图像框、一个框架和一个命令按钮到窗体中。

文本框显示数据库表中信息；标签显示数据库表中字段的名称；命令按钮用于退出；图像框用于显示个人照片。各控件的属性设置如表 11-9 所示。

表 11-9　其他属性及设置情况表

对 象 名	属　　性	设 置 值	对 象 名	属　　性	设 置 值
Text1	DataSource	Data1	Text5	DataSource	Data1
	DataField	学号		DataField	操作系统
	（名称）	TxtNumber		（名称）	TxtEnglish
Label1	Caption	学号	Label5	Caption	操作系统
Text2	DataSource	Data1	Text6	DataSource	Data1
	DataField	姓名		DataField	计算机英语
	（名称）	TxtName		（名称）	TxtComputer
Lable2	Caption	姓名	Lable6	Caption	计算机英语
Text3	DataSource	Data1	Image1	Stretch	True
	DataField	性别		（名称）	Imgpicture
	（名称）	TxtSex	Frame1	Name	Frame1
Lable3	Caption	性别		Caption	基本情况
Text4	DataSource	Data1	Frame2	Name	Frame2
	DataField	班级		Caption	照片
	（名称）	TxtClass	命令按钮	（名称）	CmdQuit
Lable1	Caption	班级		Caption	退出

④ 双击 Data 控件进入代码窗口，选择 Reposition 事件，输入如下代码：

```
Private Sub Data1_Reposition()
  On Error Resume Next '因为照片所在的路径可能出现错误，使用该语句忽略所有错误
```

```
    Image1.Picture = LoadPicture(App.Path & "\bmp\" & Data1.Recordset.Fields
("照片").Value)'为学生添加照片
    End Sub
```

⑤ 双击"退出"按钮进入代码窗口，输入以下代码：

```
Private Sub CmdQuit_Click()
Unload Me
End Sub
```

运行应用程序，结果如图 11-20 所示。单击数据控件的移动箭头，可以看到 6 个文本框中的内容都被更新，同时图像框的图像也被更新。

说明：

① 本例中照片的显示是通过用户移动记录指针时，动态地把当前学生的照片文件名用 LoadPicture 函数装入到图像框内来显示的，所以要指明照片文件的完整路径。

② 通常在实际开发中，是将图片直接保存到 Access 数据库的 Binarry 类型的字段中，这时不需要考虑照片文件的存储路径，可以直接将图像框的 DataSource 属性和 DataField 属性绑定到该字段，来达到显示图形的目的，具体操作方法可以查阅相关书籍。这里做一个简单说明。首先需要将照片字段设置为 Binarry 类型，然后在窗体中添加一个通用对话框控件，然后为程序填写如下代码：

```
Private Sub Image1_Click()
CommonDialog1.ShowOpen
Clipboard.Clear
Clipboard.SetData LoadPicture(CommonDialog1.FileName)
Image1.Picture = Clipboard.GetData
End Sub
```

程序运行后，单击 Image1 这个控件，然后弹出一个打开文件对话框，在这里用户可以选择一副图片，然后确定，这样选定的照片就会存储到数据库中指定的表中了，再将磁盘中的照片文件删除就不会影响程序的正常运行了，建议使用该方法。

11.4.2 Data 控件的常用方法

数据控件的内置功能很多，可以在代码中用数据控件的方法访问数据控件属性。

1. Refresh 方法

Refresh 方法能打开或重新打开数据库并能重建控件的 Recordset 属性内的 Dynaset。

如果在设计状态没有为打开数据库控件的有关属性全部赋值，或当 RecordSource 在运行时被改变后，必须使用数据控件的 Refresh 方法激活这些变化。在多用户环境下，当其他用户同时访问同一数据库和表时，Refresh 方法将使各用户对数据库的操作有效。例如，我们通常情况下是直接在 Data 控件的属性窗口下来设置相关属性的，这样设置会出现弊端，就是当数据库所在的文件夹发生位置变化或文件夹更改名称时，运行程序的时候就会出现路径问题；因此也可以利用代码来实现，从而避免这种情况的出现，使所连接数据库所在的文件夹可随程序而变化：

```
Private Sub Command1_Click()
  Dim mpath As String
  mpath = App.Path '获取当前路径
  If Right(mpath, 1) <> "" Then mpath = mpath + "\" '判断是否在根目录上
  Data1.DatabaseName = mpath + "Student.mdb" '连接数据库
  Data1.RecordSource = "jbxx" '选择表 jbxx 构成记录集对象
  Data1.Refresh '激活数据控件
End Sub
```

2.　UpdateControls 方法

UpdateControls 方法可以将数据从数据库中重新读到被数据控件绑定的控件内。因而我们可使用 UpdateControls 方法终止用户对绑定控件内数据的修改。

例如，将代码 Data1.UpdateControls 放在一个命令按钮的 Click 事件中，就可实现放弃对记录修改的功能。

11.4.3　记录集的属性与方法

由于 RecordSource 确定的具体可访问的数据构成的记录集 Recordset 也是一个对象，因此，它和其他对象一样具有属性和方法。下面列出记录集常用的属性和方法。

1.　AbsolutePostion 属性

AbsolutePosition 返回当前指针值，如果是第 1 条记录，其值为 0，该属性为只读属性。

2.　BOF 和 EOF 的属性

BOF 判定记录指针是否在首记录之前，若 BOF 为 True，则当前位置位于记录集的第 1 条记录之前。与此类似，EOF 判定记录指针是否在末记录之后。

3.　Bookmark 属性

打开 Recordset 对象时，系统为当前记录生成一个称为书签的标识值，包含在 Recordset 对象的 Bookmark 属性中。每个记录都有唯一的书签（用户无法查看书签的值），Bookmark 属性返回 Recordset 对象中当前记录的书签。要保存当前记录的书签，可将 Bookmark 属性的值赋给一个变体类型的变量。通过设置 Bookmark 属性，可将 Recordset 对象的当前记录快速移动到设置为由有效书签所标识的记录上。

注意：在程序中不能使用 AbsolutePosition 属性重定位记录集的指针，但可以使用 Bookmark 属性。

例如，在例 11.2 的 Form_Click 事件中，用窗体级变量 mBookmark 保存某记录的书签：

```
Private Sub Form_Click()
mbookmark = Data1.Recordset.Bookmark '保存某记录的书签
End Sub
```

加入一个命令按钮，在 Command1_Click 事件用窗体级变量 mbookmark 重设置 Bookmark 属性：

```
Private Sub Command1_Click()
Data1.Recordset.Bookmark = mbookmark '重新设置 Bookmark
End Sub
```

当在浏览记录时，通过 Command1_Click 事件，就可使显示的记录页面快速返回到保存过书签的记录上。

4. NoMatch 属性

在记录集中进行查找时，如果找到相匹配的记录，则 RecordSet 的 NoMatch 属性为 False，否则为 True。该属性常与 Bookmark 属性一起使用。

5. RecordCount 属性

RecordCount 属性对 RecordSet 对象中的记录计数，该属性为只读属性。在多用户环境下，RecordCount 属性值可能不准确，为了获得准确值，在读取 RecordCount 属性值之前，可使用 MoveLast 方法将记录指针移至最后一条记录上。

6. Move 方法

使用 Move 方法可代替对数据控件对象的 4 个箭头按钮的操作遍历整个记录集。五种 Move 方法是：

① MoveFirst 方法移至第 1 条记录。
② MoveLast 方法移至最后一条记录。
③ MoveNext 方法移至下一条记录。
④ MovePrevious 方法移至上一条记录。
⑤ Move[n]方法向前或向后移 n 条记录，n 为指定的数值。

【例 11.3】在窗体上用四个命令按钮代替例 11.2 数据控件对象的四个箭头按钮的操作。在例 11.2 的基础上，窗体上增加四个命令按钮，将数据控件的 Visible 属性设置为 False 后，数据控件在运行时就看不见了，为了和四个按钮作一个对比，我们先不把数据控件的 Visible 属性设置为 False。如图 11-21 所示。通过对四个命令按钮的编程代替对数据控件对象的四个箭头按钮的操作。

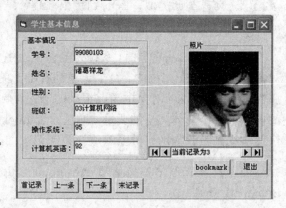

图 11-21 例 11.3 程序运行结果

命令按钮 Command2_Click()事件移至第 1 条记录。

```
Private Sub Command2_Click()
Data1.Recordset.MoveFirst '移动到第一条
End Sub
```

命令按钮 Command5_Click()事件移至最后一条记录。

```
Private Sub Command5_Click()
Data1.Recordset.MoveLast '移动到最后一条
End Sub
```

另外两个按钮的代码需要考虑 Recordset 对象的边界，可用 BOF 和 EOF 属性检测记录集的首尾，如果越界，则用 MoveFirst 方法定位到第 1 条记录或用 MoveLast 方法定位到最后一条记录。程序代码如下：

```
Private Sub Command3_Click() '上一条记录
Data1.Recordset.MovePrevious
If Data1.Recordset.BOF Then
MsgBox "已经是第一条记录了！"
Data1.Recordset.MoveFirst
End If
End Sub

Private Sub Command4_Click() '下一条记录
Data1.Recordset.MoveNext
If Data1.Recordset.EOF Then
MsgBox "已经是最后一条记录了！"
Data1.Recordset.MoveLast
End If
```

7.　Find 方法

使用 Find 方法可在指定的 Dynaset 或 Snapshot 类型的 Recordset 对象中查找与指定条件相符的一条记录，并使之成为当前记录。四种 Find 方法是：

① FindFirst 方法，从记录集的开始查找满足条件的第 1 条记录。

② FindLast 方法，从记录集的尾部向前查找满足条件的第 1 条记录。

③ FindNext 方法，从当前记录开始查找满足条件的下一条记录。

④ FindPrevious 方法，从当前记录开始查找满足条件的上一条记录。

四种 Find 方法的语法格式相同：

```
数据集合.Find方法　条件
```

搜索条件是一个指定字段与常量关系的字符串表达式。在构造表达式时，除了用普通的关系运算符外，还可以用 Like 运算符。

例如，语句 Data1.Recordset.FindFirst "姓名='诸葛祥龙'"表示在由 Data1 数据控件所连接的数据库 Student.mdb 的记录集内查找姓名为“诸葛祥龙”的第 1 条记录。这里，“姓名”为记录集中的字段名，在该字段中存放学生姓名信息。要想查找下一条符合条件的记录，可继续使用语句：Data1.Recordset.FindNext "姓名='诸葛祥龙'"。

以上语句中的条件部分也可以改用已赋值的字符型变量，写成如下形式：

```
myfindstr = "姓名='诸葛祥龙'"
Data1.Recordset.FindFirst myfindstr
```

如果条件部分的常数来自变量，例如，mt="诸葛祥龙"，则条件表达式必须按以下格式构成：

```
myfindstr = "姓名='" & mt & "'"
```

这里，符号&为字符串连接运算符，它的两侧必须加空格。

又例如，要在记录集内查找姓名中带有"龙"字的，可用下面的语句：

```
Data1.Recordset.FindFirst "姓名 like '*龙*'"
```

字符串"*龙*"匹配字段姓名中带有"龙"字字样的所有姓名字符串。这样就可产生模糊查询的功能。

Find 方法进行的查找在默认情况下是不区分大小写的。要改变默认查找方法，可以在窗体的声明部分或声明模块中使用下列语句：

```
Option Compare Text'不区分大小写
Optiorl Compare Binary'区分大小写
```

需要指出的是 Find 方法在找不到相匹配的记录时，当前记录保持在查找的始发处，NoMatch 属性为 True。如果 Find 方法找到相匹配的记录，则定位到该记录，Recordset 的 NoMatch 属性为 False。

【例 11.4】在例 11.3 的基础上，我们将用 Recordset 对象在 student.mdb 数据库中查找"学号"字段，向图 11-22 所示的学生信息窗体中添加"查找"按钮（控件名称：Command6），通过 InputBox 输入学号，使用 Find 方法查找记录。

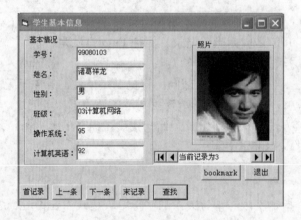

图 11-22　例 11.4Find 查询程序运行结果

程序代码如下：

```
Private Sub Command6_Click() '查找按钮
    Msg = Trim(InputBox("请输入学生的完整学号", "查找")) '输入要查找的"学号"
    If Msg <> "" Then
        Msg = "学号= '" & Msg & "'"
        old = Data1.Recordset.Bookmark '设置书签
        Data1.Recordset.FindFirst Msg '查找"学号"字段
        If Data1.Recordset.NoMatch Then
```

```
            MsgBox ("查无此人! ")
            Data1.Recordset.Bookmark = old '没查到则回到书签处
        End If
    End If
End Sub
```

以上是利用 Find 方法进行查询的代码，我们也可以通过 Select 语句来实现上面相同的功能，代码如下：

```
Dim mno As String
mno = InputBox("请输入学号", "查询")
Data1.RecordSource = "select * from jbxx where 学号='" & mno & "'"
Data1.Refresh
If Data1.Recordset.EOF Then
    MsgBox "没有查找到该学生的信息! ", , , "提示"
    Data1.Refresh
    Data1.RecordSource = "jbxx"
End If
```

请读者将查找条件中的运算符改用 Like 运算符，使其具有模糊查询的功能。

8. Seek 方法

使用 Seek 方法必须打开表的索引，它只能在 Table 表中查找与指定索引规则相符的第一条记录，并使之成为当前记录。其语法格式为：

```
数据表对象.Seek comparison, key1, key2……
```

Seek 允许接受多个参数，第一个是比较运算符 comparison，该字符串确定比较的类型。Seek 方法中可用的比较运算符有：=、>=、>、<>、<、<=等。

在使用 Seek 方法定位记录时，必须通过 Index 属性设置索引。若在同一个记录集中多次使用同样的 Seek 方法（参数相同），那么找到的总是同一条记录。

例如，假设数据库 Student 内基本情况表的索引字段为学号，索引名称为 No，则查找表中满足学号字段值大于 99080103 的第一条记录可使用以下程序代码：

```
Data1.RecordsetType = 0        '设置记录集类型为table
Data1.RecordSource = "jbxx"         '打开基本情况表
Data1.Refresh
Data1.Recordset.Index = "no"           '打开名称为 No 的索引
Data1.Recordset.Seek ">", "99080103"
```

11.4.4 记录的增、删、改操作

Data 控件是浏览和编辑记录集的好工具，但怎么输入新信息或删除现有记录呢?这需要编写几行代码，否则无法在 Data 控件上完成数据输入。数据库记录的增、删、改操作需要使用 AddNew、Delete、Edit、Update 和 Refresh 方法。它们的语法格式为：

```
数据控件.记录集.方法名
```

1. 增加记录

AddNew 方法在记录集中增加新记录。增加记录的步骤为：

（1） 调用 AddNew 方法。

（2） 给各字段赋值。给字段赋值格式为：Recordset.Fields("字段名")=值。

（3） 调用 Update 方法，确定所做的添加，将缓冲区内的数据写入数据库。

如果使用 AddNew 方法添加了新的记录，但是没有使用 Update 方法而移动到其他记录，或者关闭了记录集，那么所做的输入将全部丢失，而且没有任何警告。当调用 Update 方法写入记录后，记录指针自动从新记录返回到添加新记录前的位置上，而不显示新记录。为此，可在调用 Update 方法后，使用 MoveLast 方法将记录指针再次移到新记录上。

2. 删除记录

要从记录集中删除记录的操作分为三步：

（1） 定位被删除的记录使之成为当前记录。

（2） 调用 Delete 方法。

（3） 移动记录指针。

在使用 Delete 方法时，当前记录立即删除，不加任何的警告或者提示。删除一条记录后，被数据库所约束的绑定控件仍旧显示该记录的内容。因此，你必须移动记录指针刷新绑定控件，一般采用移至下一记录的处理方法。在移动记录指针后，应该检查 EOF 属性。

3. 编辑记录

数据控件自动提供了修改现有记录的能力，当直接改变被数据库所约束的绑定控件的内容后，需单击数据控件对象的任一箭头按钮来改变当前记录，确定所做的修改。也可通过程序代码来修改记录，使用程序代码修改当前记录的步骤为：

（1） 调用 Edit 方法。

（2） 给各字段赋值。

（3） 调用 Update 方法，确定所做的修改。

如果要放弃对数据的所有修改，可使用 UpdateControls 方法放弃对数据的修改，也可用 Refresh 方法，重读数据库，刷新记录集。由于没有调用 Update 方法，数据的修改没有写入数据库，所以这样的记录会在刷新记录集时丢失。

【例 11.5】在例 11.4 的基础上加入"添加"、"删除"、"修改"、"放弃"和"照片浏览" 5 个按钮，通过对 5 个按钮的编程建立增、删、改等功能，如图 11-23 所示。

操作步骤：

（1） 在 VB 的工具箱上右击鼠标，选择"部件"，在弹出的"部件"对话框中选择 Microsoft Common Dialog Control6.0，单击"确定"完成对通用对话框控件的引用，并把该控件添加到窗体中。

（2） 添加一个文本框到窗体，设置它的"名称"属性为"Text7"，用于显示用户选择的照片文件的完整路径，并设置 DataSource 和 DataField 属性为 Data1 和"照片"。

（3） 添加一个命令按钮到窗体，设置它的"名称"属性和 Caption 属性为 CmdPhoto 和"……"，用于打开显示"打开"对话框，双击该按钮，添加如下代码：

```
Private Sub CmdPhoto_Click() '选择一个照片文件
    CommonDialog1.ShowOpen
    Text7.Text = CommonDialog1.FileTitle
    Image1.Picture = LoadPicture(CommonDialog1.FileName)
End Sub
```

图 11-23 例 11.5 建立添加、删除、修改、放弃等功能

（4） 添加一个命令按钮到窗体，设置它的"名称"属性和 Caption 属性分别为 Command7 和"添加"。本例中，我们使 Command7_Click 事件具有两项功能：根据按钮提示文字调用 AddNew 方法或 Update 方法，并控制其他几个个按钮的可用性。当按钮提示为"添加"时调用 AddNew 方法，并将提示文字改为"保存"，同时使"删除"按钮 Command8、"修改"按钮 Command9 不可用，而使"放弃"按钮 Command10 可用。添加记录后，需再次单击 Command7 调用 Update 方法确认添加的记录，再将提示文字改为"添加"，并使"删除"和"修改"按钮可用，而使"放弃"不可用。双击"添加"按钮，添加如下代码：

```
Private Sub Command7_Click() '添加记录
    Command8.Enabled = Not Command8.Enabled '控制删除按钮的可用性
    Command9.Enabled = Not Command9.Enabled  '修改按钮
    Command10.Enabled = Not Command10.Enabled '放弃按钮
    If Command7.Caption = "添加" Then '单击[添加]按钮，执行下面的代码
        Text1.SetFocus  '[学号]文本框获得输入焦点
        mbookmark = Data1.Recordset.Bookmark
        Data1.Recordset.AddNew '添加新的记录
        '把文本框赋空字符串，以便用户输入信息
        Text1.Text = "": Text2.Text = "": Text3.Text = "": Text4.Text = ""
        Text5.Text = "": Text6.Text = "": Text7.Text = ""
        Command7.Caption = "保存"
    Else
        Command7.Caption = "添加"
        Data1.Recordset.Update '调用更新方法
    End If
End Sub
```

（5） 添加一个命令按钮到窗体，设置它的"名称"属性和 Caption 属性分别为 Command8 和"删除"。命令按钮 Command8_Click 事件调用 Delete 方法删除当前记录。当

记录被删除后，必须移动记录指针，刷新显示屏。程序中出现的 **On Error Resume Next** 语句是 Visual Basic 提供的错误捕获语句。该语句表示在程序运行时发生错误，忽略错误行，继续执行下一语句。这是因为当记录集中的记录全部被删除后，再用 Move 语句移动记录会发生错误，这时可由 **On Error Resume Next** 语句处理错误，忽略产生错误的语句行。双击"删除"按钮，添加如下代码：

```vb
Private Sub Command8_Click()  '删除操作
    On Error Resume Next
    str1$ = "您确定要删除一条记录吗？"
    str2$ = MsgBox(str1$, vbYesNo + vbQuestion, "删除记录")
    If str2$ = vbYes Then
        Data1.Recordset.Delete   '删除当前的记录
        Data1.Recordset.MoveNext  '记录指针指向下一条记录
        If Data1.Recordset.EOF Then Data1.Recordset.MoveLast
    End If
End Sub
```

（6） 添加一个命令按钮到窗体，设置它的"名称"属性和 Caption 属性分别为 Command9 和"修改"。命令按钮 Command9_Click 事件的编程思路与 Command7_Click 事件类似，根据按钮的提示文字调用 Edit 方法进入编辑状态或调用 Update 方法将修改后的数据写入到数据库中，并控制其他 3 个按钮的可用性。双击"修改"按钮，添加如下代码：

```vb
Private Sub Command9_Click()  '修改记录
On Error Resume Next
    Command7.Enabled = Not Command7.Enabled    '添加按钮
    Command8.Enabled = Not Command8.Enabled    '删除按钮
    Command10.Enabled = Not Command10.Enabled   '放弃按钮
    Command6.Enabled = Not Command6.Enabled    '查找按钮
    If Command9.Caption = "修改" Then
        mbookmark = Data1.Recordset.Bookmark
        Command9.Caption = "确认"
        Data1.Recordset.Edit
        Text1.SetFocus
    Else
        Command9.Caption = "修改"
        Data1.Recordset.Update
    End If
End Sub
```

（7） 添加一个命令按钮到窗体，设置它的"名称"属性和 Caption 属性分别为 Command10 和"放弃"。命令按钮 Command10_Click 事件使用 UpdateControls 方法放弃操作，并通过设置 BookMark 使当前记录返回到选择添加或修改操作时的记录上。双击"放弃"按钮，添加如下代码：

```vb
Private Sub Command10_Click()
    On Error Resume Next
    Command7.Caption = "新增": Command9.Caption = "修改"
    Command7.Enabled = True: Command8.Enabled = True
```

```
    Command9.Enabled = True: Command10.Enabled = False
    Command6.Enabled = True
    Data1.UpdateControls
    Data1.Recordset.Bookmark = mbookmark
End Sub
```

（8）为了在单击 Data 控件两端的箭头而改变当前记录时，照片也动态的变化，需要对 Data 控件的 Reposition 事件编程，双击 Data 控件，添加如下代码：

```
Private Sub Data1_Reposition()
    On Error Resume Next '因为照片所在的路径可能出现错误，使用该语句忽略所有错误
    Image1.Picture = LoadPicture(App.Path & "\bmp\" & Data1.Recordset.Fields
("照片").Value)
        '为学生添加照片
    Data1.Caption = "当前记录为" & (Data1.Recordset.AbsolutePosition + 1)
End Sub
```

上面的代码给出了数据表内数据处理的基本方法。需要注意的是对于一条新记录或编辑过的记录必须保证数据的完整性，这可以通过 Data1_Validate 事件过滤无效记录。例如，下面的代码对学号字段进行测试，如果学号为空则输入无效。在本例中被学号字段所约束绑定的控件是 Text1，可用 Text1.DataChanged 属性检测 Text1 控件所对应的当前记录中的字段值的内容是否发生了变化，Action=6 表示 Update 操作（参见表 11-7 所示）。此外，

使用数据控件对象的任一箭头按钮来改变当前记录，也可确定所做添加的新记录或对已有记录的修改，Action 取值 1～4 分别对应单击其中一个箭头按钮的操作，当单击数据控件的箭头按钮时也触发 Validate 事件。

```
Private Sub Data1_Validate(Action As Integer, Save As Integer)
    If Text1.Text = "" And (Action = 6 Or Text1.DataChanged) Then
        Data1.UpdateControls
    MsgBox "数据不完整，必须要有学号！"
    End If
    If Action >= 1 And Action < 5 Then
        Command7.Caption = "新增": Command9.Caption = "修改"
        Command7.Enabled = True: Command8.Enabled = True
        Command9.Enabled = True: Command10.Enabled = False
        Command6.Enabled = True
    End If
End Sub
```

关于照片的存取问题，在本例中用到的方法是在字段中存放图片的路径，然后再利用装载图片的方法把图片显示到控件内。关于照片的输入，较简单的方法是通过剪贴板将照片图片复制到 Picture 控件。在输入照片时，事先需要用扫描仪将照片扫描到内存或形成图形文件，通过一个图片编辑程序将照片装入剪贴板，然后再从剪贴板复制到 Picture 控件。此外，也可使用 LoadPicture 函数将照片图形文件装入到 Picture 控件或其他图形容器内。

思考：在本例中记录的删除操作，要进行判断当前记录是否是最后一条记录，以确定指针如何移动，如果在初始状态下数据表中没有记录，应如何操作？提示，在删除时候，可以利用 Data1.Recordset.EOF 语句来判断是否是最后一条记录。

11.5 ADO Data 控件及应用

Data 控件适合小型的数据库，比如 Access 和 ISAM 数据库的开发。随着网络技术和数据库技术的不断发展，这些数据有可能分布在不同的地方，并且使用不同的格式，因此传统的解决方案带来了很多问题，比如数据更新不及时、空间资源的冗余和访问效率低等。为此 Microsoft，提出一种新的数据库访问策略，即"统一数据访问"（Universal Data Access）的策略。该策略的总体解决方案是 OLE DB，这是一套组件对象模型（COM）接口，可提供对存储在不同地点、不同的数据源进行统一访问的能力。但 0LE DB 只能在 C/C++语言中使用，无法在 Visual Basic 中直接使用。为此 Microsoft 公司对 OLE DB 进行了封装，这就是 ADO（ActiveX Data Objects），ADO 不仅适合于 SQL Server、Oracle、Access 和 ODBC 数据源等数据库的访问，也适合于 Excel 表格、文本文件、图形文件和无格式的数据文件的访问，可通过 ADO Data 控件和利用 ADO 对象两种方式来访问各种数据源。下面介绍在 VB 中如何使用 ADO Data 控件来进行数据库应用程序开发。

11.5.1 ADO 控件及 DataGrid 控件

ADO Data 控件使用 Microsoft ActiveX 数据对象（ADO）来快速建立数据绑定的控件和数据提供者之间的连接，数据提供者可以是任何符合 0LEDB 规范的数据源。ADO Data 控件有作为一个图形控件的优势（具有"向前"和"向后"按钮），以及一个易于使用的界面，使您可以用最少的代码创建数据库应用程序。

DataGrid 控件是一种类似于电子数据表的绑定控件，可以显示数据表的记录和字段，以及自动设置该控件的列标头，然后您就可以编辑该网格的列，删除、重新安排、添加列标头、或者调整任意一列的宽度。

1. ADO Data 控件介绍

（1） ADO Data 控件的引用。

在工具箱中单击右键，选择"部件"菜单项，选择"控件"选项卡中的"Microsoft ADO Data Control 6.0 (OLEDB)"复选框，即可将 ADO Data 控件加入工具箱。

（2） ADO Data 控件的属性、事件，如表 11-10 和表 11-11 所示。

表 11-10 ADO Data 控件的常用属性

属　　性	属性描述
ConnectionString	支持连接字符串的 OLEDB 提供程序
CommandType	指示命令类型；一般设定为 adCommandTable（表名称）或 adCmdText（SQL 语句）
ConnectionTimeout	在中止前等待打开连接的时间量（单位秒）
CursorLocation	决定是使用服务器端游标还是使用客户端游标
RecordSource	Recordset 源的类型
Mode	描述当前被打开的连接中的模式
Caption	学生基本信息

表 11-11 ADO Data 控件的常用事件

属　　性	属性描述
WillMove	当执行改变当前记录指针、删除、添加记录时触发
MoveComplete	在 WillMove 事件之后触发
WillChangeField	在 Value 属性更改之前触发
FieldChangeComplete	在 WillChangeField 事件之后触发
WillChangeRecord	当执行数据更新时触发
RecordChangeComplete	在 WillChangeRecord 事件之后触发
RecordsetChangeComplete	在 WillChangeRecordset 事件之后触发

2. DataGrid 控件介绍

（1）DataGrid 控件的引用。

在工具箱中单击右键，选择"部件"菜单项，然后选择"控件"选项卡中的"Microsoft DataGrid Control 6.0 (OLEDB)"复选框，即可将网格控件加入工具箱。

（2）DataGrid 控件的属性，如表 11-12 所示。

表 11-12 DataGrid 控件的常用属性

属　　性	属性描述
DataSource	指定网格数据的源
AllowAddNew	允许添加交互记录
AllowDelete	允许删除交互记录
AllowUpdate	允许或禁止记录更新
HeadLines	分配给标头文本的行数

3. ADO 控件、DataGrid 控件应用

（1）建立一个工程，在窗体中加入 ADO Data 数据控件、DataGrid 网格控件，如图 11-24 所示。

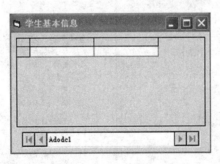

图 11-24 窗体界面

（2）打开 ADO Data 数据控件"属性"窗口，在 ConnectionString 属性栏单击浏览按钮，弹出如图 11-25 所示的"属性页"对话框，这个属性页允许我们通过三种不同方式来连接数据来源，在这里我们单击"使用连接字符串"中的"生成"按钮，弹出如图 11-26

所示的"数据链接属性"对话框。

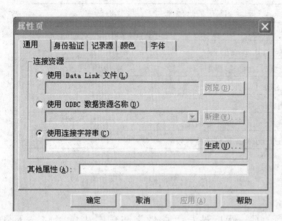
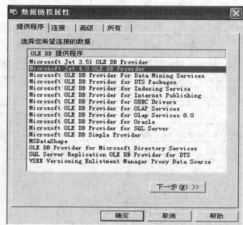

图 11-25 ADO 连接对话框   图 11-26 "提供程序"选项卡

（3） 这里我们选择 Microsoft Jet 3.51 OLE DB Provider，如果数据库是用 Access2000
建立的，则要选择 Microsoft Jet 4.0 OLE DB Provider。在这个窗口中显示的是各个数据库
厂商为 OLE DB 提供的驱动程序（Provider）。

（4） 单击"下一步"按钮，弹出如图 11-27 所示的对话框，在"选择或输入数据库
名称"对应的文本框内输入数据库名称或单击浏览按钮，选择 Student.mdb，单击"测试连
接"按钮，直到出现"测试连接成功"对话框。

（5） 单击"Microsoft 数据链接"窗口中的"确定"按钮，单击"数据链接属性"窗
口的"确定"按钮，关闭该窗口。

（6） 打开 ADO Data 数据控件"属性"窗口，在 RecordSource 属性栏位单击一按钮，
弹出如图 11-28 所示的"属性页"对话框，在"命令类型"中选择 2-adCmdTable，在"表
或存储过程名称"中选择表 jbxx。

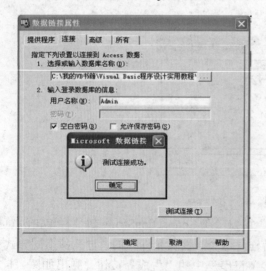
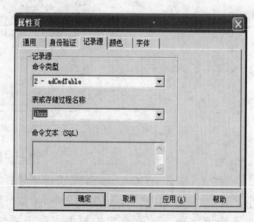

图 11-27 "连接"选项卡   图 11-28 "提供程序"选项卡

（7）将网格控件 DataGrid1 的 DataSource 属性设置为 Adodc1。设计完成后，运行结果如图 11-29 所示，也可以通过编程来完成对 DataGrid1 的 DataSource 属性设置，在 Form_Load 事件中输入语句：Set DataGrid1.DataSource=Adodc1。

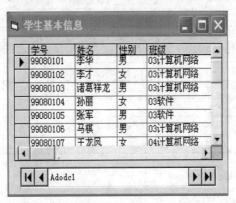

图 11-29　"连接"选项卡

注意：为了在设计时就能看到每列的标题，可以在运行程序前进行如下操作：

（1）右击 DataGrid 控件，然后单击"检索字段"按钮。

（2）右击 DataGrid 控件，然后单击"属性"按钮，使用"属性页"对话框来设置网格的属性，将网格配置为所需的外观。

11.5.2　ADO 控件的 RecordSet 对象

ADO Data 控件链接到数据库的某个数据表后，对数据表的记录的操作，就变为了对 RecordSet（数据集）对象的操作。换言之，RecordSet 对象存放了数据表中的记录。因此掌握 RecordSet 对象的属性、方法是十分必要的。

1．RecordSet 对象常用属性

表 11-13 和表 11-14 分别列出了 RecordSet 对象的常用属性及方法。

表 11-13　RecordSet 对象常用属性

属　　　性	属性描述
AbsolutePage	设置或返回当前数据记录所在的页次
AbsolutePositon	设置或返回当前数据记录的绝对位置
BOF	指出记录指针是否移到第一条数据记录之前
Bookmark	返回当前数据记录的书签值，每一条记录都有自己唯一的书签，它与记录在记录集中的顺序无关
EOF	指出记录指针是否移到最后一条数据记录之后
Sort	数据的排序
Filter	数据的过滤，设置筛选条件，以限制可用的记录

表 11-14 RecordSet 对象常用方法

属 性	属性描述
Move(n)	往前或往后移动 n 条记录使其成为当前数据记录
MoveFirst	移到第一条数据记录使其成为当前数据记录
MoveLast	移到最后一条数据记录使其成为当前数据记录
MoveNext	移到下一条数据记录使其成为当前数据记录
MovePrevious	移到上一条数据记录使其成为当前数据记录
AddNew	新增一条记录
Delete	删除一条记录
Update	使新数据被写入数据来源里
Find	找出一条符合条件的记录，并使其成为当前数据记录

RecordSet 对象属性的应用：

（1）数据的排序（Sort）

Recordset 对象的 Sort 属性具有对数据进行排序的能力，如按"学号"字段升序排列：

```
Adodc1.Recordset.Sort="学号 ASC"
```

其中 ASC 表示升序，DESC 表示降序。若要取消上述排序，可使用如下代码：

```
Adodc1.Recordset.Sort=" "
```

（2）数据的过滤（Filter）

通过 Recordset 对象的 Filter 属性可设置筛选条件，以限制可用的记录，例如要显示性别为"男"的所有记录：

```
Adodc1.Recordset.Filter="性别='男' "
```

筛选的动作并不会移去不符合条件的数据，完整的数据集内容仍然存放于内存里，只要将属性的表达式去除，便可显示数据集中的所有记录。移去表达式的操作如下：

```
Adodc1.Recordset.Filter=adFilterNone
```

2. RecordSet 对象常用方法

对记录集的操作很多都要通过 RecordSet 对象的方法来实现，RecordSet 对象的方法很多，在这里我们介绍常用的方法，如表 11-14 所示。

（1）MoveFirst、MoveLast、MoveNext 和 MovePrevious 方法。

移动到指定的 Recordset 对象中的第一个、最后一个、下一个或上一个记录并使其成为当前记录。如果最后一个记录是当前记录并调用 MoveNext 方法，ADO 将把当前记录位置设置在 Recordset 中的最后一个记录之后（EOF 为 True），在 EOF 属性设置为 True 时，试图向前移动将产生错误。同样，如果当前记录是首记录并调用 MovePrevious 方法，ADO 将把当前记录位置设置在 Recordset 的首记录之前（BOF 为 True），在 BOF 属性设置为 True 时，试图向后移动将产生错误。为了避免错误，我们通常采用下面代码来处理：

当向后移动时，如果 BOF 为 True，则将第一个记录成为当前记录：

```
Adodc1.Recordset.MovePrevious
If Adodc1.Recordset.BOF = True Then
    Adodc1.Recordset.MoveFirst
End If
```

当向前移动时，如果 EOF 为 True，则将最后一个记录成为当前记录：

```
Adodc1.Recordset. MoveNext
If Adodc1.Recordset.EOF = True Then
    Adodc1.Recordset. MoveLast
End If
```

（2）数据的查找（Find）。

Find 方法可以一次找出一条符合条件的记录，并使其成为当前数据记录。通过参数的加入，方法能够依照所给的条件，从指定的起始位置往前或往后搜索数据。

例如：在当前记录集中查找学号为'99080104'的记录：
Adodc1.Recordset.Find ″学号='99080104' ″
Find 方法的通用格式：
Find (criteria,SkipRows,searchDirection,start)

Find 方法的各个参数说明请见表 11-15 所示。

表 11-15　Find 方法的参数说明

参 数	参数描述
Criteria	包含字段名称、比较运算符及条件值表达式
SkipRows	指定要略过多少条记录后开始搜索，默认值为 0 从当前记录开始
SearchDirection	指定要往前（adSearchForward）或往后（adSearchBackward）查找
Start	搜索起始位置的 Bookmark（书签）

【例 11.6】综合应用 ADO 控件和 DataGrid 控件完成学生基本信息表（jbxx）的显示、查询、排序和筛选，如图 11-30 所示。窗体上各主要控件的属性如表 11-16 和表 11-17 所示。

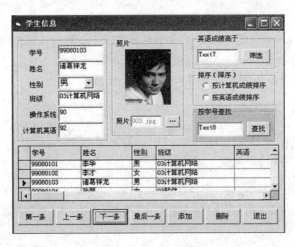

图 11-30　例 11.5 运行界面

表 11-16　ADO 数据控件属性设置表

属　　性	属性设置值
Caption	Adodc1
ConnectionString	Provider=Microsoft.Jet.OLEDB.3.51；Persist Security Info=False；Data Source=c:\student.mdb
Name	Adodc1
CommandType	2-adCmdTable
RecordSource	jbxx
Visible	False
Mode	3-adModeReadWrite

表 11-17　主要控件属性值列表

对 象 名	属　　性	设 置 值	对 象 名	属　　性	设 置 值
文本框 1	DataSource	Adodc1	网格	（名称）	DataGrid1
	DataField	学号		DataSource	Adodc1
	（名称）	TxtNo		HeadLines	2
文本框 2	DataSource	Adodc1	文本框 6	DataSource	Adodc1
	DataField	姓名		DataField	照片
	（名称）	TxtName		（名称）	TxtPhoto
文本框 3	DataSource	Adodc1		Enabled	False
	DataField	班级	命令按钮	（名称）	CmdPhoto
	（名称）	TxtClass		Caption	……
文本框 4	DataSource	Adodc1	组合框 1	DataSource	Adodc1
	DataField	操作系统		DataField	性别
	（名称）	TxtEnglish		（名称）	CmbSex
文本框 5	DataSource	Adodc1	图像框 1	Name	Image1
	DataField	计算机英语		Stretch	True
	（名称）	TxtComputer			

设计步骤：

（1）新建一个工程，在工具箱中单击右键，选择"部件"菜单项，然后选择"控件"选项卡中的 Microsoft ADO Data Control 6.0(OLEDB)、Microsoft DataGrid Control 6.0(OLEDB)、Microsoft Common Dialog Control 6.0 等控件。

（2）对完成记录操作的命令按钮(控件数组)编程：

```
Private Sub Command1_Click(Index As Integer)
Select Case Index
  Case 0  '记录指针指向首条记录
  Adodc1.Recordset.MoveFirst
  '用来显示照片,以下按钮也有该过程
  On Error Resume Next
  If Adodc1.Recordset.Fields("照片").Value <> "" Then
    Image1.Picture = LoadPicture(App.Path & "\bmp\" & Adodc1.Recordset.Fields("照片").Value)
    Else
    Image1.Picture = Nothing
```

```
      End If
   Case 1    '记录指针指向下一条记录
      Adodc1.Recordset.MovePrevious
      On Error Resume Next
      If Adodc1.Recordset.Fields("照片").Value <> "" Then
         Image1.Picture = LoadPicture(App.Path & "\bmp\" & Adodc1.
Recordset.Fields("照片").Value)
         Else
            Image1.Picture = Nothing
         End If
      If Adodc1.Recordset.BOF = True Then
         Adodc1.Recordset.MoveFirst
         Command1(Index).Enabled = False
      Else
         Command1(2).Enabled = True
      End If
   Case 2    '记录指针指向上一条记录
      Adodc1.Recordset.MoveNext
      On Error Resume Next
      If Adodc1.Recordset.Fields("照片").Value <> "" Then
         Image1.Picture = LoadPicture(App.Path & "\bmp\" & Adodc1.
Recordset.Fields("照片").Value)
         Else
            Image1.Picture = Nothing
         End If
      If Adodc1.Recordset.EOF = True Then
         Adodc1.Recordset.MoveLast
         Command1(Index).Enabled = False
      Else
         Command1(1).Enabled = True
      End If
   Case 3    '记录指针指向最后一条记录
      Adodc1.Recordset.MoveLast
      On Error Resume Next
      If Adodc1.Recordset.Fields("照片").Value <> "" Then
         Image1.Picture = LoadPicture(App.Path & "\bmp\" & Adodc1.
Recordset.Fields("照片").Value)
         Else
            Image1.Picture = Nothing
         End If
   Case 4    '增加新记录，同时该命令按钮的 Caption 变化
      If Command1(Index).Caption = "添加" Then '单击[添加]按钮，执行下面的代码
      TxtNo.SetFocus    '[学号]文本框获得输入焦点
      Adodc1.Recordset.AddNew    '添加新的记录
      '把文本框赋空字符串，以便用户输入信息
      TxtNo.Text = "": TxtName.Text = "": CmbSex.Text = "": TxtEnglish.Text
= ""
      TxtComputer.Text = "": TxtPhoto.Text = ""
      Command1(Index).Caption = "保存"
      For i = 0 To 5    '除了"保存"按钮可用外，其他按钮不可用
```

```
        If i <> 4 Then Command1(i).Enabled = False
      Next
    Else
      For i = 0 To 5        '所有按钮可用
        Command1(i).Enabled = True
      Next
      Command1(Index).Caption = "添加"
      Adodc1.Recordset.Update
    End If
  Case 5  '删除当前记录
    Adodc1.Recordset.Delete
  Case 6   '退出应用程序
    Unload Me
  End Select
End Sub
```

（3） 为了在程序运行的时候，就能够看到学生的图片，可在 Form_Load 事件中加载代码：

```
Private Sub Form_Load()
  On Error Resume Next
  If Adodc1.Recordset.Fields("照片").Value <> "" Then
     Image1.Picture = LoadPicture(App.Path & "\bmp\" & Adodc1.
Recordset.Fields("照片").Value)
  Else
     Image1.Picture = Nothing
  End If
End Sub
```

（4） 对"查找"按钮编程：

```
Private Sub CmdSearch_Click()
  old = Adodc1.Recordset.Bookmark
  s = "学号= '" & TxtSearch.Text & "'"
  Adodc1.Recordset.Find s
  If Adodc1.Recordset.EOF Then
    MsgBox ("查无此人！")
    Adodc1.Recordset.Bookmark = old
  End If
End Sub
```

（5） 对完成排序功能的单选按钮编程：

```
Private Sub OptSort_Click(Index As Integer)
Select Case Index
  Case 0
    Adodc1.Recordset.Sort = "计算机英语 desc"
  Case 1
    Adodc1.Recordset.Sort = "操作系统 desc"
  End Select
End Sub
```

11.6　ADO 对象及应用

在前面的几节中，我们学习了 ADO 控件的基本应用，当在一个窗体中同时要对多个数据库（表）访问时，就需要放置多个 ADO 控件，造成控件的繁琐引用，编程缺乏灵活性。而 ADO 对象模型定义了一个可编程的分层对象集合；可以方便地用同一种方法访问各种数据源。

ADO 对象是应用层的编程接口，它通过 OLEDB 提供的 COM 接口访问数据，它适合于各种客户机/服务器应用系统和基于 Web 的应用，尤其在一些脚本语言中访问数据库操作是 ADO 对象的优势。ADO 对象可更好地用于网络环境，通过优化技术，它尽可能地降低网络流量；ADO 的另一个特性是使用简单，它比其他的一些对象模型如 DAO（Data Access Object）、RDO（Remote Data Object）等具有更好的灵活性，使用更为方便，并且访问数据的效率更高。

ADO 对象主要由三个对象成员：Connection、Command 和 Recordset 对象组成，另外还有几个集合对象，如 Errors、：Parameters 和 Fields 等。

11.6.1　ADO 对象的引用

要在程序中使用 ADO 对象，必须先为当前工程引用 ADO 的对象库。单击"工程"菜单的"引用"命令，在弹出的"引用"对话框列表中选取 Microsoft ActiveX Data Object 2.6。

Library 选项（其中 2.6 为版本号，如果你的系统中有更高版本的 ADO 对象，则可以选取高版本的 ADO 对象）。单击"确定"按钮，完成对 ADO 对象的引用。

引用成功后，可以选择"视图"菜单，执行"对象浏览器"命令（或按 F2 键），打开"对象浏览器"窗口，在"工程库"下拉组合框中选择"ADODB"，可以查看 ADO 对象的各个成员的属性、方法的介绍。

11.6.2　ADO 对象编程模型

ADO 对象包括表 11-18 所示的可以编程的对象，每个对象都具有各自的属性和方法。

1.　连接（Connection）对象

Connection 对象代表与数据源之间的一个连接，ADO 的 Connection 对象封装了 0LEDB 的数据源对象和会话对象。根据 OLE DB 提供者的不同性能，Connection 对象的特性也有所不同，所以 Connection 对象的方法和属性不一定都可以使用。Connection 对象的常用属性、方法如表 11-19 所示。

表 11-18　ADO 中可以编程的对象

名　称	名称说明
Connection（连接）	通过连接对象可以建立与数据源的连接
Command（命令）	可以通过该对象提供的方法执行针对数据源的有关操作，比如查询、修改等
Recordset（记录集）	描述来自数据表或 SQL 命令执行结果的记录的集合，并对其进行维护或者浏览等操作
Errors（错误）	用于维护数据源所产生的错误信息
Parameters（参数）	为执行 SQL 查询语句或访问存储过程提供参数的对象
Field（字段）	用于操作记录集中字段的信息

表 11-19　Connection 对象常用的属性和方法

名　称	名称说明
ConnectionString 属性	设置到数据源的连接信息，包括 OLE DB 提供者（Provider）和数据源
CursorLocation 属性	指定使用客户端游标还是服务器端游标
Execute 方法	执行命令，如 SQL 语句
Open 方法	用来初始化 Connection 对象与物理数据源的连接
Close 方法	关闭 Connection 对象与物理数据源的连接，并释放与之关联的系统资源，但并没有释放 Connection 对象本身

（1）Connection 方法的使用方法。

示例 1：在窗体的 Load 事件中建立、打开一个连接。

```
Dim cn As New ADODB.Connection '声明并实例化 Connection 对象变量 cn
Private Sub Form_Load()
    Cn.ConnectionString = "Provider=Microsoft.Jet.OLEDB.4.0; Data Source=
C:\Student.mdb " '"Provider"：指定 OLE DB 数据或服务提供者的名称
    Cn.CursorLocation = adUseClient ' 指定为客户端游标
    Cn.Open                          ' 打开连接
End Sub
```

（2）Execute 方法的使用方法。

可以使用 Connection 对象的 Execute 方法执行 SQL 语句完成对数据库的操作，并将查询结果赋值给记录集（Recordset）对象。

```
Dim rs As New ADODB.Recordset
Set rs=cn. Execute("select *  from jbxx ") '对象的赋值要用 SET 语句
```

（3）Close 方法的使用方法。

```
在终止应用程序前，应该先关闭连接。
Cn.Close
```

2. 命令（Command）对象

Command 对象是 ADO 的基本对象之一，用于完成对数据库的操作。Command 对象的优势在于：第一可以保存命令的信息，以便多次查询；第二，如果要进行参数化查询或对存储过程的访问，则必须使用 Command 对象。Command 对象的常用属性、方法如表 11-20

所示。

表 11-20　Command 对象常用的属性和方法

名　称	名称说明
ActiveConnection 属性	设置当前的 Command 对象所对应的 Connection 对象
CommandText 属性	描述发送的命令文本，如 SQL 语句、数据表名称或存储过程名称
CommandType 属性	设置 CommandText 的类型；以便于 ADO 优化命令的执行
Execute 方法	执行 CommandText 属性所指定的操作

Command 对象执行时，既可以通过 ActiveConnection 属性指定相连的 Connection 对象，也可以独立于 Connection 对象，直接指定连接串，即使连接串与 Connection 对象的连接串相同，Command 对象仍然使用其内部的数据源连接。

使用 Command 对象执行对数据库的查询，结果在网格控件（Datagrid1）上显示。

```
Dim cn As New ADODB.Connection
Dim rs As New ADODB.Recordset
Dim cmd As New ADODB.Command

Private Sub Form_Load()
cn.ConnectionString  = "Provider=Microsoft.Jet.OLEDB.4.0;Data  Source=
C:\student.mdb"
    cn.CursorLocation = adUseClient
    cn.Open
    With cmd        ' 对 Command 对象变量 Cmd 进行设置
      .ActiveConnection = cn
      .CommandType = adCmdText
      .CommandText = "select * from jbxx"
    End With
' 使用 Command 对象的 Execute 方法，执行 SQL 语句，并将将查询结果填充到记录集对象 rs
    Set rs = cmd.Execute
    Set DataGrid1.DataSource = rs    '用网格控件显示记录集对象 rs
End Sub
```

3. 记录集（Recordset）对象

Recordset 对象是 ADO 数据操作的核心；它既可以作为 Connection 对象或 Command 对象执行查询的结果记录集，也可以独立于这两个对象而使用；在记录集中，总是有一个当前的记录。记录集是 ADO 管理数据的基本对象，所有的 Recordset 对象都按照行列方式（表状结构）进行管理，每一行对应一个记录（Record），每一列对应一个域（Field）。Recordset 对象的常用属性、方法如表 11-21 所示。

（1）CursorType 属性：Recordset 对象通过游标对记录进行访问，在 ADO 中，游标分为以下 4 种，如表 11-22 所示。如果在代码中，当不指定游标类型时，将使用"仅向前游标"做为其默认类型。

（2）LockType 属性：为了解决在多用户环境下同时访问某数据表时，易造成的数据冲突等问题，ADO 对象在打开 Recordset 前，通过设置 LockType 属性来指定游标的的锁定类型，LockType 属性的取值如表 11-23 所示。

表 11-21　　Recordset 对象常用的属性和方法

名　　称	名称说明
ActiveConnection 属性	设置当前的 Recordset 对象所对应的 Connection 对象
BOF 属性	指示当前记录位置是否位于 Recordset 对象的第一个记录之前
EOF 属性	指示当前记录位置位于 Recordset 对象的最后一个记录之后
CursorType 属性	指示在 Recordset 对象中使用的游标类型
LockType 属性	指示编辑过程中对记录使用的锁定类型
RecordCount 属性	返回 Recordset 对象中记录的个数
Sort 属性	数据的排序
Filter 属性	数据的过滤，设置筛选条件，以限制可用的记录
MoveFirst、MoveLast、MoveNext 和 MovePrevious 方法	移动 Recordset 对象中记录指针到首记录、末记录、下一条记录、前一条记录
AddNew 方法	向可更新的 Recordset 添加一条新记录
Update 方法	保存对 Recordset 对象的当前记录所做的所有更改
Delete 方法	删除当前记录
Open 方法	打开表示记录的游标，这些记录来自基本表、查询结果或先前保存的 Recordset

表 11-22　　CursorType 属性常量说明

名　　称	名称说明
adOpenStatic	静态游标，提供对数据集的一个静态复制，允许各种移动操作，包括前移、后移，等等，但其他用户所做的操作反映不出来
adOpenDynamic	动态游标，允许各种移动操作，包括前移、后移，等等，并且其他用户所做的操作也可以直接反映出来
adOpenKeyset	键集游标，类似于动态游标，也能够看到其他用户所做的数据修改，但不能看到其他用户新加的记录，也不能访问其他用户删除的记录
adOpenForwardonly	仅向前游标，只允许向前移动操作，不能向后移动

表 11-23　　LockType 属性常量说明

名　　称	名称说明
adLockReadOnly	默认值；只读，无法更改数据
adLockPessimistic	保守式记录锁定（逐条），通常采用编辑时立即锁定数据源的记录的方式
adLockOptimistic	开放式记录锁定（逐条），只在调用 Update 方法时锁定记录
adLockBatchOptimistic	开放式批更新，用于与立即更新模式相反的批更新模式
adOpenForwardonly	仅向前游标，只允许向前移动操作，不能向后移动

　　如果 Connection 对象的 CursorLocation 属性被设置为 adUseClient（客户端游标），LockType 属性值将不支持 adLockPessimistic 设置。设置不支持的值不会产生错误，因为此时将使用支持的最接近的 LockType 的值。

　　使用 Recordset 对象执行对数据库的查询，结果在网格控件（Datagrid1）上显示。

```
Dim cn As New ADODB.Connection
Dim rs As New ADODB.Recordset

Private Sub Form_Load()
    cn.ConnectionString = "Provider=Microsoft.Jet.OLEDB.4.0;Data Source=
d:\student.mdb "
    cn.CursorLocation = adUseClient
    cn.Open
    '使用 Recordset 对象的 open 方法运行 SQL 语句
    rs.Open "select * from jbxx", cn, adOpenStatic, adLockOptimistic
    Set DataGrid1.DataSource = rs    '将记录集对象 rs 捆绑到网格控件
End Sub
```

通过上面几段程序代码，我们可以看出，使用 ADO 对象操纵数据库通常是按下面的步骤完成的：

（1）　使用 Connection 对象建立与数据源的连接；

（2）　然后可以通过 Connection 对象的 Execute 方法、Recordset 对象的 Open 方法或 Command 对象的 Execute 方法执行 SQL 语句来完成对数据库的操作。

而 Recordset 对象作为 ADO 对象的核心，可以自由灵活使用，所以在下面的例题中我们主要是通过 Recordset 对象来完成数据库的操作。

11.6.3　ADO 对象应用实例

【例 11.7】使用 ADO 对象完成对学生基本信息表（jbxx）的显示如图 11-31 所示。

设计步骤：

（1）　创建一个工程，进入窗体设计器，添加对 ADO 对象、公用对话框 CommonDialog 控件的引用。

（2）　在窗体上放置一个文本框控件数组 Text1(0)～Text1(6)，用来显示各字段的信息；一个命令按钮控件数组 Command1(0)～

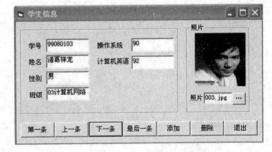

图 11-31　例 11.7 运行界面

Command1(6)，用来控制对记录的浏览、修改、删除等操作；一个图像框控件 Image1，用来显示照片；一个命令按钮控件 CmdPhoto，用来打开照片文件。

（3）　在窗体的"通用"对象部分声明连接对象变量 cn 和记录集对象变量 rs。

```
Dim cn As New ADODB.Connection
Dim rs As New ADODB.Recordset
```

（4）　在窗体的 Load 事件中，使用连接对象变量 cn 建立与数据库的连接，同时使用记录集对象变量 rs 的 open 方法在此连接上执行对数据表 jbxx 的查询，并通过编程方式将文本框与记录集 rs 的各字段进行捆绑。

```
Private Sub Form_Load()
    cn.ConnectionString = "Provider=Microsoft.Jet.OLEDB.4.0;Data Source=" &
App.Path & "\student.mdb "
    cn.CursorLocation = adUseClient
    cn.Open
    rs.Open "select * from jbxx", cn, adOpenStatic, adLockPessimistic
    For i = 0 To 6        '所有文本框捆绑到记录集 rs 的相应字段
        Set Text1(i).DataSource = rs
        Text1(i).DataField = rs.Fields(i).Name
    Next
    Call showpicture
End Sub

Sub showpicture()   '用来显示学生照片的过程
 On Error Resume Next
  If rs.Fields("照片").Value <> "" Then
      Image1.Picture = LoadPicture(App.Path & "\bmp\" & rs.Fields("照片").Value)
  Else
      Image1.Picture = Nothing
  End If
End Sub
```

（5） 对 CmdPhoto 按钮编程。当用户单击该按钮时，弹出"打开文件"对话框，供用户选择照片，同时将"添加"命令按钮的 Caption 设置为"保存"；为了防止在保存照片文件之前用户移动记录指针，因此要将除"保存"按钮外的其他命令按钮设置为不可用(Enabled=True)。

```
Private Sub CmdPhoto_Click()
    Dim i As Integer
    Command1(4).Caption = "保存" '当点击该按钮时，"添加"命令按钮的 Caption 改为
"保存"
    For i = 0 To 5        '除了"保存"按钮可用外，其他按钮不可用
        If i <> 4 Then Command1(i).Enabled = False
    Next
    CommonDialog1.Filter = "所有文件(*.*)|*.*|BMP 文件(*.bmp)|*.bmp|GIF 文件
(*.GIF)|*.GIF|JPG 文件(*.JPG)|*.JPG"
    CommonDialog1.ShowOpen
    Text1(6).Text = CommonDialog1.FileTitle
    Image1.Picture = LoadPicture(CommonDialog1.FileName)
End Sub
```

（6） 对 Command1 按钮(控件数组)编程，完成记录的浏览、添加、删除，注意程序中添加记录的技巧。

```
Private Sub Command1_Click(Index As Integer)
Select Case Index
    Case 0  '记录指针指向首条记录
        rs.MoveFirst
    Case 1    '记录指针指向上一条记录
        rs.MovePrevious
```

```
    If rs.BOF = True Then
       rs.MoveFirst
       Command1(Index).Enabled = False
    Else
       Command1(2).Enabled = True
    End If
  Case 2  '记录指针指向下一条记录
     rs.MoveNext
   If rs.EOF = True Then
      rs.MoveLast
      Command1(Index).Enabled = False
     Else
      Command1(1).Enabled = True
     End If
  Case 3  '记录指针指向最后一条记录
     rs.MoveLast
  Case 4  '增加新记录
   If Command1(Index).Caption = "添加" Then '单击[添加]按钮,执行下面的代码
    Text1(0).SetFocus  '[学号]文本框获得输入焦点
    rs.AddNew  '添加新的记录
    '把文本框赋空字符串,以便用户输入信息
    For Each aa In Text1
      aa.Text = ""
     Next
    Command1(Index).Caption = "保存"
    For i = 0 To 5  '除了"保存"按钮可用外,其他按钮不可用
      If i <> 4 Then Command1(i).Enabled = False
     Next
   Else
      For i = 0 To 5     '所有按钮可用
        Command1(i).Enabled = True
     Next
     Command1(Index).Caption = "添加"
     rs.Update
   End If
  Case 5  '删除当前记录
     rs.Delete
  Case 6  '退出应用程序
    Set rs = Nothing
    cn.Close
    Unload Me
 End Select
  Call showpicture
End Sub
```

在本例中,使用编程的方式将文本框捆绑到记录集 rs 的相应字段,所以添加新记录(使用 Addnew 方法)、数据保存(使用 Update 方法)和记录浏览显示,都可以很方便地完成。

【例 11.8】使用 ADO 对象完成按"班级"查询辅导员的基本情况和班级学生基本情况。如图 11-32 所示。

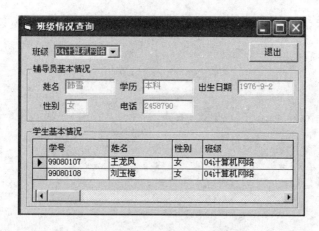

图 11-32　例 11.7 运行界面

程序功能要求：

（1）　当在组合框 Combo1 中选择某个班级时，立即查询该班级对应的辅导员基本情况，并在文本框 text1(0)～Text1(4)中显示。同时查询属于该班级的全体学生的基本信息，并在网格控件 DataGrid1 中显示。

（2）　辅导员的基本情况信息所对应的文本框 Text1(0)～Text1(4)的 Enabled=False。

（3）　网格控件 DataGrid1 所显示的数据为只读，这要通过设定游标类型 CursorType 属性为 "adOpenForwardOnly"（仅前向游标）来完成。

设计步骤如下：

（1）　创建一个工程，进入窗体设计器，添加对 ADO 对象、网格（DataGrid）控件的引用。设计如图 1-32 所示的窗体。

（2）　在窗体的 "通用" 对象部分声明全局的连接对象变量 cn。

```
Dim cn As New ADODB.Connection
```

（3）　在窗体的 Load 事件中，使用连接对象变量 cn 建立与数据库的连接，同时使用记录集对象变量 rs 的 open 方法在此连接上执行对数据表 jbxx 的查询,查询出不同的班级,并用这些班级初始化下拉列表框。

```
Private Sub Form_Load()
  Dim rst As New ADODB.Recordset
  cn.ConnectionString = "Provider=Microsoft.Jet.OLEDB.4.0;Data Source=" &
App.Path & "\student.mdb "
  cn.CursorLocation = adUseClient
  cn.Open
  rst.Open "select distinct 班级 from jbxx", cn, adOpenStatic
  Do While Not rst.EOF
    CmbClass.AddItem rst.Fields("班级").Value    '初始化下拉组合框
    rst.MoveNext
  Loop
End Sub
```

（4）　对下拉列表框 CmbClass 的 Click 事件编程，当用户在下拉列表框中选择某个班级时，将分别对数据表"jbxx"和"teacher"进行查询。

```
Private Sub CmbClass_Click()
  Dim rs_teacher As New ADODB.Recordset
  Dim rs_student As New ADODB.Recordset
  Dim s As String
  s = "班级='" & CmbClass.Text & "'"
  rs_teacher.Open "select * from teacher where " & s, cn
  If rs_teacher.RecordCount > 0 Then
    Text1(0).Text = rs_teacher.Fields("姓名").Value
    Text1(1).Text = rs_teacher.Fields("性别").Value
    Text1(2).Text = rs_teacher.Fields("学历").Value
    Text1(3).Text = rs_teacher.Fields("电话").Value
    Text1(4).Text = rs_teacher.Fields("出生日期").Value
  End If
  rs_student.Open "select * from jbxx where " & s, cn, adOpenForwardOnly
  Set DataGrid1.DataSource = rs_student
End Sub
```

（5）　对"退出"命令按钮进行编程，退出应用程序前，应该关闭连接对象变量。

```
Private Sub CmdExit_Click()      '退出应用程序
    cn.Close
    End
End Sub
```

11.7　报表制作

在 Visual Basic 6.0 中，Microsoft 在系统中集成了数据报表设计器(Data Report Designer)，从而使报表的制作变得很方便。数据报表设计器属于 ActiveX Designer 组中的一个成员，在使用前需要执行"工程|添加 Data Report"命令，将报表设计器加入到当前工程中，产生一个 DataReport1 对象，并在工具箱内产生一个"数据报表"标签。图 11-33 显示了数据报表设计器专用的控件和报表设计器的画面。

图 11-33　报表设计器与专用控件

其中：“标签”控件在报表上放置静态文本；“文本”控件在报表上连接并显示字段的数据；“图形”控件可在报表上添加图片；“线条”控件在报表上绘制直线；“形状”控件在报表上绘制各种各样的图形外形；“函数”控件在报表上建立公式。

报表设计器的画面由若干区域组成，报表标头区包含整个报表最开头的信息，一个报表只有一个报表标头，可使用“标签”控件建立报表名；报表注脚区包含整个报表尾部的信息，一个报表也只有一个注脚区；页标头区设置报表每一页顶部的标题信息；页注脚区包含每一页底部的信息；细节区包含报表的具体数据，细节区的高度将决定报表的行高。

使用报表设计器处理的数据需要利用数据环境设计器创建与数据库的连接，然后产生Command 对象连接数据库内的表。

下面我们通过一个例子来说明建立报表的具体步骤。

【例 11.9】使用 Student.mdb 数据库内基本情况表，建立如图 11-34 所示报表。

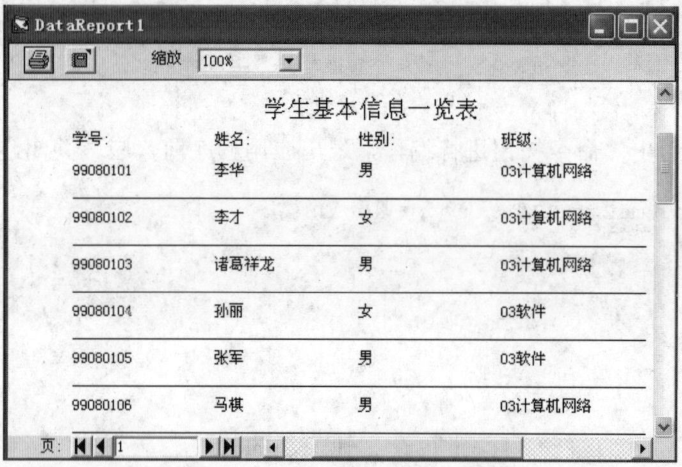

图 11-34　学生信息报表预览效果

（1）　建立新工程，在窗体上放置两个命令按钮。

（2）　执行“工程|更多 ActiveX 设计器|Data Envimnent”命令，在当前工程内加入一个 DataEnvironent1 对象。

用鼠标右击 Connection1，选择快捷菜单中的“属性”选项，打开数据链接属性对话框，在“提供者”选项卡内选择“Microsoft Jet 3.51 OLE DB Provider”(或 Jet 4.0)，“连接”选项卡内选择指定的数据库文件，完成与指定数据库的连接。

（3）再次用鼠标右击 Connection1，选择快捷菜单中的“添加命令”选项，在 Connection1 下创建 Command1 对象。

鼠标右击 Command1，选择快捷菜单中的“属性”选项，打开 Command1 属性对话框，设置 Command1 对象连接的数据源为需要打印的数据表（可以用 SQL）。

（4）　执行“工程|添加 Data Report”命令，将报表设计器加入到当前工程中，产生一个 DataReport1 对象。设置 DataReport1 的 DataSource 属性为数据环境 DataEnvimnent1 对象，DataMember 属性为 Command1 对象，指定数据报表设计器 DataReport1 的数据来源。

（5）将数据环境设计器中 Command1 对象内的字段拖动到数据报表设计器的细节区。当某个字段被拖动到数据报表设计器时，默认的方式会产生一个标签控件作为标题，一个文本控件作为显示该字段的数据。如果不想要标题可以将标签控件删除。

（6）　使用"标签"控件，通过标签的 Caption 属性在报表标头区插入报表名，页标头区设置报表每一页顶部的标题信息等，使用标签的 Font 属性设置字体大小。

（7）　使用"线条"控件在报表内加入直线，使用"图形"控件和"形状"控件加入图案或图形。

（8）　要显示报表，可使用 DataRepoort1 对象的 Show 方法。在主控窗体的命令按钮或菜单的 Click 事件内加入代码 DataReport1.Show。

（9）　报表打印可直接使用预览窗口左上角的打印按钮来控制，也可以使用 DataRepoort1 对象的 PrintReport 方法，使用 PrintReport 方法时可以配合一个 Boolean 值来控制是否显示打印对话框。例如，DataRepoort1. PrintReport True，将提供让用户选取打印机、打印范围、份数等操作。

（10）　使用预览窗口工具栏上的"导出"按钮可将报表内容输出成文本文件或 HTML 文件，也可以使用 DataReport1 对象的 ExporReport 方法将报表内容输出成文本文件或 HTML 文件。

第 12 章 程序调试与错误处理

内 容 提 要

在编写程序中难免会出现错误，从而导致程序不能运行，或能够运行却得不到正确的结果。如何跟踪、避免和解决错误，是程序开发人员面临的不可回避的问题。本章介绍 VB 程序的调试和错误处理。

12.1 错误类型

VB 应用程序的错误一般可分为 3 类，即编译错误（语法错误）、运行异常错误（实时错误）和逻辑错误。

1. 编译错误

编译错误是指程序在编译时出现的错误，即通常说的语法错误。违背 VB 语法规定，不正确地书写代码，都会造成编译错误，这是最常见的错误类型。例如，丢失或写错了符号，关键字拼写不正确，遗漏了某些必要的标点符号，使用了 For 语句但没有 Next 语句与之对应，以及括号不匹配、过程调用时缺少参数等。VB 具有自动语法查错功能，在设计阶段键入程序代码时就能检查出编译错误。例如，输入语句 "S=S+*110" 后，按下 Enter 键，VB 将弹出图 12-1 所示的对话框，刚输入的一行变为红色，出错的部分突出显示。

这类错误在用户编写程序代码时，Visual Basic 就会自动检查出来，提示需要修改语句，而不是在运行程序时再检查语法错误，这对应用程序的编写是非常有用的，避免了大量的语法修改工作。另外，有些语法错误系统会自动更正。例如，在输入代码时，"If…Then…End If" 语句中的 "End If" 写成了 "Endif"，回车换行后，系统会自动将其分开为 "End If"。

2. 运行异常错误

运行错误是指程序本身没有编译（语法）错误，但在运行过程中因某种原因导致运行失败。程序运行时，当一个语句试图执行一个不能执行的操作时，就会发生运行异常错误（实时错误）。例如，某些系统硬件问题，意料之外的数组下标越界，除法运算中除数为 0，试图读取未准备好的磁盘文件等等，均会引起运行异常错误。下面是求某个数阶乘的函数：

```
Private Function fact(ByVal n As Integer) As Integer
    Dim s As Integer, i As Integer
```

```
    s = 1
    For i = 1 To n
    s = s * i
    Next i
    fact = s
End Function
Private Sub Command1_Click()
Text1.Text = fact(20)
End Sub
```

程序本身没有任何语法错误，但在程序运行过程中，语句 Text1.Text = fact(20)（计算 20 的阶乘）的返回的值超出整型数值的范围，产生数据溢出，如图 12-2 所示。

图 12-1　"编译错误"对话框　　　　图 12-2　"运行错误"对话框

运行异常错误会导致程序突然异常终止而无法恢复运行，为了避免这种情形的出现，在代码中可以用 VB 的错误处理语句捕获并中断错误，转而执行正确的操作。

3. 逻辑错误

逻辑错误是指从语法上看程序代码是有效的，并且也可以运行，但得不到应有（正确）的结果。程序运行时没有按照预期的方式去执行，或者没有得到预期的结果，我们说程序发生了逻辑错误。从语法的角度来看，代码是正确的，运行过程也顺利，但是却产生了不正确的结果，其原因是程序中的处理逻辑出现了错误。

与上述两种错误不同，逻辑错误不报告错误信息，也就是说，它既没有语法错误，也没有运行错误，只是得不到正确的执行结果。例如，求最大值的语法过程中，代码中的"<"误写为">"，则求出的是最小值，显然这不是我们要求的结果。

要检验程序是否含有逻辑错误，可以人工检查代码，亦可进行程序测试，设定一组特定的甚至是苛刻的操作或数据，测试程序的执行情况和运行结果。

【例 12.1】编写程序计算 0.1+0.2+0.3+⋯+0.9 的值，程序代码如下。

```
Private Sub Command1_Click()
 Dim i As Single, s As Single
 s = 0
 For i = 0.1 To 0.9 Step 0.1
   s = s + i
 Next i
 Print s
End Sub
```

正确的结果应是 4.5，但按照上面的代码，结果却是 3.6。

从语法和算法设计思路来看，都没有错误，但始终得不到正确的结果。这类错误是所有错误中最难诊断、最难解决的错误，只有通过调试工具的帮助，对程序进行逻辑分析、代码调试及分析、比较运行结果等综合手段才能最终加以解决。减少或克服逻辑错误，没有捷径可寻，只能靠耐心、经验以及良好的编程习惯。

在上述三类错误中，编译错误最为简单，也最容易发现和处理，只要根据编译时提供的错误信息进行修改就可以了。只要存在编译错误，应用程序也就不可能运行起来。而对其他两类错误的处理就要复杂的多，需要花一番功夫。本章后面将介绍如何处理逻辑错误和运行异常错误。

12.2　工作模式

VB 程序一共有三种工作模式：设计模式（Design Time）、运行模式（Run Time）和中断模式（Break Model）。

1.　设计模式

启动 VB 后，即进入设计模式，在主窗口标题条上显示"设计"字样。建立一个程序的所有步骤基本上都在设计模式下完成，包括窗体设计、建立控件、编写程序代码等。应用程序可以直接从设计阶段进入运行阶段，但不可以进入中断模式。

2.　运行模式

执行"运行"主菜单中的"启动"命令（或按下 F5 键、单击工具条上的"启动"按钮），即进入运行模式，此时标题条上的显示已变成"运行"字样。当整个应用程序进入运行阶段后，开始执行程序代码。通过应用程序和程序员的人机交互过程，使应用程序中各个部分的代码、包括已编码的各个事件驱动程序的代码得到比较全面的测试。在运行阶段只能执行代码，不能修改代码。

3.　中断模式

进入中断模式后，主窗口标题条上显示的是"中断"。在中断模式下，暂停应用程序的执行，此时可以检查程序代码，并可以进行修改，也可以检查数据是否正确，修改完程序后，可继续执行程序。VB 所有调试手段均可以在中断模式下应用。

可以用以下 4 种方式进入中断模式：

① 在运行模式下，执行"运行"菜单中的"中断"命令。

② 在程序中设置断点，程序运行到断点处时自动进入中断模式。

③ 在程序中加入"STOP"语句，程序运行到该语句时自动进入中断模式。

④ 在程序运行过程中，如果出现错误，则自动进入中断模式。

12.3　程序调试

刚刚设计好的程序可能会有各种错误，因此程序调试是一个复杂的工作。能否快速发现问题，判断错误，最后纠正错误，既是程序设计能力的反映，也是实际经验的积累，VB

提供了一系列用于程序调试的有效手段，能够帮助我们深入到应用程序内部去观察，确定到底发生了什么错误以及为什么发生，从而逐步缩小问题的范围，确定问题所在。

12.3.1　程序调试工具

为了使用调试工具，应首先进入中断模式，在中断模式下，可以随时终止应用程序的执行，此时程序中的变量和控件的属性值都被保留下来，为用户分析应用程序的当前状态，解决程序的各种错误提供了有力的保障。图 12-3 所示的"调试"工具栏为用户提供了许多功能强大的调试工具。要显示"调试"工具栏，可在 VB 工具栏上右击鼠标，在弹出的快捷菜单中选择"调试"。表 12-1 简要叙述"调试"工具栏的功能。

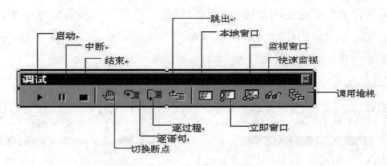

图 12-3　"调试"工具栏

表 12-1　调试工具栏常用工具介绍

调试工具	具体说明
切换断点	在"代码"窗口中确定一行，VB 在该行暂停程序的执行
逐语句	执行应用程序的下一个执行行，并跟踪到过程中
逐过程	执行应用程序的下一个执行行，但不跟踪到过程中
跳出	连续执行当前过程的其他部分，并在调用过程的下一行处中断执行
本地窗口	显示局部变量的当前值的窗口
立即窗口	显示当应用程序处于中断模式时，允许执行代码或查询值的窗口
监视窗口	显示选定表达式的值的窗口
快速监视	当应用程序处于中断模式时，列出表达式当前值
调用堆栈	当处于中断模式时，呈现一个对话框显示所有已被调用，但尚未完成运行的过程

运用这些调试工具可以对产生逻辑错误的程序进行调试，对程序的调试大致分为三个步骤：第一步是设置断点；第二步是跟踪程序运行；第三步是使用调试窗口。

1.　设置断点

设置断点就是在程序代码中设置一些断点，当程序执行到该点时就会自动暂停下来，以方便用户对程序进行调试。在设计状态，可以改变应用程序的设计和代码，但却不能立即看到这些变更对程序运行所产生的影响；在运行程序时，可以观察到程序的运行状态，但却不能直接改变代码。通过设置运行断点，VB 系统可以中止程序的运行，使得程序进入到中断模式。在中断模式下，系统保留着发生中断时的运行状态，包括各个变量和属性的设置值，供用户观察、分析，同时，允许直接修改应用程序的代码，影响程序的运行。

设置运行断点通常有两种方法：

（1） 在代码窗口中单击最左边的灰色区域，使之出现一个棕色●标志，对应的代码行被同时加亮，则此处便设置了一个断点。

（2） 将光标移动到要设置断点的代码行，打开"调试"菜单，选择"切换断点"，亦可设置一个断点。

例如，为了验证表达式 0.1+0.2+0.3+…+0.9 的运行结果错在何处，我们可以在程序代码区人工设定一个断点，代码行设置了断点后，这一行就被加亮显示，并且在其左边的空白区出现一个红色亮点，如图 12-4 所示。

按 F5 键运行程序，当执行到了设置断点的代码行时，程序会自动终止进入中断状态，这时将鼠标移动到某个变量上面，可以看到设置断点代码行中变量的值，如图 12-5 所示。从这里可以检查各个变量的值是否正确，从而对程序的运算结果进行判断，其中黄色箭头所指的表示即将执行的代码行。

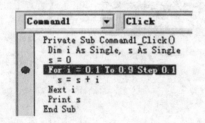

图 12-4　设置断点　　　　　　图 12-5　中断模式下变量检查窗口

断点所在行的颜色可以通过选择"工具"菜单下的"选项"命令来重新设置，在"选项"对话框的"编辑器格式"选项卡中，用户可以在"代码颜色"列表框中选定"断点文本"，然后进行各种设置。

2.　跟踪程序运行

（1） 逐语句执行。

逐语句执行就是在用户控制下一条语句一条语句的执行代码，这时可以通过查看应用程序的窗体或调试窗口来判断当前变量或控件的属性值的正确性。在调试应用程序时，有时需要详细观察程序运行过程的每一步情况，例如，要观察某些变量的变化，那么可以使用逐语句执行程序的方式。在调试工具栏上有一个单步执行程序的按钮，单击该按钮可以单步执行程序，也可以用热键 F8 来实现单步执行程序，或者在"调试"菜单上选取"逐语句"选项。

（2） 逐过程执行。

"逐过程"与"逐语句"相似，只有在当前的语句含有一个对过程的调用时，两者才会有差异。"逐语句"将进入被调用的过程，并在该过程中执行一个语句；而"逐过程"则把被调用的过程视为一个基本单位来执行，然后转回到当前过程的下一语句。要使代码按这种方式执行，单击"调试"工具栏上的"逐过程"按钮。也可以用组合键 Shift+F8 或"调试"菜单上的"逐过程"选项。你可随意交替使用"逐语句"和"逐过程"。在任何给定时间所使用的命令取决于你想分析哪部分代码。例如，确认某个过程不会有错误，就没有必要在进入该过程中一步一步的逐语句执行了，完全可以使用逐过程方式。

（3）跳出。

当使用逐语句方式进入到一个过程中，发现该过程的语句绝对没有问题，可以单击"调试"工具栏的"跳出"按钮或按下快捷键 Ctrl+Shift+F8，从当前过程中跳出，去执行过程调用者的下一条语句。

（4）运行到光标处。

在对应用程序进行跟踪时，想略过不感兴趣的部分代码（如次数很多循环语句），这时可以把光标设置在需要停止运行的代码上，然后按下快捷键 Ctrl+F8 或选择"调试"菜单的"运行到光标处"选项。

例如，为了验证表达式 0.1+0.2+0.3+…+0.9 的运行结果错在何处。我们可以先设置断点，再采用逐语句执行的方法，连续按 F8 直到要执行最后一条语句时，如图 12-6 所示。观测变量 i 的值，发现为 0.9000001，而非 0.9，这是浮点数存储的尾数，因此当 i 加上 0.1 时，它的值大于 0.9 了，所以只循环 8 次，从 0.1 开始加到 0.8。所以修改程序就要修改循环条件，将之改为"For i = 0.1 To 0.908 Step 0.1"，结果就正确了。

3. 跟踪程序运行

在图 12-6 所示的例子中我们只通过设置断点和跟踪程序运行这两步，就已经检查出程序的错误了，还需要调试窗口吗?回答是肯定的，因为 VB 提供的调试窗口可以帮助我们完成对比较复杂的程序调试工作。有些问题和错误往往需要通过对数据的变化进行分析才能发现。当程序处于中断模式下时，可以使用三个调试窗口来监视变量或表达式的值，它们是：立即窗口、本地窗口、监视窗口等。

同样为了验证表达式 0.1+0.2+0.3+…+0.9 的运行结果错在何处？我们使用调试窗口来完成调试工作，我们会发现调试窗口的强大功能。

（1）本地窗口。

用户在调试程序时可以使用"本地"窗口显示当前过程中所有变量的得值。如图 12-7 所示。当程序的执行从一个过程切换到另一过程时，本地窗口的内部也将会发生变化，它只显示当前过程中变量的值（即使是全局变量，也不会显示）。如果要查看访问"本地"窗口，可以在设置断点后，启动程序，程序被中断后，单击"视图"菜单中的"本地窗口"选项或单击"调试"工具栏的"本地窗口"按钮。

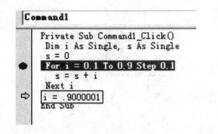

图 12-6　代码变量观测窗口

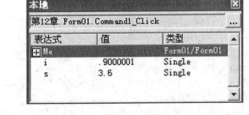

图 12-7　"本地"窗口

例如，在例 12.1 程序代码的"Print s"处设置断点，运行程序被中断后，调用本地窗口，如图 12-7 所示。然后，我们可以用"逐语句"或"逐过程"等方式来运行程序，每执行一次，注意一下"本地"窗口中变量的变化情况，找出错误原因。

（2）监视窗口。

使用"监视"窗口有两种用法，一是可用来显示某些表达式或变量的值，以确定表达式或变量的结果是否正确；二是可以设置当某个表达式返回 True 时，强迫程序中断。

第一种用法：

在例 12.1 中为了检测变量 s 和 i 值的变化情况，可以通过对"监视"窗口的相关设置来完成，具体操作如下：

第一步在设计模式下对循环体内部的语句"$s=s+i$"设置断点。

第二步启动程序，被中断后，可以单击"视图"菜单中的"监视窗口"选项或单击"调试"工具栏的"监视窗口"按钮，弹出"监视"窗口，如图 12-8 所示，在"监视"窗口的空白区域右击鼠标，在弹出的快捷菜单上选择"添加监视"命令，弹出如图 12-9 所示对话框，在"表达式"输入框中输入需要监视的变量 s 和变量 i，单击"确定"按钮，关闭对话框。

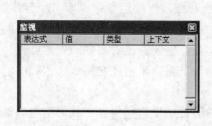

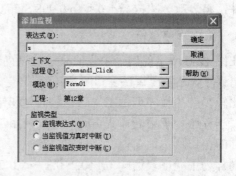

图 12-8　"监视"对话框　　　　图 12-9　"添加监视"对话框

第三步此时"监视"窗口中出现两行数据，如图 12-10 所示的"监视"窗口，然后，我们可以用"逐语句"或"逐过程"等方式来运行程序，每执行一次，注意一下"监视"窗口中变量的变化情况，分析错误原因。

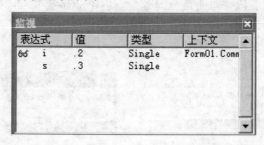

图 12-10　添加表达式后的监视窗口

第二种用法：

这种用法是在当表达式的值满足某个条件时，可以使应用程序自动进入到中断模式的一种调试手段，这种方法不需要在代码区设置断点。

在例 12.1 中，为了检测当变量 s 的值大于 3 时，循环变量 i 的值，可以通过对"监视窗口"的相关设置来完成。具体操作如下：

第一步在程序运行前，打开"监视"窗口，在"监视"窗口中右击鼠标，在弹出的快捷菜单上选择"添加监视"，弹出如图 12-9 所示的"添加监视"对话框。

第二步"表达式"输入框中输入表达式"$s>3$"；在"监视类型"单选按钮列表中选中"当监视值为真时中断(T)"选项，单击"确定"按钮，关闭对话框。

第三步重复第一步，在"表达式"输入框中输入 i，单击"确定"按钮，关闭对话框。此时"监视"窗口如图 12-11 所示。

第四步运行程序，程序中断后"监视"窗口如图 12-12 所示。可以看出当 $s>3$ 时，循环变量 i 的值为 0.8000001，从而分析原因。

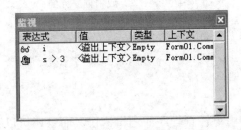
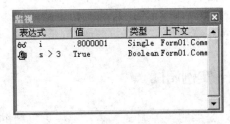

图 12-11　运行前的"监视"对话框　　图 12-12　中断后的"添加监视"对话框

如果要对监视表达式进行编辑，可以在"监视"窗口中双击要编辑的表达式，然后直接对表达式进行修改。在"监视"窗口中选中某表达式，按 Delete 键可以删除该表达式。这些操作也可以在图 12-9 所示的"添加监视"对话框中完成。

（3）立即窗口。

使用立即窗口可以检查某个属性或变量的值，还可以对表达式求值、为变量或属性赋值。立即窗口的使用有下面三种：

第一种在设计模式下，直接在立即窗口中对变量赋值，或使用 Print 方法输出变量的值。如图 12-13 所示。

第二种在应用程序中，使用 Debug.Print 语句可以把信息输入到立即窗口。

例如，将例 12.1 的程序代码中的输出语句改为"Debug.Print s"，运行结果会在立即窗口中输出，如图 12-14 所示。

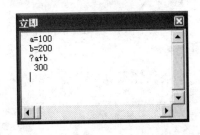
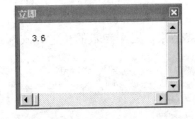

图 12-13　"立即窗口"对话框　　图 12-14　"立即窗口"对话框

第三种在中断模式下，可以在立即窗口中使用 Print 方法输出当前变量或控件的值，也可以对当前变量或控件的属性赋值。

例如，为了使用立即窗口来检测例 12.1 中变量 s 和 i 在运行过程中的值，先在程序中语句"Print s"处设置断点，启动程序，当程序被中断后，在立即窗口中使用 print 语句完成对 s 和 i 的值的输出。运行结果，如图 12-15 所示。

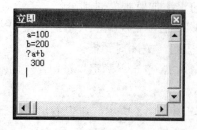

图 12-15　中断模式下使用立即窗口　　　　图 12-16　例 12.2 应用程序界面

注意：在立即窗口中，不接受数据声明，如：Dim x as Integer。

12.3.2　实例调试

VB 提供的各种调试工具，不仅可以帮助用户检查程序的逻辑错误，而且还可以帮助用户理解程序的执行过程，如过程（函数）的参数传递方式。下面使用 Visual Basic 调试工具观察在过程调用时，因为参数传递方式的不同而导致的错误和在执行过程中各个变量的变化情况。

【**例 12.2**】设计一窗体，如图 12-16 所示。在窗体上放置文本框 Text1、Text2，分别用于输入一个整数闭区间的上下限，当单击"计算"按钮时，Text3 中显示该闭区间上所有整型数据的累加和，其中累加的计算使用过程 sum 来完成。

（1）双击"计算"按钮，编写如下程序代码：

```
Private Sub Command1_Click()
  Dim x As Integer, y As Integer, z As Integer
  x = Val(Text1.Text)
  y = Val(Text2.Text)
  Call sum(x, y, z)      '调用过程 sum
  Text3.Text = Str(z)
End Sub
```

（2）定义 sum 过程，形参数 a、b 表示闭区间的上下限，参数 c 用于向主程序传递运算的最终结果，三个参数的传递方式都是按数值传递。

```
Sub sum(ByVal a As Integer, ByVal b As Integer, ByVal c As Integer)
  Dim i As Integer, s As Integer
  For i = a To b
    s = s + i
  Next
  c = s
End Sub
```

当程序代码编写结束后，单击工具栏上"运行"按钮（或按 F5 键）运行程序，然后分别在文本框 Text1 和 Text2 内输入"1"和"5"；单击"计算"按钮计算"1+2+3+4+5"的累加和，我们注意到在 Text3 内显示的结果为 0，程序错在何处？下面我们使用 VB 提供的调试工具调试该程序，找出错误所在。

（3）调试步骤。

第 1 步：将断点设置在主程序的"call sum(x，y，z)"语句处。然后运行程序，Text1 和 Text2 中分别输入 1 和 5，即计算 1～5 之间整数的累加和。

第 2 步：运行程序，单击"计算"按钮，当程序中断后，打开"监视"窗口，向"监视"窗口添加监视表达式，x、y、z、a、b、c。注意此时各监测表达式的值。因为当前程序的控制权在主程序，所以过程 sum 中的参数 a、b、c 还没有意义，在监视窗口中显示为"<溢出上下文>"。

第 3 步：按 F8 键以逐语句方式运行程序，此时，程序转入到 sum 过程执行，注意各监测表达式的值的变化情况。

第 4 步：当以逐语句方式运行程序到 sum 过程的"End Sub"语句处时，我们发现变量 c 的值变为 15，而与之对应的实参数 z 变量的值并没有变化。

第 5 步：按 F8 键继续以逐语句方式运行程序，此时过程 sum 执行结束，返回到主程序 Command1_Click()，过程 sum 中的变量重新显示为"<溢出上下文>"。说明这些变量此时没有意义（这也说明：过程内部的变量的作用域只限于当前过程）。同时我们注意到，作为与形参数 c 对应的实参数 z 的数值仍然为 0。所以，我们试图通过将形参数 c 的运算结果传递给 z，并没有成功。

通过调试，我们得出结论：要使用形参数返回过程的运算结果，不能使用按数值传递方式（ByVal），要使用按地址传递方式（ByRef）。对于本例，我们可以将 sum 过程的首部改为：Sub sum (ByVal a As Integer, ByVal b As Integer, ByRef c As Integer)。按上面的方法重新运行，观察监视窗口的变化。

12.4　错误捕获及处理

使用调试工具可以检查出程序当前的各种错误，但调试过的程序在实际使用过程中，往往会因为运行环境、资源使用、输入数据非法、用户操作错误等原因而出现错误。例如，在对软驱操作时，而软盘驱动器中没有软盘或软盘写保护等，这时就会发生错误。为了避免上述各种因素而导致的程序异常终止（甚至造成数据丢失），使得操作员不知所措，就需要在可能出现错误的程序代码处设置错误陷阱来捕获错误，并对错误进行适当处理或提醒操作员进行适当的处理（如将软盘写保护打开）。

12.4.1　错误处理步骤

错误处理是指应用程序中一段捕获和响应运行时错误，处理可预见异常错误的特殊代码。错误处理程序用于处理那些可以预见但无法避免的运行错误，如用户操作错误、输入数据非法等。

在 VB 中，要增加应用程序的处理错误的能力，需要做以下两步工作：

（1） 设置错误陷阱。

（2） 编写错误处理程序。

VB 提供了 On Error GoTo 语句设置错误陷阱，捕捉错误。

12.4.2 ERR 对象

在 On Error 语句捕捉到错误后，Err 对象的 Number 属性返回错误的代号，通过错误代号即可知道引发错误的原因。Err 对象是一个 VB 运行期对象，它包含了关于最新的错误信息，可以帮助确定发生的错误类型、原因和错误发生的地方。当程序运行时遇到一个错误，或者当我们使用 Err 对象的 Raise 方法故意引发一个错误时，系统便设置 Err 对象的属性。

以下简要介绍 Err 对象的主要属性和方法。

1. Number 属性

用于标识错误的错误编号。例如，"6"表示数据溢出，"7"表示内存溢出，"11"表示除数为 0，"9"表示下标越界，"71"表示磁盘未准备好，等等。

2. Source 属性

当前 VB 应用程序的名字。

3. Description 属性

表义性的错误信息。如果某个错误没有这个字符串型的错误信息，该属性就会指明"应用程序定义或对象定义错误"。

4. Clear 方法

在错误处理后清除 Err 对象的所有属性的值。当退出过程时，系统会自动清除 Err 对象的属性值，若要显式地清除，则可调用 Clear 方法。

5. Raise 方法

这个方法用来产生一个错误。它是在测试和评估的时候使用的，这样可以主动地产生错误，以便使程序中的错误处理程序对它进行处理。其简化的语法格式为：

```
Err.Raise number [, source , description]
```

例如，语句 Err.Raise 9 将产生"下标越界"的错误。

VB 提供的 Error 函数用于返回错误信息，其语法如下：

```
Error(错误号)
```

例如在 VB 的立即窗口中键入如下代码：

```
print Error (6)
```

将显示"溢出"的错误信息。

要查找运行时的错误号，可以创建自己的错误，之后用代码显示 Err.Number 的值。

12.4.3　捕获错误语句

错误处理程序指定的必须在同一过程中，**On Error** 语句的语法格式有两种形式：

1. **第一种形式**

```
On Error GoTo  标号
    〈可能出错的语句〉
    〈Exit Function（Sub）〉
〈标号:〉
    [〈错误处理〉]
```

该用法是在对错误不需要特别处理，只是显示一下提示信息以告诉用户出错的原因时使用。

【例 12.3】 编写程序，当除数为 0 时显示提示信息。程序代码如下：

```
Private Sub Command1_Click()
 Dim a As Single, b As Single
 Dim c As Single
 a = Val(InputBox("请输入被除数", "除法"))
 b = Val(InputBox("请输入除数", "除法"))
 On Error GoTo error
 c = a / b
 Print c
 Exit Sub         ' 在没有发生错误时，通过该语句正常退出
error:            ' 在发生错误时，程序跳转到此标号处，开始执行
   MsgBox Err.Description
End Sub
```

采用这种方法能够处理错误，VB 就不会显示各种错误对话框而导致程序的异常终止。为了在出现错误时提醒用户并对该错误进行更正，我们可以使用下面的方法。

2. **第二种形式**

```
On Error GoTo  标号
    〈可能出错的语句〉
    〈Exit Function（Sub）〉
〈标号:〉
    [〈错误处理〉]
    Resume  [语句标号|行号| Next]
```

Resume 语句要放置在出错处理程序的最后，以便错误处理完毕后，指定程序下一步做什么。Resume 语句有 3 种形式：

Resume：返回到出错语句处重新执行。

Resume 语句标号|行号：返回到标号指定的行继续执行。若标号为 0，则表示终止程序的执行。

Resume Next：跳过出错语句，忽略错误，转到出错语句的下一条语句继续执行。

（1） Resume 语句应用：返回到出错语句处重新执行。

【例 12.4】编写错误处理程序，用于处理软驱中无软盘时的错误。

```
Private Sub Command1_Click()
  Dim result As Integer
  On Error GoTo error
  Open "a:\lx.txt" For Output As #1
  Close #1
  Exit Sub
error:
  If Err.Number = 71 Then
    result = MsgBox("请在 A 驱动器中插入软盘，准备好后按重试", vbRetryCancel, "磁
盘未准备好")
    If result = 4 Then Resume  ' 如果用户选择重试按钮，则重新打开文件，否则结束程序
运行
  End If
End Sub
```

（2） <Resume 语句标号|行号>语句应用：跳转到指定的标号处执行。

【例 12.5】对例 12.3 进行改造，编写错误处理程序，处理当除数为 0 时，提示用户重新输入除数。程序代码如下：

```
Private Sub Command1_Click()
  Dim a As Single, b As Single
  Dim c As Single
  On Error GoTo error
  a = Val(InputBox("请输入被除数", "除法"))
Erroroccured:
  b = Val(InputBox("请输入除数", "除法"))
  c = a / b
  Print c
  Exit Sub    ' 在没有发生错误时，通过该语句正常退出
error:
  MsgBox "除数为零，请重新输入除数！"
  Resume Erroroccured  ' 跳转到 Erroroccured 标号（错误）语句处继续执行
End Sub
```

（3） <Resume Next>语句应用：忽略错误语句，执行其后继语句。

【例 12.6】使用 Resume Next 语句对例 12.3 中除数为 0 的情况进行处理。

```
Private Sub Command1_Click()
  Dim a As Single, b As Single, c As Single
  On Error GoTo error
  a = Val(InputBox("请输入被除数", "除法"))
  b = Val(InputBox("请输入除数", "除法"))
  c = a / b
  Print c
  Exit Sub    '在没有发生错误时，通过该语句正常退出
error:
  MsgBox "除数为零，输入错误！"
```

```
    Resume Next      '跳转到错误语句之后继续执行，即忽略错误，继续执行下一语句
End Sub
```

如果不想在错误发生时进行任何错误处理（包括错误提示），可以在代码的开始部分使用 On Error Resume Next 语句，该语句将忽略所有出现的错误，使程序一直执行到结束。此时，例 12.6 的代码如下：

```
Private Sub Command1_Click()
    Dim a As Single, b As Single
    Dim c As Single
    On Error Resume Next      '忽略所有错误，一直到程序执行结束
    a = Val(InputBox("请输入被除数", "除法"))
    b = Val(InputBox("请输入除数", "除法"))
    c = a / b
    Print c
End Sub
```

3.　Resume 和 Resume Next 语句的区别

Resume 是从产生错误的语句恢复应用程序的运行；Resume Next 是从紧随产生错误的语句的下个语句恢复应用程序的运行。一般而言，对于错误处理程序可以更正的错误使用 Resume，对于错误处理程序不能更正的错误使用 Resume Next。你可编写错误处理程序，使存在的运行时错误不会让用户看到或者为用户显示错误信息并允许用户进行更正。

12.4.4　退出错误处理语句

要关闭错误的捕捉，可以使用语句：

```
On Error GoTo 0
```

该语句的功能是停止错误捕捉，由 Visual Basic 直接处理运行错误。
例如：

```
Private Sub Command1_Click()
 Dim a As Single, b As Single, c As Single
 On Error GoTo error
 a = Val(InputBox("请输入被除数", "除法"))
 On Error GoTo 0   '停止错误的捕捉
 b = Val(InputBox("请输入除数", "除法"))
 c = a / b
 Print c
 Exit Sub
error:
 MsgBox "除数为零！"
 Resume Next
End Sub
```

12.5　如何避免错误

以下是避免在应用程序中发生错误的几点建议：

（1）写出相关事件以及代码响应每个事件的方法，精心设计应用程序。为每个事件过程和每个通用过程都指定一个特定、明确的目标。

（2）多加注释。用注释说明每个过程的目的、关键语句和代码段的作用、重要变量的用途等，可以避免对它们的错误引用，而且在以后分析代码时，能加深对它们的理解。

（3）尽可能显式地声明和引用对象，即具体指明对象的类型，而不用 Variant 或一般的 Object 数据类型。

（4）造成错误的一个最常见的原因就是输入了不正确的变量名，或把一个控件与另一个控件搞混了。可用 Option Explicit 语句避免变量名或对象名的拼写错误。

（5）为对象或变量命名时最好采用大小写混合的拼写方式。输入后续代码时则一概用小写字母，当输入引用了某变量或对象的语句并按回车键后，如果所显示的变量或对象名不是定义时的大小写混合格式，则肯定拼写有误。

（6）使用缩排格式可以使代码结构清晰，避免漏掉 End If、Next、End With 等语句。